곤충 수업

곤충 수업

Lessons of Insects

김태우 지음

흐름출판

곤충은 생명의 나무에서 갈라져 나온 우리 인류처럼 이 지구를 밝히고 있는 소중한 생명 중 하나이다. 곤충은 인류가 없어도 살아갈 수 있지만 인류는 곤충 없이는 살아갈 수 없을 것이다. 김태우 박사의 이 책은 곤충을 대하는 우리의 태도가 어디로 가야 할지 빛을 비춰준다. 높은 산과 깊은 골 그리고 인적 없는 바닷가와 모래언덕에서 딱정벌레를 찾아 헤매는 곤충학자를 상상해보라! 누군가에게는 이상하게 보일지 몰라도 내게는 뭉클하고, 감동적이고, 사랑스럽다.

• 배연재 국립생물자원관 관장

작은 곤충 하나도 자신의 삶이 있다. 우리나라에 기재되어 있는 2만 종의 곤충, 지구에 생존한다고 기록되어 있는 80만 종의 곤충, 모두 제각기 자신의 삶이 있다. 곤충 한 종 한 종마다 제나름대로 먹이도 구해야 하고, 배우자도 찾아야 하고, 포식자도 피하며, 알에서 성충으로 성장해야 한다. 이 지구에 서로 다른 방식으로 살아가는 작은 삶이 80만 개가 있는 셈이다. 다시 말해, 80만 개의 곤충이라는 작은 우주가 발견되기를 기다리고 있다. 이 책 《곤충 수업》은 곤충이 간직한 3억 년의 삶의 지혜를 엿보는 기회이다.

• 장이권 교수(이화여대 에코과학부)

책을 읽는 내내 곤충에게 이야기문화를 입혀주고 싶은 연구자의 몸부림을 느꼈다. 어릴 적부터 쌓아온 자신의 곤충 경험과 모아온 자료를 바탕으로 역사, 지리, 사회 문화 등 다양한 분야들이 곤충을 매개로 엮일 수 있음을 보여주었다.

사실, 곤충은 종류가 너무 많은 데 비해 그들에 대한 지식정보는 턱없이 적다. 특히, 사람과 곤충이 함께 해온 역사나 문화에 대한 정보는 더욱 빈약하면서 단편적이다. 그럼에도 불구하고 문화적 조각들을 짜깁기하듯이 이어 붙여 곤충을 통해서 세상을 보고 이야기를 하며 즐길 수 있음을 이 책에서 보여 주고 있다. 비로소 곤충이 생명의 일원이자 문화가 되었다.

• 박해철 박사(문화곤충연구소 소장)

과학적 지식을 전달하는 두 가지 방식이 있다. 교과서와 문제집을 펼쳐 놓고 학생들에게 등을 돌려 칠판에 열정을 다해 시험 문제를 틀리지 않기 위한 요점정리를 적어주는 방식은 어쩌면 우리에게 학교와 학원을 통해서 가장 익숙한 방식일지 모른다. 문제는, 시험이 끝나고 나면 저절로 잊히는 내용이 많다는 것. 반면, 수줍은 말투로 조곤조곤 눈을 반짝이며 자신이 세상에서 가장 사랑하는 대상에 대해 진심을 다해 이야기해주는 과학자나 연구자를 만나 보았다면, 그 순간은 쉽게 잊히지 않는다는 것을 알게 되리라.

곤충학자 김태우 박사의 《곤충 수업》을 펼쳐 들면, 그가 얼마나 진심을 다해 곤충을 사랑하는지 훅 와닿을 것이다. 사진을 곁들여 보여주기도 하지만, 우리의 머릿속에 하나의 이야기를 쫙 펼쳐지게 만드는, 곤충들의 세상을 그는 생생히 묘사한다. 한 문장 한 문장, 모든 챕터의 곤충 이야기 하나하나가 소중하다. 누가 읽어도 바로 알 수 있다. 그의 곤충 사랑은 찐이다.

사랑은 마음으로 전해지고 뇌가 그것을 바로 느낀다. 사랑으로 전달되는 과학적 지식은 따뜻하고 유쾌하고 즐거움으로 가득하다. 자신이 진심으로 사랑하는 대상에 대해 이야기하는 과학자를 만나보고 싶다면, 이 책을 강력하게 추천한다. 그의 사랑에 함께 빠져들 것이다.

• 장동선 뇌과학 박사(《뇌 속에 또다른 뇌가 있다》, 《뇌는 춤추고 싶다》 저자)

"나는 메뚜기 100종을 알고 있다"라는 심리검사 문제는 유명합니다. 호기심에 "그렇다"라고 선택하면 정신적 문제가 있으며 주의를 요하는 인물이 되고 마는데, 어쩌면 저자인 김태우 박사님의 연구들이 아니었으면 한국에서 'The Smaller Majority(작은 다수)'인 메뚜기 100종을 아는 것은 정말로 불가능했을 겁니다. 이 책은 메뚜기 100종 이상을 알 수 있게 만든, 그런 연구들에 숨겨진 경험과 노하우들이 터져 나온 책입니다. 연구와 조사를 하면서 모아둔 19세기부터 오늘날까지의 연구사, 개인적인 경험들, 그리고 감춰져 있던 비하인드 스토리들이 더해져 곤충들에 대한 지식이 입체적으로 만들어졌습니다. 김태우 박사님은 이 책에서도 '메뚜기 선생님'입니다.

• 김도윤 작가(《만화로 배우는 곤충의 진화》 저자)

곤충으로부터 배우는
삶의 지혜

'곤충' 하면 무엇이 떠오르시나요? 몇 년 전까지만 해도 강연 자리에서 이 질문을 던지면 보통 이런 대답들이 나오곤 했습니다.

"파브르요!" (네, 곤충학자 중 가장 유명한 사람이지요.)
"벅스 라이프요!" (곤충도 애니메이션의 주인공이 될 수 있습니다.)
"지렁이도 밟으면 꿈틀한다?" (여러분, 지렁이는 곤충이 아닙니다.)

그중에서도 곤충(벌레)은 너무 징그러운 것 같다는 이야기를 많이 듣곤 했습니다. 그런 대답을 들을 때마다 왜 그렇게 생각하는지 이해가 되면서도 오랜 시간 곤충의 매력에 푹 빠져 지낸 곤충학자로서 저는 야속한 마음이 들 때가 많았습니다.

그런데 최근 들어서 '곤충'을 둘러싼 반응들이 조금 달라진 걸 느끼곤 합니다. 곤충을 식량 위기의 시대를 대비하기 위한 미래 먹거리로 조명한 언론 기사들을 자주 볼 수 있을 뿐만 아니라, 곤충 관찰과 채집을 콘텐츠로 한 유튜브 채널이 아이들 사이에서 큰 관심을 받기도 합니다. 징그럽고, 사람에게 해악만 끼치는 생물이라는 편견에서 벗어나 곤충이 자연 생태계에서 어떻게 다른 생명체와 어울려 살아가는지, 어떤 신비로움을 가진 생명체인지 궁금해하는 분들이 많아졌음을 실감합니다. 곤충학자로서 너무도 반가운 변화이지요.

기억을 돌이켜보면, 어린 시절에는 곤충에 대한 작은 호기심을 갖곤 합니다. 날개를 팔랑거리며 날아가는 나비를 뒤쫓아 달려가던 기억, 코스모스 위에 살며시 내려앉은 잠자리를 잡겠다고 살금살금 다가가던 기억, 흙장난을 하다가 줄지어 기어가는 개미들의 행렬을 유심히 들여다보던 기억이 이 책을 읽는 독자 분들에게도 하나씩은 있으리라고 짐작해봅니다. 그렇지만 어른의 삶을 살아가게 되면서 우리는 작은 곤충의 모습을 경이롭게 들여다보던 아이의 시각을 점차 잃게 됩니다. 작은 곤충의 삶을 세밀하게 관찰하기엔 우리의 하루하루는 지나치게 바쁘게 돌아가니까요.

이 책은 세 가지 점을 염두에 두고 집필했습니다. 하나는 이 책을 읽는 독자 분들이 곤충을 대할 때 온고지신(溫故知新)의 태도를 가졌으면 좋겠다는 바람이었습니다. 예로부터 사람들은 곤충을 애증 섞인 시선으로 바라보며 다양한 문화를 만들었는데, 그런 현상은 오늘날에도 이어지고 있습니다. 둘째는 현장 교육과 곤충 수업 등을 통해서 만났던 분들이 곤충의 세계에 대해 궁금해하며 자주 물어보던 질문들에 대해 친절한 답을 드릴 수 있는 책이고자 했습니다. 마지막으로 그동안 잘 알려지지 않았던, 곤충학자라는 직업의 이모저모를 친근하고 구체적으로 말씀드리고자 했습니다.

곤충은 지구상에 존재하는 동물의 3분의 2를 차지할 만큼 생물종의 다양성과 개체의 숫자가 그 어떤 생명체보다 크고 많습니다. 크기가 작다는 까닭으로 우리 눈에 잘 띄지 않을 뿐이죠. 작은 곤충의 세계를 오랜 기간 연구하고 관찰하면서 제가 얻은 큰 깨달음 중 하나는 크기에 상관없이 세상에 존재하는, 생명이 있는 모든 것들은 하나하나가 복잡하고 정교한 소우주라는 사실입니다.

강연 등을 통해 곤충에 대한 이야기를 나눌 기회가 있을 때마다 수업 참석자 분들과 소통하는 과정에서 연구자로서의 시선을 벗어난 곤충에 대한 흥미로운 이야기들을 많이 접할 수 있었습니다. 곤충과 관련된 재미난 경험담을 들려주신 여러 선생님들께 이 자리를 빌려 감사의 인사를 전합니다. 또한 이 책의 기획에서부터 출간에 이르는 모든 과정에서 많은 신경을 써주신 흐름출판 조현주 팀장님께도 감사를 드립니다.

곤충은 늘 우리 곁에 있습니다. 잘 모를 때는 귀찮거나 무서울 수도 있지만, 알고 나면 흥미롭기도 하고 생활에 도움도 됩니다. 많은 분들이 '곤충도 봐줄 만하구나', '곤충이 우리 곁에 함께 살아가는 것도 나쁘지 않구나' 하고 느꼈으면 하는 바람입니다.

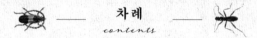

차례
contents

 ····· ·····

5부   '곤피아'를 꿈꾸며

1부

웰컴 투
곤충 수업

생명을 대하는
태도에 대하여

희귀한 딱정벌레를 잡았다는 소리를 들을 때마다,
내 가슴은 나팔소리를 들은 늙은 군마처럼 뛰논다.

— 찰스 다윈(생물학자)

예전에 비해 요즘에는 시민 대상의 곤충 수업을 진행할 기회가
많아졌습니다(코로나19로 인해 요즘에는 거의 하지 못하지만요). 주변에
생태공원이나 자연학습장 같은 곳이 많이 생겨났고, 자연 탐사나
체험학습 활동도 중요해지면서 일반인들의 곤충 강좌에 대한 관심
이 높아진 영향이겠지요. 숲해설가, 생태해설사 같은 제도가 활성
화되고 있는 추세이기도 하고요. 이런 변화가 반갑지만 한편으로는
진작 이런 프로그램이 있었다면 저도 어릴 때부터 열심히 배우러
다닐 수 있었을 텐데 하는 마음도 듭니다.

생태교육 프로그램은 대부분 식물, 곤충, 조류, 양서류, 포유류

등 다양한 분야의 커리큘럼으로 이루어져 있습니다. 그리고 각 수업마다 전문가들이 포진해 쉽고 재미있게 수업을 이끌어가지요. 수강생들도 저마다의 관심사가 있어 자신이 잘 알고 좋아하는 분야의 수업에 큰 열정을 보입니다. 성인반의 경우엔 식물, 조류, 양서류 순으로 인기가 높습니다. 곤충 수업은 아이들을 대상으로 진행되는 경우가 많습니다. 간혹 성인 분들도 참여하기는 하지만 대부분 아이들을 가르치는 교사 분들입니다.

저는 첫 수업을 시작할 때 우선 곤충을 바라보는 서로 다른 관점에 관해 질문합니다.

"좋아하는 곤충이 있으면 다섯 가지 정도만 말해볼까요?"

그러면 이런 대답들이 이어집니다.

"사실, 별로 좋아하지 않아서요….'

"나비, 사슴벌레, 장수풍뎅이, 무당벌레, 잠자리요?"

수강생들의 답변을 듣고 나면 저는 질문을 또 하나 던집니다.

"이번에는 싫어하는 벌레도 다섯 가지 말해볼까요?"

대답들이 앞다투어 튀어나옵니다.

"바퀴벌레, 꼽등이, 나방, 개미, 거미요. 더 있지만 이 정도만 할까요?"

곤충이라는 말을 널리 쓰기 전, 우리는 전통적으로 '벌레'라는 단어를 많이 썼습니다. 실제로 곤충 이름에는 '벌레'라는 단어가 많이 들어가기도 합니다. 사슴벌레, 딱정벌레, 대벌레, 잎벌레, 집게벌레 등은 모두 곤충이지요. 하지만 곤충과 벌레는 엄밀히 따지면 완전한 동의어가 아닙니다. '벌레 충(蟲)' 자를 파자(破字)해서 풀이하면 '벌레 훼(虫)' 자가 3개 모여 있는데, 본래 이 상형문자는 뱀이 똬리를 틀고 있는 모습에서 유래했다고 합니다. 동양에서 '석 삼(三)' 자는 '많다'는 의미이기도 합니다. 즉, '벌레 충' 자의 뜻을 해석하면 '뱀보다 작고, 종류가 많은 것'을 가리킨다고 할 수 있지요.

한편, 곤충을 뜻하는 영단어 'insect'는 'in'+'sect', 즉 몸이 마디로 나누어진 절지동물로서의 형태적 특징에서 비롯되었습니다. 학술용어인 'hexapoda'도 'hexa'+'poda', 즉 다리가 여섯 개인 개체의 특징이 반영된 단어입니다. 이처럼 어원에 따라 벌레와 곤충을 좀 더 엄밀하게 구분하자면 '벌레'는 크기가 작은 소형 동물, 달팽이나 지렁이, 심지어 개구리, 뱀까지 모두 포함해 가리키는 말이고, '곤충'은 다리가 여섯 개, 몸은 머리, 가슴, 배의 세 부분으로 나누어진 생물을 정의합니다.

곤충 중에는 해로운 독충이 있어서 그런지 사람마다 무서워하거나 싫어하는 곤충류가 있습니다. 실제로 특정 곤충에 공포증(phobia)이 있는 분들이 있어서 수업 시간에도 조심할 필요가 있습니다. 미국 예일대학교의 캘러트 교수는 곤충, 거미 같은 절지동물을 대하는 대중의 심리를 아홉 가지로 구분한 바 있습니다.[1]

1. 심미적 태도: 곤충의 물리적인 형상에 일차적인 흥미를 갖고, 그 상징성에 매력을 갖는 것.
2. 인간적 태도: 사람과 같은 감정의 대상으로서 애호하는 것.
3. 도덕적 태도: 곤충을 잔인하게 대하는 것에 정의의 관점에서 윤리적으로 반대하는 것.

4. 자연주의적 태도: 야외 활동에서 직접적인 접촉 대상으로 즐기는 것.

5. 지배적 태도: 곤충의 절대 우위에 있으며 지배하는 데에 관심 있는 것.

6. 생태적 태도: 곤충과 다른 종과의 관계 또는 서식처와의 관련성에 관심을 갖는 것.

7. 부정적 태도: 곤충에 무관심하거나 혹은 공포를 느끼거나 싫어하는 것.

8. 과학적 태도: 곤충의 물리적 속성, 분류학, 생물학적 기능에 관심을 갖는 것.

9. 실용적 태도: 사람에게 물질적 이익을 주는 종속 대상으로서 곤충의 실질적 가치에 관심을 갖는 것.

제 생각에는 이 중 어느 한 가지에만 해당하는 사람은 드물고, 대체로 몇 가지 태도를 복합적으로 갖고 있습니다. 저 같은 경우에는 1, 4, 8의 태도에 속하는 것 같습니다. 여성뿐 아니라 의외로 남성 중에도 특정 벌레에 대해 혐오감이 있는 분이 있습니다. 아마 이전에 경험한 어떤 불쾌한 기억 때문일 것입니다. 저도 웬만한 곤충은 아무렇지도 않은데, 반지하 셋방에 살 때 자주 마주쳤던 바퀴만큼은 호감이 가지 않습니다. 동물에 대한 대중의 친밀도는 대개 사람과 비슷한 포유류에게서 가장 높고 다음은 새나 양서·파충류, 마지막으로 거미, 곤충 등의 절지동물 순으로 나타납니다. 다리가 너무 많거나 또는 전혀 없거나, 털이 너무 많거나 또는 털이 전혀 없이 점액질로 둘러싸였거나 하는 등 사람과는 다른 이질적인 특징들이 부정적 인상을 일으키는 요인으로 보입니다.

보통 털이 많은 애벌레는 잘못 만지면 쏘이거나 해를 입을까 봐 막연한 두려움을 갖기 마련입니다. 그래서 저는 수업 시간에 항상 제가 먼저 앞장서서 제 손 위에 애벌레를 올려놓습니다. 그러면 다들 깜짝 놀란 표정 혹은 호기심 어린 표정으로 저를 쳐다봅니다.

"하핫, 이렇게 살살 만지면 괜찮습니다."

그러면 어떤 날은 안심한 수강생 분들이 "저도 한번 만져봐도 될까요?"하며 애벌레를 손에 올려보겠다고 나섭니다. 애벌레는 손 위에서 그저 평화롭게 기어 다닐 뿐 아무런 해를 주지 않습니다. 놀라면 배설물을 싸거나 입으로 갈색 혹은 초록색 분비물을 토할 수도 있지만요. 부드러운 털은 장식의 효과가 강하고 잡아당기면 쉽게 뽑혀버립니다. 다만 털이 억세고 강한 애벌레(쐐기)는 움찔하면서 피부를 찌를 수 있으니 주의가 필요합니다. 생태학자 최재천 교수님도 해외 유학 시절 생태학 과목을 배울 때 여학생들에게 가장 먼저 애벌레를 만져보게 하는 프로그램이 있었다고 강연에서 말씀하신 적이 있습니다.

초등학교 교사들과 함께 한 어느 수업에서 한 선생님께서 어려운 질문을 하셨습니다.

"학생 중에 개미를 아무렇지도 않게 밟아 죽이고 괴롭히는 아이들이 있는데, 어떻게 지도하면 좋을까요?"

이쯤에서 저도 개미를 많이 괴롭혔던 사람임을 고백합니다. 제 고향집 앞마당의 커다란 단풍나무 아래에는 개미굴이 있었습니다.

거기서 부지런히 왔다갔다 하는 개미들의 모습을 들여다보고 있으면 시간 가는 줄 몰랐지요. 파리를 잡아 던져주면 신나게 끌고 가는 모습이 무척 재미있었습니다. 개미 몇 마리를 잡아 더듬이를 떼어버리고 멀리 떨어뜨려 놓은 뒤, 집을 찾아가는지 실험하기도 했습니다.

저는 그 선생님께 "입장 바꿔 개미가 너라면 어떻겠니?"라고 말하며 역지사지의 태도를 가르쳐주면 좋을 것 같다고 대답해드렸습니다. 하지만 말이 쉽지 사실 아이들이 그런 생각을 하기는 힘듭니다. 지구상의 모든 생명이 나와 이어져 있다는 생각을 받아들이는 것은 어른들조차 쉽지 않으니까요. 그런 맥락에서 저는 류시화 시인의 '양동이를 걷어찬 수도자' 이야기에 깊이 공감합니다. 신참 수도자가 고된 수련 생활 중 빨래 양동이를 걷어찬 행동에 대해 고참 수도자와 대화하는 내용입니다.

"이건 그저 양동이일 뿐이에요. 수도꼭지 아래로 빨리 밀어 넣어야 했어요. 별일 아니에요." "별일 아니라고?" 고참 수도자가 이의를 제기했다. "이것은 큰 문제야. 관계에 대해 말하고 싶구나. 우리가 양동이나 다른 소유물 같은 무생물들을 무례하고 둔감하게 대할 때 결국 사람도 똑같이 대하게 된다. 내가 인생에서 어느 순간 많은 친구들을 잃은 것 같았을 때, 나 역시 나의 선배로부터 이 조언을 들었다. 무신경하고 둔감한 것이 우리의 일반적인 태도가 되었을 때 우리의 본능은 사물과 사람을 차별하지 않는다. 그렇기 때문에 사물을 무신경하게 대할 때 사람들과의 관계에서도 그런 태도가 서서히 파고드는 것을 알 수 있지."[2]

사물을 무신경하게 대하는 태도는 생명에 대한 무신경 태도로 이어집니다. 어린 시절 제가 곤충을 장난감으로 여긴 것처럼 대부분의 어린이들은 개미를 그저 움직이는 사물로 바라봅니다. 이런 어린이들에게 벌레를 막 대하는 태도는 삶을 대하는 태도와 관련 있음을 알려주면 어떨까요? 소외받는 약자를 괴롭히는 것은 불공정한 게임이니까요.

아이들의 벌레에 대한 선입관과 적개심은 대개 가까운 어른들로부터 배우기 마련입니다. 침팬지 연구자로 유명한 제인 구달(Jane Goodall)과 잠자리 이야기를 소개하겠습니다. 어린 제인 구달이 유모차에 앉아 있을 때 갑자기 잠자리가 날아왔습니다. 그녀의 유모는 잠자리에 독침이 있다고 겁을 주었고 마침 지나가던 신사가 신문으로 잠자리를 내려친 후 발로 밟아 죽였습니다. 어린 제인은 깜짝 놀라 한참 동안 계속 울었는데, 훗날 그녀는 겁먹은 자신 때문에 잠자리가 죽은 것 같아 슬펐다고 회상했습니다.

이와는 정반대의 사례도 있습니다. 어떤 아이에게 잠자리가 다가와 스쳤을 때, 아이는 "잠자리가 나한테 뽀뽀했어"라고 말했다고 합니다. 아이 엄마는 "잠자리가 사랑한다는 말을 전하러 왔구나"라고 설명했습니다.[3] 이후 잠자리를 대하는 아이의 마음이 어땠을지는 상상이 갑니다.

곤충 수업을 마무리할 때의 일입니다. 한 학생이 이렇게 물었습니다.

"선생님, 이제 관찰한 곤충은 다 버려요?"

무의식적으로 내뱉은 말이었겠지만, 저는 생명을 대하는 시선을 바로잡아줘야 한다는 생각에 이렇게 대답했습니다.

"버린다는 말은 쓰레기처럼 필요 없는 것을 버릴 때 하는 말인데, 다시 놓아준다고 하면 안 될까요?"

아마도 그 학생은 수업 시간 중에는 곤충을 생명체로서 다루었을 겁니다. 그러나 무의식 속에 깊이 뿌리박힌, '곤충은 쓸모없는 벌레'라는 선입견이나 편견을 깨지는 못했던 것 같습니다. 벌레라는 말이 들어간 우리말 중에는 '책벌레'나 '공부벌레'처럼 좋은 뜻을 가진 것도 꽤 있는데, 요즘 자주 쓰는 말 중에 혐오나 기피의 대상을 가리킬 때 '○○충'이라고 부르는 것을 보면 곤충 전공자로서 씁쓸한 생각이 들기도 합니다.

곤충, 너의 이름은

어두운 시맥(翅脈)에도 불구하고
잠자리 날개의 투명함은
우리에게 순수하고 무결한 세상을 보여준다.

— 무니아 칸(시인)

해설사 "이건 무슨 곤충인가요?"

나   "아, 원산밑들이메뚜기라고 합니다."

해설사 "… 끝이에요?"

나   "긴날개밑들이메뚜기랑 비슷하게 생겼는데, 그것과는
        이러이러한 부분이 좀 다르고…, 북한의 원산에서 기
        록된 적이 있어서 그렇게 부릅니다."

해설사 "아…."

자연해설사 분들을 모시고 수업을 할 때, 저는 곤충 이름과 간단

한 특징 정도만 알려드리고 말 때가 많습니다. 복잡하고 긴 곤충 이름은 외우기도 힘들고, 처음 접하는 분들에게 잘 와닿지도 않기 때문입니다. 메뚜기가 무엇인지도 잘 모르는데, 밑들이메뚜기아과(亞科)에 속하는 원산밑들이메뚜기(*Ognevia sergii*)라니요! 이런 곤충 수업과는 대조적으로 식물 수업 시간에는 커다란 나무 한 그루 앞에 모이면 30분 동안 충분히 떠들 수 있는 얘깃거리가 있다고 합니다.

인류가 곤충과 맺어온 관계를 생각해보면, 그것도 특정 종을 예로 들면서 이야기를 하려고 하면 그 문화적 관계의 깊이가 너무 얕아 스토리텔링이 쉽지 않습니다. 그나마 곤충 이름을 잘 지었다면 설명하기 수월한데, 부정적인 이름이 붙은 곤충도 많습니다. 이를테면 '병신꼬마구멍벌'이나 '악질바구미'처럼 말이지요. 그런 면에서 나비학자 석주명 선생이 나비에게 붙인 우리말 이름은 나비에 대한 그의 남다른 애정이 잘 느껴지는 부분입니다. 두 가지만 인용하겠습니다.

배추흰나비(*Pieris rapae*) _이 종류도 그 학명으로 줄흰나비와 같이 그 유충이 무청을 먹는 것으로 되어 있지만 십자화과 식물은 대부분을 해한다. 그중에서도 가장 잘 먹는 것은 양배추, 배추, 무의 순서인데, 나비로는 가장 큰 해충이다. 북조선서는 어떤 해에는 이 종류의 유충으로 인하야 양배추 밭이 전멸하는 수도 있다. 이 종류는 조선에 가장 풍산(豊産)할 뿐만 아니라 북반구 온대지방에는 어디나 있어서 배추에 해를 주니 배추흰나비라고 부르기로 한다.

부전나비(*Plebejus argus*)의 속명이요, 종명이요, 또 과명이다. 소형의 여러 가지 색의 나비를 포함한 Lycaenidae를 본래부터 부전나비라고 해온 것은 그 형태를 잘 표현한 것으로 선배의 명작이다. 부전이라는 말은 사진틀 같은 것을 걸 때에 아래에 끼우는 작은 방석의 역할을 하는 삼각형의 색채 있는 장식물이다. 학명의 *Plebejus*에는 평민의 뜻이 있고 *argus*는 희랍신화에 나오는 강력한 백안 거인으로 이 학명에서는 딸 것이 없다.[4]

곤충을 소개할 때 스토리텔링은 곤충에 대해 잘 모르는 사람들의 이해를 돕는 데 매우 중요합니다. 게다가 오늘날 곤충 이름은 자연과학의 영역에서 새로 작명된 경우가 많아 대중들이 더 괴리감을 느낍니다. 만일 곤충 생태 해설 시 스토리텔링을 할 인문학적 소재가 없다면 최근 밝혀진 해당 곤충에 대한 과학적 사실을 설명해도 좋을 것입니다. 그렇지만 숲에서 만나는 수많은 곤충 대부분은 깊이 있는 연구가 이루어지지 않는 경우가 더 많습니다.

수업을 마치고 산에서 내려올 때 수강생 분들에게 소감을 종종 묻곤 하는데, 한 분께서 이렇게 말씀하신 적도 있습니다.

"저는 독일어를 전공했는데, 곤충 이름이 독어보다도 더 어려운 것 같아요."

두 시간 정도 숲을 둘러보면 여러 가지 곤충을 만나게 되는데, 저는 최소한 30종 이상의 곤충 이름을 무난히 나열할 수 있습니다. 그러면 수강생 분들이 신기해하며 이렇게 묻곤 합니다.

"선생님은 어떻게 그 많은 곤충 이름을 다 기억하세요?"

글쎄요, 저 같은 경우는 어린 시절부터 곤충 책을 많이 봐서인지 그냥 쉽게 생각이 납니다. 어려운 공룡 이름을 어린이들이 척척 외우는 것과 비슷한 셈이겠지요. 곤충 이름을 많이 불러주다 보면 저절로 마음에 각인이 됩니다. 한 번에 많이 외우려 하지 말고 하루에 한 가지만 확실히 알고자 하고, 밖으로 자주 나가서 관찰하며 만나는 곤충들의 가짓수를 늘린다면 시간이 흘러 어느 틈엔가는 곤충 이름들이 저절로 입에 붙게 됩니다. 이때 책을 통해 먼저 이름과 형태에 익숙해지고 현장에 나가 직접 체험을 하면 좋습니다.

곤충에게 얼마나 다양한 이름이 있는지 보통 사람들은 잘 모릅니다. 우리나라 곤충 중 알려진 것만 해도 1만 8천 종이 넘는다고 하면 다들 깜짝 놀랍니다.

민간에서 부르는 곤충 이름은 지방색이 묻어 있으며 이는 문학 속에도 곧잘 등장합니다. 물고기나 식물 이름이 지역에 따라 다르듯 곤충 이름도 사투리가 있어서 잠자리는 잔자리(황해), 나마리(충북), 자마리(경기), 철갱이(경북)[5] 등으로 불립니다. 반딧불이는 반디와 개똥벌레를 비슷한 빈도로 사용하고, 제주에서는 불한듸라고도 부르지요. 땅강아지는 도루래, 땅깨비라고 부르고, 대중가요 〈땡벌〉로 유명한, 땡삐로도 알려진 곤충의 표준어는 땅벌 혹은 뒤영벌입니다. 하나의 이름이 여러 종류의 곤충을 통칭하기도 합니다. 흔히 방구벌레라고 부르는 곤충은 먼지벌레나 노린재처럼 냄새 풍기는 곤충을 폭넓게 가리키며, 쌀벌레는 쌀에 생기는 여러 가지 벌레, 밤벌레는 밤에 생기는 여러 가지 벌레를 모두 말합니다.

옛 관용구 중에 '각다귀 떼같이 달려든다'라는 표현이 있는데,

곤충학에서 말하는 각다귀는 모기와는 전혀 다른 곤충으로 사람에게 달려들어 물거나 괴롭히지 않습니다. 무리를 지어 날아다니는 작은 날벌레를 흔히 하루살이나 날파리라고 부르는데, 곤충학에서 하루살이는 파리와 전혀 다른 종으로 실잠자리만큼 커다란 수서곤충(물에 사는 곤충)입니다. 이처럼 민간에서 알고 있는 이름과 곤충학에서 정의한 이름은 차이가 있습니다. 예를 들어 송장메뚜기라는 이름은 국어사전에는 나오지만, 곤충도감에는 전혀 나오지 않습니다. 민간에서 부르는 곤충 이름은 특별한 구별 없이 비슷한 사투리 수준으로 두루뭉술하게 통용되지만, 곤충학에서는 이름과 특징의 차이점을 명확히 구별해 사용합니다.

전통적으로 통용되어 온 곤충 이름은 나비, 잠자리, 메뚜기, 파리, 벌, 딱정벌레처럼 단어 길이가 짧은데, 이것은 전부 어떤 종을 가리키는 이름이 아닙니다. 제가 메뚜기목을 전공한 것처럼 목(目) 수준에 해당하는 단어들이지요. 따라서 우리가 야외에서 만나는 곤충들에게는 종 수준에서 이것보다 훨씬 길고 복잡한 이름이 주어집니다. 그렇다면 우리나라 곤충 중에서 가장 긴 이름은 무엇일까요?

포도유리나방살이며느리발톱고치벌

무려 열여섯 글자로 이루어진 곤충 이름입니다. 이 곤충 이름을 처음 보신 분들이라면 어디서 끊어 읽어야 할지 난감하실 것 같습니다. 그렇지만 종명은 엄연히 고유명사이므로 모두 붙여서 쓰는 것이 원칙입니다. 곤충의 이름에는 곤충에 대한 정보가 빼곡히 들어 있습니다. 앞의 이름은 이 곤충이 벌목(目)이고, 고치벌과(科)이고, 형태적으로 며느리발톱이 특징인 며느리발톱고치벌속(屬)이고, 포도유리나방(*Nokona regals*)이라는 또 다른 숙주에게 기생 생활을 한다는 특징까지 모두 담긴 이름입니다. 즉, 의미적으로 띄어 읽기를 하자면 '포도유리나방∨살이∨며느리발톱∨고치벌'이라고 읽으면 됩니다. 이런 이름은 사실 우리 일상생활에서 쓰이기는 어렵고, 전공자가 논문에서 사용하거나 과학전문기자가 기사에서나 사용하기 마련입니다. 국립국어연구원에 문의했을 때에도 생물 종명은 전공용어에 가깝다는 자문을 받았습니다. 일부 전공자들은 학명이 익숙해 굳이 국명이 필요 없다는 의견도 주장합니다. 그러나 국민들의 보편적인 사용을 위해, 그리고 최근 국제적으로 자생생물 이용의 배타적 권리를 인정하고 이익 공유(나고야 의정서)를 주장하게 되면서 생물 종에 가능한 한 우리말 이름을 붙이는 추세입니다.

그렇다면 이렇게 어려운 곤충 이름은 누가 만드는 것일까요? 전통적으로 짧은 이름은 조상 대대로 내려온 것이지만, 긴 이름은 대개 최근에 만들어졌습니다. 곤충학자들은 논문을 쓸 때 우리말 이름이 없으면 새로 '신칭'하여 우리말 이름을 표시합니다. 자랑 같지만, 제 전공 분야인 메뚜기목에서 처음 밝혀진 종들 중 제가 지은 이름도 몇 가지 있습니다. 한국곤충학회에서는 한국산 곤충 이름을 지을 때 유의해야 할 권고 사항을 다음과 같이 제시한 바 있습니다.[6]

1. 한글 맞춤법에 따라야 한다.

2. 이름 글자 수는 10자 이내가 바람직하며, 12자를 넘지 않아야
   한다.
3. 한국 사람 이름을 곤충 이름에 넣을 때는 한국 곤충학 발전에 공
   로가 크고 회원 다수가 공감할 수 있는 사람에 한하는 것을 원칙
   으로 한다.
4. 산 이름, 섬 이름 및 지명 등을 곤충 이름에 넣을 때는 분포 지역
   등을 충분히 감안하여 어떤 특정 지역에만 분포하는 종으로 잘
   못 인식되는 일이 없도록 배려하는 것이 바람직하다.
5. 학명의 속명과 종명을 우리말로 표기하여 이름 짓는 것을 금한
   다. 단, 종명이 사람일 경우(① 라틴어 발음 그대로, ② 출신지 발음대
   로)와 지명의 경우는 라틴어 발음을 우리말로 표기해야 한다.
6. 곤충 이름 끝에 "붙이(일본어 'モドキ'를 우리말화 한 표현)"를 다는
   것을 가급적 피하는 것이 바람직하다.
7. 외국어를 그대로 우리나라 곤충 이름에 넣는 것은 금한다.
8. 신종 또는 미기록종을 발표할 때는 우리말 곤충 이름을 저자가
   짓는 것을 원칙으로 한다.

그렇지만 이 원칙들이 잘 지켜지지 못하는 경우도 있습니다. 곤
충 이름을 신청 하는 경우는 우선 미기록종(new record)일 때입니
다. 다른 나라에는 이미 알려져 학명이 있지만, 우리나라에는 처음
분포하는 것으로 밝혀져 국명이 없는 경우입니다. 주로 우리나라와
지리적으로 가까운 일본, 중국, 러시아에서 보고된 종 중에 미기록
종이 많습니다.

Atractomorpha sinensis (Bolívar, 1905)	분홍날개섬서구메뚜기
Conocephalus bambusanus (Ingrisch, 1990)	대나무쌕쌔기
Cosmetura fenestrata (Yamasaki, 1983)	민어리쌕쌔기
Homoeoxipha obliterata (Caudell, 1927)	홍가슴종다리
Miramella solitaria (Ikonnikov, 1911)	고산밀들이메뚜기
Natula matsuurai (Sugimoto, 2001)	새금빛종다리
Ornebius bimaculatus (Shiraki, 1930)	점날개털귀뚜라미
Podisma aberrans (Ikonnikov, 1911)	참밀들이메뚜기
Psyrana japonica (Shiraki, 1930)	검은테베짱이
Ruspolia interrupta (Walker, 1869)	왕매부리
Tetrix minor (Ichikawa, 1993)	꼬마모메뚜기
Tetrix silvicultrix (Ichikawa, 1993)	야산모메뚜기
Turanogryllus eous (Bey-Bienko, 1956)	각시귀뚜라미
Velarifictorus ornatus (Shiraki, 1911)	봄여름귀뚜라미
Xestophrys javanicus (Redtenbacher, 1891)	꼬마여치베짱이

이름을 처음 지을 때면 우선 비슷한 종이 있는지 살펴보고 연관성을 고려해 그 이름 앞에 다른 특징을 덧붙입니다. 이를테면 왕매부리는 매부리라는 이미 알려진 종에 비해 크기가 큰 특징을 따서 '왕'이라는 접두어를 붙였습니다. 그리고 일본이나 중국 등 이웃 나라에 부르는 이름이 있다면 우선 참고하기도 합니다.

그다음으로 신청 하는 경우는 신종(new species), 즉 세계를 통틀어서 전혀 알려진 바가 없어 과학계에 처음 보고하는 종이 생겼을 때입니다. (다음의 예시에서 명명자인 'Kim'은 제 이름입니다.) 신종을 발견한 연구자는 논문을 발표할 때 형태를 묘사한 원기재문과 함께 학명이나 국명을 붙일 수 있습니다.

Sphagniana monticola (Kim & Kim, 2001) 산여치

Megaulacobothrus jejuensis (Kim, 2008) 제주청날개애메뚜기

Ectatoderus tamna (Kim, 2011) 숨은날개털귀뚜라미

Metriogryllacris tigris (Kim, 2014) 범어리여치

산여치는 다른 종류들과 달리 산꼭대기 정상부에만 서식하는 생태적 특징을 고려한 이름입니다. 제주청날개애메뚜기는 청날개 애메뚜기라는 육지의 친척 종에 대해 제주도 특산의 의미를 담았습니다. 이렇게 한번 이름을 부여하면 이 이름을 기준으로 다음 단계의 후속 연구가 이어질 수 있습니다. 분류학 전공자로서 생물 종명을 발표하여 후대에 전하는 것은 큰 영광입니다.

한번은 대학원생 곤충연구회 모임에서 만난 베트남 유학생과 이런 얘기를 나눈 적이 있습니다. 그 친구는 수서곤충 중에서 하루살이목(Ephemeroptera)을 연구한다고 해서 베트남에서는 하루살이를 뭐라고 부르는지 물었습니다. 그러자 안타깝게도 베트남에서는 하루살이를 가리키는 이름이 없다고 하더군요. 이름이 있어야 인식의 대상이 되는데, 그것이 없다는 것은 곧 그 세계에서 무관심의 대상임을 방증합니다. 아마도 그 친구는 고향에 돌아가 베트남 하루살이 이름을 밝힌 최초의 연구자가 되지 않았을까 싶습니다.

필자가 지도교수님과 함께 신종으로 처음 발표한 산여치

네무늬밑빠진벌레

"곤충 이름이 원색적이어서 좋네요."

수업 시간에 밑빠진벌레(Nitidulidae)라는 이름을 처음 들어본 분이 하신 말입니다. 밑빠진벌레는 딱정벌레목의 한 과인데, 딱지날개가 짧아 배 끝이 날개 바깥으로 삐져나와 있어서 밑이 빠진 모양 같아 붙여진 이름입니다. 나무쑤시기(나무껍질 밑에 몸을 쑤시고 들어가는 생태적 특징), 머리대장(비율적으로 머리가 큰 형태적 특징), 목대장(비율적으로 목이 긴 형태적 특징) 등과 같은 이름들도 처음 들으면 생소하지만, 자꾸 듣다 보면 특징이 짐작됩니다.

생물 이름에 담긴 우리 문화는 다시 돌아볼 필요가 있는데, 과거에 붙여진 이름은 토속적이면서 당시 문화 현상을 반영하고 있기 때문입니다. 이를 근거로 한번 붙인 이름은 바꾸지 말고 그대로 사용해야 한다는 의견과 국민 수준이 올라가고 문화가 바뀌었으니 상스럽거나 비하, 차별의 의미가 담긴 생물 이름은 바꿔야 한다는 의견이 공존합니다. 저는 생물 이름이 불편함 혹은 불쾌함을 주지 않는다면 이름을 자주 바꾸는 것에는 반대하는 입장입니다. 연구를 위해 과거 문헌을 들여다보는 경우도 있는데, 이름이 동일하지 않으면 연결이 되지 않고 전공 분야가 아닌 이상 많은 이름의 변천사를 다 알기 어렵기 때문입니다. 당시에 그런 이름을 부른 것에는 그럴 만한 이유가 있었을 텐데, 오늘날의 관점만으로 오래전에 붙여진 이름이 잘못되었다고 비판하는 것은 잣대의 기준을 지나치게 소급 적용하는 일이 아닐까 싶습니다. 다만 너무 무성의하게 지었거나 일제강점기 영향으로 왜색이 짙은 이름은 각계의 의견을 모아 바꿀 필요가 있다고 생각합니다.

아직까지 우리나라의 곤충은 다 밝혀지지 않았습니다. 학계에서는 5만 종을 예상하고 있는데, 이제까지 밝혀진 것은 1만 8천 종이니 밝혀진 것보다 밝혀야 할 것이 더 많은 셈이지요. 곤충의 이름을 짓는 일은 아직까지 전문 연구자나 분류학자의 몫이니 좀 더 책임감 있는 자세가 필요할 것 같습니다. 앞으로 새롭게 발견되는 우리 곤충 이름은 많은 사람들이 오래도록 부를 수 있도록 예쁘게 잘 지었으면 좋겠습니다.

시인 김춘수 선생님의 〈꽃〉이라는 시로 이번 장을 마무리하고 싶습니다.

내가 그의 이름을 불러주기 전에는
그는 다만
하나의 몸짓에 지나지 않았다.

내가 그의 이름을 불러주었을 때
그는 나에게로 와서
꽃이 되었다.

우리가 그저 벌레라고 부르면 하찮은 존재에 불과하지만, 정확히 그 이름을 불러줄 때, 곤충은 징그럽고 혐오스럽다고 여겨지는 존재에서 친근한 자연의 모습으로 우리에게 다가오리라고 생각합니다.

아이들과 함께하는
곤충 수업

곤충이 세상을 장악한다면,
우리가 피크닉 갈 때마다 어떻게 그들을 데려갔는지
감사하게 기억하기를 바란다.

— 빌 본(작가)

"곤충학자이시니까 채집하러 가실 때 따님도 자주 데리고 다니
시겠어요?"

곤충 수업 시간에 딸이 있다고 하면 저에게 종종 이런 질문을
던지는 분들이 계십니다. 기회가 되면 함께 다니기도 하지만, 저는
아이에게 굳이 곤충 채집 등을 같이 다니기를 강요하지 않는 편입
니다. 아이나 어른이나 취향은 서로 다를 수 있고 그 취향은 존중받
아야 마땅하지요. 다만 곤충학자 아빠로서 저는 딸이 곤충을 싫어
하거나 무서워하지 않도록 어릴 때부터 친해질 기회를 많이 만들어
주었습니다. 이를테면 곤충 종류를 바꿔가며 손 위에 올려놓고 인

증 사진을 남기는 식이었지요. 그동안 이런저런 곤충을 가지고 많이 시도해보아서인지 저희 딸은 곤충을 전혀 무서워하지 않습니다. 오히려 같은 학급에 벌레 무서워하는 남자아이들 사이에서 대단한 친구로 꼽힌다고 합니다.

아이들과 함께 숲에 가면 설명을 하기보다는 일단 곤충을 찾아보게 합니다. 직접 잡아보기 실습을 하는 것이지요. 아이들은 손이 덜 여물어서 잠자리채 휘두르는 것도 서툽니다. 간신히 그물을 덮쳐 곤충을 잡더라도 잠자리가 그물 틈새로 금방 도망치고 말지요. 이럴 때는 잠자리채를 한번 휘감아 입구를 아래로 향하게 해야 한다고 알려줍니다. 요즘 아이들은 잡은 곤충을 관찰통에 넣는 것도 어려워합니다. 곤충을 손으로 만지기를 주저하는 것이지요. 이럴 때는 두려움을 극복하도록 곁에서 살짝 도움을 줍니다. 요즘 아이들은 어릴 때부터 위생 관념을 워낙 철저히 교육받아서인지 수업 시간에 곤충 만지기를 꺼리는 모습도 자주 보곤 합니다. 그러면 실습이 다 끝난 후 손을 깨끗이 씻으면 괜찮다고도 말해줍니다.

곤충은 뛰고 날고 숨고 달아나고 움직이는 대상이라 활동적인 아이들과 함께 수업하기 좋습니다. 특히 수업 시간에 움직임이 너무 빠르거나 작고 연약한 곤충보다 적당한 크기의 하늘소 같은 곤충이 등장하면 더할 나위 없이 정말 좋습니다. 하늘소는 '돌드레'라고도 부르는데, 예전에 어린이들이 하늘소 더듬이를 붙잡은 채 무거운 돌을 들게 하던 놀이에서 유래한 별칭입니다. 하늘소 더듬이는 튼튼해서 여간해서는 잘 끊어지지 않습니다. 다리의 붙잡는 힘도 강해 무거운 돌도 거뜬히 들어 올리지요. 이 놀이는 어른들도 좋

돌드레(하늘소) 돌들기 실습

손 위에 올려놓은 큰주홍부전나비

아합니다. 하늘소 몸통을 붙잡으면 '끽끽' 하는 소리도 내는데, 귀를 가까이 대면 ASMR처럼 생생하게 들립니다. 재미와 오감을 자극하니 숲에서 곤충 수업을 할 때 만나게 되면 아이들의 눈과 귀를 사로잡을 수 있는 곤충이 바로 하늘소이지요.

방아벌레과(Elateridae)의 곤충도 아이들과 수업을 할 때 만나면 반갑습니다. 방아벌레는 '똑딱벌레'라고도 부르는데, 잡아서 뒤집어놓으면 탁 하고 튀어오르는 데서 붙은 이름입니다. 방아쇠 당기듯 머리를 뒤로 제끼며 땅바닥에 세게 부딪쳐 몸을 바로 뒤집는 행동이 재미있는 곤충이지요. 이때 단단한 바닥에 뒤집어놓아야 잘 튀어오릅니다. 방아깨비(*Acrida cinerea*)를 만나면 방아 찧기 실습을 할 수 있어서 좋습니다. 아이들은 처음에 방아깨비를 어떻게 붙잡아야 할지 몰라 당황하는데, 방아깨비 다리 양쪽 모두를 동시에 붙잡을 수 있도록 해야 합니다. 무턱대고 한쪽 다리만 잡으면 도마뱀이 꼬리 자르듯 다리를 뚝 끊어버리기 때문에 불쌍한 장애 곤충이 될 수도 있으니까요.

우리나라 자생 곤충은 대부분 손으로 만져도 무해합니다. 다만, 잔뜩 긴장해 힘을 준 채 잡으면 곤충이 다치거나 반사적으로 깨물 수 있으니 최대한 힘을 빼고 곤충을 잡거나 올려놓기를 권합니다. 어렸을 때 벌이 쏜다는 얘기를 듣고 무서워했지만 막상 호박꽃 속에 들어간 꿀벌을 살짝 잡아 손에 올려놓으니 아무렇지도 않았던 기억이 있습니다. 그래서 '거짓말인가?' 하고 손아귀로 움켜쥐는 순간, 팍 쏘이고 말았지요.

여담이지만, 쏘는 벌은 모두 암컷입니다. 생태학습장에 풀어놓은 벌들은 화분매개 곤충으로 뒤영벌(*Bombus*)을 사육할 때 여분으로 생겨난 (쏘지 않는) 수벌을 체험학습용으로 풀어놓은 것입니다. 암벌은 알을 낳는 산란관이 변한 침을 갖고 있는데, 수벌은 침이 없어 쏘는 흉내만 내지 실제로 쏘지는 못합니다. 만약 야외에서 벌을 만났다면 모두 쏠 수 있는 암컷이라고 생각하는 편이 안전합니다.

곤충 수업에서는 후각 체험도 가능합니다. 이때는 노린재나 먼지벌레가 나타나면 좋습니다. 이들 곤충을 관찰통에 넣고 툭툭 건드리면 소위 '고약한' 냄새를 풍깁니다. 저는 고약하다는 선입관을 갖기 전에 먼저 냄새를 살살 맡아볼 것을 권합니다. 화학 시간에 약품 냄새를 맡을 때처럼 손짓으로 바람을 약간 일으키면 냄새 맡기가 좀 더 수월합니다. 곤충들이 풍기는 냄새는 농도가 진하면 악취 같지만, 열으면 보통 화장실 청소할 때 쓰는 락스나 크레졸 같은 소독약 냄새와 비슷합니다. 예전에 한 TV 프로그램에서 화장실 바로 옆에 위치한 반의 성적이 가장 좋다는 가설을 실험한 방송을 재미있게 보았습니다. 암모니아 냄새가 뇌를 자극해 중추신경의 기억회로를 돕기 때문이라고 합니다. 아이들과 함께 하는 곤충 수업에서도 과감히 만져보고 냄새도 맡는 등 오감을 이용해 체험의 범위를 넓히면 곤충의 세계를 더 잘 이해할 수 있습니다.

그 밖에도 숲에서 아이들과 곤충 수업을 할 때, 시도해봄직한 일들은 무궁무진합니다. 멋지게 거미줄을 치고 있는 거미를 발견할 경우 곤충 한 마리를 잡아 던져주면, 거미가 눈앞에서 먹잇감에 거미줄을 칭칭 감는 모습을 생생하게 볼 수 있습니다. 다만, 다큐멘터리에서 많이 보았다거나 굳이 다른 곤충이 잡아먹히는 장면을 아이들이 보기를 원치 않을 수도 있으니 주의해야 합니다. 살아 있는 곤충 대신 강아지풀을 이용해 거미줄에 걸린 곤충 흉내를 낼 수도 있습니다. 강아지풀의 열매를 뜯어 뾰족한 털 몇 가닥만 남긴 채 곤충 다리처럼 거미줄을 건드리면 거미가 달려옵니다. 만일 모래땅에 구멍을 파고 있는 개미귀신을 만난다면 지나가는 개미 한 마리를 개미귀신 쪽으로 살짝 미끄러뜨려봅니다. 그러면 개미귀신이 개미 잡아먹는 장면을 볼 수도 있고, 운이 좋은 개미라면 탈출하는 모습도 볼 수 있지요.

아이들과 함께 곤충 체험을 할 때는 무엇보다 장소에 대한 주의가 필요합니다. 아무 곳이나 막 들어가면 안 되는 것이지요. 지금 생각해도 무척 창피했던 사건이 있습니다. 아이들과 산길을 돌다가 경사진 둔덕의 양지바른 곳에 자리 잡은 산소를 보았습니다. 아이들은 누가 먼저라고 할 것도 없이 무덤으로 달려가 오르락내리락 미끄럼 놀이를 시작했습니다. 그때 갑자기 묘지 주인이 나타나셨죠.

"아이들은 전혀 잘못하지 않았습니다. 그런데 여기 선생님은 누구신가요?"

저와 도우미 선생님은 한참 동안 고개를 들지 못했지요. 중학교 시절에도 논에서 개구리 잡기에 열중해 벼 포기가 쓰러지는 것도 모르고 헤치고 들어갔다가 주인에게 걸려 크게 혼난 일이 있습니다. 주인이 없어 보이는 산이나 들이라 하더라도 그곳에서 무엇을 특별히 키우고 있지는 않은지, 누가 공들여 가꾼 흔적은 없는지 잘 살펴볼 필요가 있습니다.

이렇게 수업 시간 내내 한껏 곤충을 관찰하고 체험하고 나면 마무리 시간에는 관찰한 곤충의 이름은 무엇이고 어떻게 살아가는지 요약해 설명합니다. 아이들은 친구들과 서로 채집한 것을 비교해보고 지식을 넓힙니다. 아이들과 곤충 수업을 할 때 체험보다 지식을 강조하고자 곤충 이름만 지나치게 많이 나열하는 것은 바람직하지 않습니다. 가르치는 입장에서는 가급적 많은 정보를 알려주고 싶은 게 인지상정이지만, 수업을 받는 사람들은 자신만의 고유한 경험으로 그날의 수업을 기억하기 때문입니다.

수업이 끝날 때는 채집한 곤충들을 다시 숲에 풀어주도록 안내하는데, 채집한 곤충을 집에 데려가 키우고 싶어 하는 친구들도 있습니다. 그런 친구들에게는 어떻게 기르면 될지 잘 찾아보도록 주의 사항을 알려줍니다. 그리고 다음 수업 때 다시 만나면 가지고 간 곤충이 어떻게 되었는지 꼭 물어봅니다. 아이가 나름대로 신경을 써서 키웠다고 해도 곤충이 환경에 적응하지 못하고 죽을 수도 있는데, 저는 그것 역시 하나의 교육이라고 봅니다. 반려동물을 키우는 것처럼 곤충을 잘 키우기 위해 어떤 것을 먹이고 어떤 조건을 유지해야 하는지 스스로 찾아보면서 생명의 특성을 이해함은 물론이고, 그런 조건들이 충족되지 못하면 죽는다는 것도 알게 될 테지요. 애벌레를 키운다면 생명의 순환 과정으로서 형태가 변화하는 변태의 과정을 이해할 수도 있습니다.

곤충 수업 강사로 처음 나섰을 무렵의 일입니다. 그때는 아이들이 곤충을 몇 마리라도 집에 가져가야 부모님들이 체험을 잘했구나 하고 생각하실 것 같아 곤충들을 관찰통에 넣어 들려보내곤 했습니다. 그런데 어느 날 아이가 열심히 채집해간 곤충 관찰통을 본한 어머니가 "이런 걸 뭐 하러 가져왔어?" 하고 나무라며 그 자리에서 곤충들을 다 버리라고 하는 모습을 보고 충격을 받은 적이 있습니다.

간혹 일선 학교에서 곤충 수업을 하고 나면 선생님들께서 제게 마무리 이야기를 부탁하곤 합니다. 그 순간이 저에겐 수업 시간 중 가장 어렵습니다. 뭔가 의미 있는 말을 해주고 싶기도 하고, 그래야만 아이들이 그 수업을 기억해줄 것 같기 때문입니다. 그때마다 저는 주로 이런 이야기를 들려줍니다.

"여러분, 이 숲의 주인은 누구인가요?"

그러면 아이들은 제 말이 끝나기도 전에 씩씩하게 대답합니다.

"우리요!"

저는 그럼 고개를 갸웃합니다. 정답이 아니라는 반응에 아이들은 초롱초롱한 눈망울로 제가 무슨 말을 할지 가만히 귀 기울입니다. 아이들이 조용히 저에게 집중하는 게 느껴지면 저는 그제야 옅은 미소를 띠고 반문합니다.

"음, 여러분은 저쪽 도시에서 오지 않았나요? 여기 숲의 주인은 곤충과 식물, 나무 등 자연이에요. 우리는 여기 잠시 머물다 가는 것이고요. 자연은 우리와 함께 살아가는 존재이니 잘 지켜줘야겠지요?"

자연학교 수업을 마치던 날, 저는 그동안 많은 곤충을 보고 생각과 생태감수성이 한 뼘 더 자랐을 아이들에게 곤충보다는 자연 전반에 대한 느낌을 전달해주고 싶었습니다. 그래서 한참 동안 등산을 해서 산꼭대기 정상까지 올라가자고 했지요. 산 위에는 곤충이 많지 않기 때문에 곤충 수업을 할 때는 산 정상까지 가는 일이 드물지만, 그날은 그렇게 하고 싶었습니다. 산꼭대기에 올라 저 아래 우리가 사는 세상을 바라보며 아이들은 무슨 생각을 했을까요? 우리 어른들도 일상에서 잠시 벗어나 가끔씩은 산 위에 올라가 도시의 전경을 바라보았으면 합니다. 그렇게 자연 속에서 함께 살아가는 우리의 모습을 뒤돌아봤으면 하는 바람입니다.

희미한 반짝임에 담긴
위대한 자연의 섭리

애벌레를 밟지 않도록 아이를 가르치는 것은
애벌레에게만큼이나 아이에게도 가치가 있다.

— 브래들리 밀라(교사)

여름이면 많은 아빠들이 잠자리채와 채집통을 들고 아이들과
공원이나 캠핑장을 돌아다니는 모습을 만나게 됩니다. 왕년에 곤충
좀 잡아본 아빠들은 그래도 잠자리나 매미 같은 곤충을 잡아주며
으쓱해합니다. 그렇지만 아이들이 구체적으로 곤충 종을 말하면—
이를테면 사슴벌레를 잡아달라고 하면—어떻게 해야 할지 막막합
니다. 그런 아버님들께 저는 이렇게 대답을 해드리고 싶습니다.

"여름철 외딴곳의 불 켜진 전등 아래를 잘 살펴보세요. 산속 휴
양림이나 고속도로 휴게소도 좋습니다."

무더운 8월 한여름 낮의 곤충 수업은 진행하기가 무척 두렵습

니다. 그늘이 없는 벌판은 조금만 걸어도 숨이 막히고 땀이 흠뻑 나 수업 진행이 어렵지요. 어른들은 괜찮다고 하더라도 공부만 하느라 고 체력이 약해진 요즘 아이들은 땡볕에 조금만 나가 있어도 얼굴 이 시뻘겋게 달아오릅니다. 이럴 때는 해가 진 뒤 야간 곤충 탐사를 추천하곤 합니다.

다년간의 경험 끝에 저는 야간에 작은 손전등을 들고 돌아다니면 많은 것을 관찰할 수 있음을 깨달았습니다. 공원이나 야산 임도와 등산로 입구만 가도 야행성 곤충을 볼 수 있지요. 다음은 곤충 사진을 한참 찍으러 돌아다녔을 때 기록한 참나무 숲 야간 산행기입니다.

야간 산행은 무척이나 낭만적이다. 밤에 산을 걸으면 깜깜해서 아무것도 안 보일 것 같지만, 실은 그렇지 않다. 달빛과 함께 빛나는 바위의 반사광이 어슴푸레하고 신비스러운 분위기를 자아낸다. 개구리 소리가 요란스레 반겨주는 논길을 따라 들어가면 매년 수액이 흘러 사슴벌레가 출몰하는 참나무에 다다른다. 밤중에 여러 가지 곤충을 가장 찾기 쉬운 장소다. 아니나 다를까, 5미터 밖에서부터 수액의 달짝지근하고 향긋한 냄새가 코끝에서 짜릿하게 진동한다. 애사슴벌레가 무리 지어 몰려 있다. 손전등 불빛에 놀란 녀석들이 허둥지둥 숨을 곳을 찾거나 너무 놀란 나머지 나무에서 뚝 떨어져버린다. 많은 수의 무당거저리, 버섯벌레, 왕바구미 등의 갑충들이 나무 표면에 붙어 있다. 버섯벌레 무늬를 의태한 먼지벌레는 잡으려고 건드리니, 아니나 다를

까, 특유의 고약한 냄새를 풍긴다. 고려나무쑤시기와 밑빠진벌레도 수액의 서로 좋은 자리를 차지하기 위해 안쪽으로 파고든다. 수액이 흐르는 나무에는 가끔 배가 불룩한 청개구리가 붙어 있다. 청개구리는 발가락 끝의 흡반으로 능숙하게 나무를 오르는 등반가이며 어디 가면 쉽게 먹이를 얻을 수 있는가를 너무나 잘 알고 있다. 불이 켜진 장소의 전등 바로 아래나 이렇게 벌레들이 꼬이는 나무 수액 근처에 종종 모여든다. 불빛이나 먹이의 유혹에 끌려온 작은 벌레들은 오는 족족 청개구리의 배 속을 채우게 된다. 큼직한 모진밤나방을 비롯한 몇 가지 밤나방 종류도 냄새를 맡고는 저 멀리서 훨훨 날아들었다. 오래된 굵은 나무는 그 땅의 역사와 함께 많은 목숨붙이들의 삶이 영위되는 터전으로 왠지 내게는 신성한 대상으로 다가온다. (이젠 잘려나가고 없다.)

시각에 의존하는 사람에겐 어두운 밤이 휴식의 시간이지만, 야간에 숲의 바닥은 먹을 것을 찾아 헤매는 곤충들의 세상이다. 낙엽층이며 나무껍질이며 돌 위며 할 것 없이 잡식성인 꼽등이들이 유기물을 찾아 펄쩍 뛰어다닌다. 낮에는 보기 힘든 먼지벌레의 짝짓기도 촬영할 수 있었다. 이마무늬송장벌레는 어떤 짐승이 싼 똥덩이를 뒤지던 중이라서 잡았더니 지극히 고약한 냄새가 내 손에도 배었다. 낮에는 꼼짝 않고 있어서 사람 눈에 잘 안 띄는 꼬리거미를 관찰했다. 아직 어린 녀석이지만 녹색이라 거의 솔 이파리와 똑같았다. 그물 속에서 숨어만 있던 거미들이 밤에는 활개를 친다. 시커멓고 커다란 한국깔때기거미가 그물 밖으로 모습을 드러냈다. 다만 시각으로 사냥하는 깡충거미들은 어디에도 없었다.

야간 관찰은 약간의 모험심이 필요하지만 재미있는 활동인데, 어린이 혼자 밤에 산에 가는 것은 위험하므로 아빠와 동행하면 좋습니다. 야간 관찰을 하다 보면 곤충뿐만 아니라, 지렁이, 개구리, 뱀 같은 조금 큰 동물을 만나기도 합니다. 야간 산행을 하며 정말 깜짝 놀랐던 기억이 있습니다. 전남의 한 섬에 조사를 갔을 때 밤중에 가까이서 번쩍거리는 초록색 인광과 마주쳤습니다. 분명 커다란 짐승의 눈빛이었습니다. 온몸의 털이 쭈뼛 서면서 발걸음이 얼어붙었지만, 눈빛이 사라지지 않고 계속 그 자리에 있길래 정신을 차리고 조금씩 접근해보자 그 정체를 알게 되었습니다. 마을에서 산에 풀어놓고 키우던 염소였습니다.

야간 산행이 무서운 기억만 있는 것은 아닙니다. 농촌진흥청에서 일할 적에 반딧불이 사육기술 정립을 위한 연구의 일환으로 반딧불이를 전공하신 심하식 박사님과 한동안 밤마다 반딧불이를 찾아다닌 적이 있습니다. 깜깜한 밤중에 인공 불빛도 없어야 반딧불이의 약한 불빛이 눈에 띄므로 시골 중에서도 정말 '깡촌'을 찾아다녔지요. 지형지물에 익숙하지 않아 어두운 밤중에 곤란한 상황에 빠질 수 있기 때문에 낮에는 우선 탐색 장소를 물색해두었다가 해가 지면 본격적으로 반딧불이 채집에 나섭니다.

심 박사님께서는 제게 반딧불을 찾는 비법을 알려주셨습니다. 분명히 반딧불이가 살 만한 환경인데, 불을 잘 켜지 않는 날이 있습니다. 녀석들도 그날 컨디션에 따라 자기 기분이 있을 테지요. 그럴

때 라이터 불을 찰칵찰칵 켰다 끄기를 반복하면 어디선가 숨어 있
던 반딧불이가 빛을 감지하고 반사적으로 자신도 깜박깜박 불을 냅
니다. 그렇게 해서 반딧불이를 찾으면 정말이지 불빛으로 서로 대
화하는 느낌이 들었습니다. 실제로 이러한 반딧불이의 특성을 이용
해 탐사용 반딧불이 볼펜이 개발되기도 했습니다.

조용한 밤중에 은은하게 깜박거리는 반딧불이 빛을 보면 금방
감상에 젖게 됩니다. 저는 초등학교 이후로 거의 서울에서 살았기
때문에 반딧불이를 볼 일이 없었습니다. 처음 살아 있는 반딧불이
를 본 것은 논산훈련소에서 신병 훈련 막바지 야간 행군을 할 때였
습니다. 처음 보긴 했지만 그 조그만 녹색 발광체가 반딧불이라는
것을 금방 깨달았습니다. 얼굴에 검은 칠을 하고 야간 사격 대열로
정렬할 때 총구 가까이에서 반짝거리던 반딧불이는 아직도 잊히지
않습니다.

반딧불이는 종류에 따라서 발광 리듬이 다릅니다. 가장 보편적
인 애반딧불이(*Luciola lateralis*)는 조용히 한군데에서 깜박깜박 불
을 내고, 운문산반딧불이(*Luciola unmunsana*)는 번쩍번쩍 불을 터
뜨리며 앞을 가로질러 날아갑니다. 마치 카메라 촬영을 할 때 스트
로보를 터뜨리는 것 같습니다. 그리고 늦반딧불이(*Pyrocoelia rufa*)
는 저녁 7~9시 무렵 밤하늘이 얼굴을 내미는 어두운 언덕에서 일
제히 불을 길게 쏘며 집단으로 하늘을 향해 날아오르다가 그 시간
이 지나면 더 이상 활동하지 않습니다. 종류별로 다양한 반딧불이
불빛을 찾아본 경험은 제게 잊을 수 없는 순간입니다.

현재 우리나라 반딧불이연구회를 중심으로 무주 반딧불이 축제

반딧불이 빛을 모아 책을 읽을 수 있다.

와 같이 각 지역에서 반딧불이를 되살리려는 노력을 계속하고 있는 중입니다. 사육 증식 기술이 보편화되어 여러 생태공원에서도 반딧불이를 도입하는 프로그램이 진행 중이지요. 반딧불이는 형설지공 (螢雪之功)의 고사성어로 유명하고, 가수 신형원의 〈개똥벌레〉라는 노래도 있는 등 어른이나 아이 모두 좋아하는 곤충입니다. 세계적으로도 반딧불이는 생태 관광 요소로도 잘 활용되고 있습니다. 말레이시아의 반딧불이 관찰 정글 투어, 뉴질랜드의 동굴 반딧불이 체험 등이 대표적이지요.

성충 반딧불이는 얼마 길지 않은 삶을 먹지도 않고 불빛 신호를 보내며 짝짓기 하는 데 바칩니다. 한번은 평상시 보던 불빛과 달리 이상하게 불빛이 꺼지지 않고 한자리에서 계속 빛나는 광경을 목격한 적이 있습니다. 천천히 다가가자 그것은 거미줄에 걸린 반딧불이가 거미에게 잡혀 죽어가면서 내는 마지막 불빛이었습니다. 또 야간 탐사를 하다 보면 숲 바닥에서 작은 불빛이 움직이는 모습을 보는 경우가 있는데, 이것은 늦반딧불이 애벌레가 달팽이 사냥을 위해 천천히 걸어가면서 꽁무니에서 내는 불빛입니다.

세상을 살아가는 지혜와 교훈을 담은 중국의 《채근담》에 나오는 반딧불이 얘기를 소개하겠습니다.

땅속에서 지저분하게 살던 굼벵이는
매미가 되어 가을바람에 이슬을 마시고
糞蟲至穢 變爲蟬 而飮露於秋風

썩은 풀에 사는 애벌레는
반딧불이가 되어 여름밤을 빛낸다.
腐草無光 化爲螢 而耀采於夏月

그러므로 깨끗함은 더러움에서 생기고
밝음은 어둠에서 생겨난다.
固知潔 常自汚出 明每從晦生也

썩은 풀에 살던 애벌레가 변해 반딧불이가 된다는 이야기는 마치 생물학의 자연발생설(생물이 부모가 없어도 무생물로부터 저절로 발생한다는 아리스토텔레스의 가설)과도 비슷합니다. 저는 이 시를 볼 때마다 순환하는 자연의 순리에 대해 종종 사색하게 됩니다. 자연은 늘 깨달음과 감동을 주는, 세상에서 가장 아름다운 학교입니다.

세상에서 가장 작은
동거충

인간의 허영심의 무게를 지탱할 만큼
연약한 실로 집을 지을 곤충은 없다.

— 이디스 워튼(소설가)

오늘날 우리는 위생 개념의 발달로 인해 집 안에 벌레가 있으면 더러운 집이라고 생각합니다. 그뿐인가요. 벌레를 발견하면 깜짝 놀라 살충제를 뿌려 박멸하고자 합니다. 하지만 병원의 무균실처럼 관리하지 않는 이상, 눈에 안 보일 뿐 벌레가 한 마리도 없는 집은 없습니다. 곤충의 입장에서 사람의 집은 먹을 것과 숨을 곳이 있는 하나의 서식처와 마찬가지고, 습성에 맞는다면 그곳에 정착해서 번식을 이어가지요.

수강생들의 공감을 끌어내기 위해 저는 수업의 서두에서 집에서 마주쳤을 만한 곤충들을 소개하곤 합니다. 내 일상과는 먼 대상보다는 나와 함께 살아가는 대상에 사람들은 관심을 기울이기 마련입니다. 할 말도 많아지는 것은 물론이지요. 어릴 적 제가 살던 부산은 항구도시의 특성상 외래종 바퀴가 상당히 많았습니다. 어쩌다 집 바깥의 광문을 열면 커다란 바퀴가 후다닥 날갯짓을 하면서 날아 덤벼들었는데, 어린 저로서는 얼마나 소스라치게 놀랐는지 모릅니다.

그 당시 제가 본 바퀴는 이질바퀴(*Periplaneta americana*)입니다. 이 녀석은 날기도 잘하고 웬만한 세기로 쳐서는 죽지도 않습니다. 깜짝 놀라게 한 대가로 파리채로 힘껏 때리면 퍽 소리가 나면서 바스락 날개가 떨어지던 느낌이 아직도 생생합니다. 바퀴 소동은 이후에도 간헐적으로 계속됐는데, 외할머니가 사다 주신 국어대사전을 펴보면 바퀴 애벌레를 눌러 죽인 흔적이 아직도 남아 있습니다. 밤중에 자다가 입술이 간질간질한 느낌에 깜짝 놀라 손으로 휙 뿌리치고 불을 켰더니 바퀴가 근처에 서성거리는 것을 본 적도 있습니다.

바퀴와의 전쟁은 그뿐만이 아니었습니다. 어느 날 밤중에 여동생이 갑자기 비명을 질러 모든 식구가 깜짝 놀라 깬 적이 있습니다.

"무슨 일이야?"

"귀에 뭐가 들어갔어, 악!"

동생의 귀에 얼른 불빛을 비춰 보니 벌레가 들어간 것이 보였습니다. 귀에 벌레가 들어갔을 때 불빛을 비추면 도로 나온다는 얘기가 있는데, 이것은 비현실적인 이야기입니다. 곤충이 불빛에 유인되는 것은 자유롭게 오갈 수 있는 상황에서나 맞는 말입니다. 머리가 좁은 귓속을 향해 처박힌 곤충이 불빛을 보고 뒷걸음질로 빠져나온다는 것은 억지스러운 생각이지요.

저는 여동생 귀에 들어간 벌레를 핀셋으로 끄집어내려 애쓴 끝에 간신히 붙잡아 당겼는데, 그만 몸통 절반만 끊어져 나오고 말았습니다. 살펴보니 날개가 없는 바퀴의 유충이었습니다. 너무 깊숙이 들어간 바퀴 몸의 일부는 끄집어내기가 어려웠습니다. 완전히 죽지 않은 바퀴 유충은 이후에도 귓속에서 간헐적으로 움직이며 동생에게 고통을 주었습니다.

그때 저는 어디선가 읽은 글이 떠올라 베이비오일을 여동생의 귓속에 떨어뜨렸습니다. 완전히 액체에 잠기면 완벽하게 죽을 테니 더 이상 발버둥치지는 않을 것 같았기 때문입니다. 한밤의 소동은 그렇게 끝났고, 날이 밝자마자 여동생은 이비인후과에 갔습니다. 나중에 들은 이야기로는 귓속에서 더 큰 나머지 몸통이 나왔다고 합니다. 이비인후과에서는 이처럼 귀에 벌레가 들어가는 사고가 자주 접수된다고 합니다.

집에 벌레가 들어오면 대부분의 사람들은 괴로워하지만 곤충 마니아들에게는 반가운 연구 대상입니다. 어떤 기생벌학자는 자신의 집 안 책상 위나 뒤뜰에서 새로운 신종을 발견하기도 했습니다.[7] 저 역시 곤충에 관심이 커진 중·고교 시절, 집 주변에서 보이는 족족 곤충들을 채집해 통에 가둬두고 한살이를 관찰하곤 했습니다. 매년 종류를 바꿔 사육하고 내년에는 또 새로운 것을 키워봐야 하고 나름의 목표를 세우기도 했습니다.

나중에는 큰 어항을 장만해 그곳에 채집한 곤충을 닥치는 대로 집어넣어 살펴보기도 했는데, 작은 사파리 정글과 다름없는 생태계가 그곳에 만들어졌습니다. 서로 먹고 먹히는 현장을 눈앞에서 관찰할 수 있었지요. 애집개미를 잡아먹는 육눈이유령거미, 바퀴를 잡아먹는 말꼬마거미, 거미를 잡아먹는 아롱가죽거미 등 거미류와 그리마(돈벌레), 지네, 노래기 같은 다지류와 쥐며느리까지, 남들에게는 징그러운 벌레였겠지만 저에게는 모두 신기하고 진귀한 관찰 대상이었습니다.

결혼해 분가한 이후에도 벌레로 인한 작은 소동은 종종 벌어졌습니다. 아무리 곤충학자의 집이라고 해도 집에 무서운 벌레가 들어오면 당연히 나서서 퇴치해야 하고, 위생 관리도 신경 써야 합니다. 한번은 집 벽에서 작은 딱정벌레 몇 마리가 보이기 시작했습니다. 권연벌레(*Lasioderma serricorne*)였습니다. 전에 살던 집에서도 가끔 보던 녀석이라 별 신경을 쓰지 않았는데, 처음 본 날 이후로 점점 더 개체가 늘어나기 시작했습니다.

"여보, 무슨 일인지 모르겠지만 당장 좀 처리해줘요."

곤충학자이긴 하지만 버그 헌터이기도 한 제게 아내가 급하게 명을 내렸습니다. 다행스럽게도 권연벌레는 흰 벽지에 붙어서 눈에 잘 띄었는데, 집 안 구석구석을 면밀히 수색해보니 어두운 주방 쪽에 개체수가 월등히 많았습니다. 추적을 거듭한 끝에 권연벌레가 대규모로 출현한 근원지를 찾아냈으니, 바로 말린 산나물을 담은 비닐봉지 안이었습니다. 반찬을 만들고 남은 나물을 제대로 밀봉하지 않는데 그곳에 권연벌레 몇 마리가 우연히 들어갔다가 폭발적으로 번식해 수백 마리가 넘는 작은 권연벌레가 계속 생겨났던 것입니다.

저는 권연벌레 사태의 근원지를 발견한 김에 녀석들의 생태 사진도 찍어두는 등 곤충학자로서의 본분을 잊지 않았습니다. 이후 비닐봉지 처리는 물론이고 집 안을 돌아다니던 나머지 녀석들도 전문 채집도구(흡충관)를 이용해 모두 잡아들여서 사태를 평화롭게 마무리하여 곤충학자이자 버그 헌터로서의 체면을 지켰지요. 권연벌레는 나물이나 미역 등 말린 식물질에서 잘 생기는데, 식물표본관 같은 곳에 출몰하면 무척 위협적인 해충입니다. 식물표본을 모두 갉아먹기 때문입니다.

쌀통에 종종 섞여 나오는 쌀바구미(Sitophilus)도 집에서 발견되는 대표적인 벌레입니다. 주둥이가 길쭉한 딱정벌레 종류인 쌀바구미는 죽은 척 다리를 붙이고 있으면 영락없이 그 모양이 흑미 같습니다. 간혹 쌀을 씻을 때 뭉친 덩어리가 나올 때도 있는데 실로 엮인 덩어리 속에는 작은 흰색 애벌레가 살고 있습니다. 이것은 화랑곡나방(Plodia interpunctella)의 애벌레입니다. 쌀 속에 이 애벌레가 생기면 가루가 많이 떨어지고 쌀통 주변에 성충인 작은 나방이 날아다니는 모습을 볼 수 있습니다. 화랑곡나방은 쌀뿐만 아니라 말린 고추 같은 저장 식물을 먹어 치우기로 유명한 해충으로 전 세계에 분포하며 우리나라 남극 세종기지에서도 발견된 적이 있습니다.

저는 여름철에 베란다에 놓아둔 쓰레기봉투를 잘 관리하지 못해 금파리 수백 마리가 발생한 모습을 본 적도 있습니다. 더운 계절에는 파리의 한살이가 1~2주 만에 완성되어 금방 개체수가 배로 늘어납니다. 그러니 귀찮아도 매일매일 쓰레기통을 비워주는 것이 좋습니다. 참고로 파리를 쫓기 위해 비닐장갑에 물을 채운 주머니를 매다는 것은 우리나라만의 문화입니다. 물주머니에 비친 자신의 모습에 파리가 겁을 먹어 도망간다는 이야기가 있지만, 근거 없는 이야기로 퇴치 효과가 없습니다.

요즘은 '플랜테리어'라고 해서 집 안에서 식물들을 많이 키우는데, 베란다에서 식물을 많이 키우면 화분 흙에서 작은뿌리파리(*Bradysia impatiens*)가 잘 생깁니다. 작은뿌리파리는 검은색의 작은 날벌레인데, 집 안을 날아다니다가 음식에 곧잘 빠지기도 해서 가끔 무슨 벌레인지 묻는 문의가 들어옵니다. 작은뿌리파리의 번식을 막으려면 화분 흙을 잘 골라 갈아줘야 합니다.

제 경험에 따르면 대부분의 현대인들은 곤충의 존재나 생명으로서의 가치는 인정하지만, 곤충이 사람과 가까이 사는 것은 여전히 부담스럽게 느끼는 것 같습니다. 만약 여러분의 집에 곤충이 나타난다면 비상 상황으로 심각하게 생각하지 말고, 창문을 열어 곤충들을 바깥으로 내보내주는 등 차분하게 소란을 잠재우시기를 곤충학자로서 권하고 싶습니다. 더불어서 집 안 어딘가에 곤충들의 번식처가 있을 것 같다면 환경 정리와 청소를 통해 위생 관리를 좀 더 강화하시기를 권합니다. 그것이 곤충과 인간 사이의 적절한 거리 유지와 공생을 위한 태도가 아닐까요?

곤충학자로 산다는 건

나는 반딧불이였으면 좋겠다.
반딧불이는 결코 무뚝뚝하지 않다.
빛을 반짝이는데, 어떻게 불행할 수 있을까?

— 작자 미상

할리우드 모험 영화로 유명한 〈인디아나 존스〉에서 존스 박사는 고고학자이지만, 무언가를 찾아 어딘가로 탐사를 떠난다는 점에서 곤충학자와 비슷합니다. 어린 학생들은 이런 점에서 곤충학자라는 직업을 막연히 부러워하는 것 같습니다. '최후의 성전' 시리즈에서 존스 박사가 모험을 떠나기 전에 이런 이야기를 하는 장면이 나옵니다.[8]

고고학이란 진리가 아니라 사실을 찾는 것이다. 만약 여러분들이 진리에 흥미를 가지고 있다면 철학 강의가 더 유익할 것이다.

따라서 잊힌 도시라든가 이국으로의 여행, 그리고 세계를 발굴하러 여행을 떠난다는 일은 잊는 게 좋다. 연구와 독서, 그것이 고고학의 열쇠이다. 고고학 연구의 70%는 도서관에서 이루어지고 나머지 30%를 채우기 위해 현장에 가는 것이다.

곤충 연구도 이와 비슷하게 사전 공부가 매우 중요합니다. 그렇지만 일반인들은 곤충학자는 매일 채집을 다니는 등 돌아다니는 일만 한다고 오해하는 것 같습니다. 물론 백문이 불여일견이라고 책을 백 번 보는 것보다 직접 나가서 자연을 한 번 보는 것이 더 낫다, 문헌을 백 번 보는 것보다 표본을 한 번 관찰하는 것이 더 낫다는 의견도 있습니다. 곤충학자는 그 실상이 널리 알려지지 않아서 주위의 오해나 편견이 많은 직업입니다. 우스갯소리였긴 하지만 "조그만 곤충을 전공하니까 굉장히 속이 좁을 것 같습니다"라는 말을 들은 적도 있지요.

사람들을 만나면 종종 어떻게 곤충학자가 되었는지 질문을 받곤 합니다. 널리 알려진 직업이 아니라서 그런 것 같기도 하고, 흔히 징그럽다고 여겨지는 곤충을 연구한다고 하니 정말 좋아서 하는 일인지 궁금해하시는 것 같습니다. 저는 어릴 적부터 곤충을 좋아했습니다. 아직도 집에 초등학생 때 외할머니께서 사주신《어린이 원색과학》5권 세트가 남아 있을 정도입니다. 특히 '벌레의 생활' 편을 좋아했는데, 표지가 너덜너덜해질 때까지 몇 번씩 보고 또 보았습니다.《파브르 곤충기》와《시튼 동물기》는 가장 좋아하는 책이었지요. 여름방학 때 어머니께서 세종문화회관에 데려가 동물 다큐멘터리 영화(아마도 '내셔널 지오그래픽'에서 제작한 것으로 추정되는)를 보여주신 일도 기억납니다. 또 누가 시킨 것도 아닌데, 당시 인기 TV 프로그램이었던 〈동물의 왕국〉이나 〈퀴즈 탐험 신비의 세계〉를 시청하면서 방송 내용을 모두 메모하기도 했습니다. 그리고 틈틈이 채집해온 곤충을 사육하며 그때의 일들을 그림일기로 작성한 노트도 아직 갖고 있습니다. 아마도 이런 성향과 소질, 시행착오를 거치며 지금의 제가 여기까지 온 것 같습니다. 개미학자로 저명한 에드워드 윌슨(Edward Wilson)의 책에서 발견한 아래 구절은 제가 곤충학자로 성장한 과정을 설명해주는 말 같아서 깊이 공감했습니다.

소년 시절 잡다하게 익힌 여러 가지 것들이 사회에서 흥미롭고 유용한 방향으로 집중될 수 있음을 알았다.[9]

곤충학자로서 이름이 조금씩 알려지자 종종 대중들을 상대로 곤충학자가 어떤 직업인지, 무슨 일을 하는지 이야기해달라는 요청이 들어오곤 합니다. 덕분에 국립생물자원관 주니어 방학 프로그램으로 '곤충학자의 여름'이라는 강의도 진행하고, 미래의 직업을 '그린잡(Green Job)으로 소개하는 토크 콘서트에 초대되어 발표한 적도 있습니다. '편견을 깨면 새로운 길이 보인다'라는 주제로 박경화 작가님과 토크 콘서트에서 했던 얘기들은 책에도 실렸습니다.[10]

누군가 저에게 곤충학자로서 필요한 자질을 묻는다면, 제가 생물학과에 입학해 첫 오리엔테이션에서 만난 선배님의 이야기를 들려드리고 싶습니다. 1박을 하고 난 다음 날 아침, 전날 밤 쌓인 설거

지를 하는데 밥통에 쌀이 눌어붙어 잘 떼어지지 않았습니다. 밥풀을 빨리 떼어내고 새 밥을 하려고 낑낑거리는데, 선배가 다가와 밥풀을 숟가락으로 찬찬히 떼어내며 이렇게 말씀하셨습니다.

"생물학과에서는 이런 걸 잘해야 한다."

신학기가 시작되었고 식물분류학 실험 첫 시간에 해부 현미경으로 개나리꽃과 동전을 관찰하고 그리는 과제가 주어졌습니다. 조교 선생님께서는 연필을 뾰족하게 깎아 옆으로 빗나가지 않게 점묘로 세밀하게 찍어서 그림을 그리라는 가이드라인을 제시했습니다. 첫 리포트에서 저는 당당히 엑설런트(excellent)를 받았는데, 동기들 대부분이 리젝트(reject)를 받았다는 사실을 알고, '아, 나한테 소질이 있는 모양이구나' 생각하게 되었지요. 이후 그 조교님이 저를 식물연구실 학생으로 포섭하려 했지만, 저는 이미 곤충 연구에 마음이 가 있는 상태였습니다. 한마디로 곤충학자에게는 세밀하고 정교하고 꼼꼼한 성격이 요구됩니다. 조그만 곤충의 날개를 펴고 현미경으로 보면서 해부하는 등의 일은 성질이 급하면 쉽게 하지 못할 일입니다. 그렇게 작은 곤충을 연구하지만, 곤충학자들은 곤충을 통해 거대한 생명 진화의 역사를 알고자 노력하는 사람들입니다.

곤충학자로 살면서 겪게 되는 안 좋은 점을 하나 꼽으라면 휴가와 일을 잘 구별하지 못한다는 것입니다. 신혼여행지에서도 직업병처럼 주변을 두리번거리며 살펴보는 습관 때문에 같이 여행간 사람들이 신랑이 뭐 하는 사람이냐고 물었다는 얘기를 뒤늦게 아내로부터 듣기도 했지요. 아내가 일행에게 남편이 곤충을 연구하는 사람이라고 소개하자 다들 걱정스러운 표정을 지어서 "다행히 밥벌이는 해요"라고 대답했답니다.

이사를 하면 보통 많은 물건을 정리하게 되는데, 저는 투명한 반찬통이나 다양한 플라스틱 용기를 보면 곤충 키우기에 참 알맞을 것 같다는 생각(이것도 직업병)에 쉽게 버리지 못하곤 합니다. 냉동실에는 미처 표본으로 만들지 못한 곤충들도 보관되어 있고요. 먹을 것을 넣어두는 냉장고에 곤충이 들어가 있으면 보통 사람들은 질색할 텐데, 아내는 이 정도는 눈감아주니 곤충학자 부인이 다 된 것 같습니다.

가족 여행을 가서도 마치 출장이나 채집을 가는 느낌을 버릴 수 없어 이것저것 잔뜩 짐을 쌌다가 자체 검열을 하며 짐을 다시 빼는 일도 많습니다. 새로운 곳에 가면 꼭 몇 마리씩 신기한 곤충을 잡아 오는 편이기도 하지요. 검역법상 살아 있는 동물을 가지고 입국하는 것은 금지입니다만, 죽은 곤충은 괜찮습니다. 상업적 목적이 있는 경우에는 별도의 수입 허가를 받아야 하고, 전시회 등을 위해 생체를 한시적으로 키우더라도 전시회가 끝나면 생태계에 영향이 없도록 소각 처리해야 합니다.

곤충학자의 또 다른 단점은 3D 업종이기도 하다는 것입니다. 쓸어잡기(sweeping) 방법으로 곤충을 대량 포획한 후 집에 들어와 옷을 벗으면 작은 벌레들이 옷에서 툭툭 떨어지곤 합니다. 풀숲에 들어갔다 나오면 가시에 팔다리를 찔리거나 긁힌 흔적이 남기도 하지요. 바지 무릎 부분은 파란 풀물이 드는 경우가 많습니다. 모기, 뙤약볕, 무더위와 싸우며 땀도 흘려야 하고, 채집을 나갔다가 막다른 곳에서 길을 잃기도 하는 등 곤충학자의 일상은 쉽지 않은 일들의 연속입니다. 채집을 위해 산에 오르면 식사할 곳이 마땅치 않아 초코파이나 김밥으로 점심을 때우기도 합니다. 조사 지역에 아무런 편의시설이 없어서 한번은 전날 저녁 숙소에서 먹고 남은 통닭으로 아침과 점심까지 세 끼를 때운 적도 있습니다. 그러다 보니 먹을 수 있을 때 최대한 많이 먹는 식습관이 생기기도 했습니다. 하지만 장점도 분명히 있습니다. 국립기관에서 연구하는 곤충학자들은 정식 허가를 통해 자연보호구역 출입이 가능합니다. 덕분에 그동안 여러 국립공원과 비무장지대, 해외의 자연보호구역에서 조사 경험을 쌓을 수 있었습니다.

곤충학자가 하는 일은 세부 전공에 따라 다르겠지만, 분류학을 전공한 저의 경우 대학원 실험실에서부터 지금까지 가장 많이 한 일이 채집(collecting)과 동정(identification, 종을 정확히 진단하는 일), 그리고 보고서 작성(report)입니다. 즉, 큰 틀에서 곤충분류학자의 일을 정의한다면 현장에 나가 곤충을 채집하고, 실험실로 돌아와 표본을 만들고, 현미경 관찰로 무슨 곤충인지 밝혀 관련 논문을 작성하는 것으로 요약할 수 있습니다.

전국으로 채집을 다니다 보면 생기는 에피소드들도 즐거운 추억입니다. 농촌진흥청에서 임시직으로 근무하던 시절, 연구실장님과 함께 채집 출장을 갔을 때 일입니다. 연구실장님은 곤충 관련 부서에서 근무하셨지만, 저처럼 채집을 다닌 분이 아니었습니다. 연구실장님은 운전하느라 피곤하셨는지 낮 더위에는 그늘에서 쉬자고 하시더군요. 당초 채집을 하고자 했던 곤충은 밤에 활동하는 곤충이라 낮에 잠시 쉬는 게 문제될 것은 없었지만, 저는 낮 시간을 그냥 보내기가 아까웠습니다. 그런 찜찜한 마음으로 낮에는 쉬다가 본격적으로 채집을 해야 하는 저녁이 되었는데, 갑자기 폭우가 쏟아져 도저히 곤충 채집에 적당하지 않은 날씨로 변했습니다.

저는 아무런 성과 없이 돌아가는 것이 불편했습니다. 그때 귓가에 선명한 철써기(Mecopoda niponensis) 울음소리가 들려왔습니다. 저는 우비를 입고 채집을 나가기로 했습니다. 일행은 모두 '이 비에 무슨?'이라는 눈길로 저를 따라나섰지요. 그렇게 안경에 빗방울이 맺혀 앞도 잘 보이지 않는 상황에서 저희 일행은 철써기를 열 마리 넘게 채집했습니다. 숙소에 돌아와 젖은 옷을 갈아입던 실장님이 하신 얘기가 아직도 기억에 생생합니다.

"아, 월남전 생각나네."

월남전 참전용사인 실장님께서 그날 일을 두고두고 모험담으로 주위에 얘기하시는 바람에 한동안 저는 채집에 미친놈으로 직장에 소문이 났지요.

오래전 지도교수님과 술자리에서 이런 대화를 나눈 적이 있습니다.

"교수님, 저는 곤충이 좋아서 여대까지 오게 되었습니다. 곤충을 제 삶의 목적으로 삼고 싶지, 수단으로 삼고 싶지 않습니다."

제 말씀을 들으신 교수님께서는 이렇게 대답하셨습니다.

"어떻게 곤충이 수단이지, 목적이 될 수 있겠나?"

교수님 말씀도 이해되었지만, 당시의 저는 '곤충을 알고 싶다'는 마음 하나로 대학원 진학을 결정했습니다. 다른 곤충 전공자들과 얘기할 때도 비슷한 상황이라는 느낌을 받곤 했습니다. 대개 처음부터 곤충학자가 되겠다는 방향성을 분명히 세워 전공한다기보다는 저마다의 상황에 맞춰 학위 공부를 하는 과정에서 곤충을 만나 그것을 계기로 곤충학자가 된 경우가 많았습니다. 그 때문인지 제가 이 분야에 발을 디딜 때만 해도 어렸을 때부터 곤충에 관심이 있어서 전공하게 되었다고 말하는, 동질감이 느껴지는 전문가를 별로 만나지 못했습니다. 오히려 학계와는 무관한 직종의 사람들로부터 곤충을 순수하게 좋아한다는 느낌을 더 많이 받곤 했지요. 하지만 세대가 바뀌어 요즘 젊은 후배들을 만나면 정말 자기가 하고 싶은 일이기에 이 영역에서 제 길을 찾아가는 모습을 많이 보곤 합니다. 자신이 좋아하는 것이 확실하고, 그것을 직업으로 받들 수 있는 소명 의식이 있다면 당장의 현실이 조금 어렵더라도 그 길을 따르는 과정에 행복이 존재하지 않을까요?

곤충 연구는 그 자체가 목적이 되어야 합니다. 그 자체로는 아무 쓸모가 없는 것처럼 보일지라도 연구자는 그것에 대한 관심만으로 보상을 충분히 받을 수 있으며 그것이 바로 과학을 하는 사람의 정신입니다.[11]

— 프랜시스 밸푸어 브라운

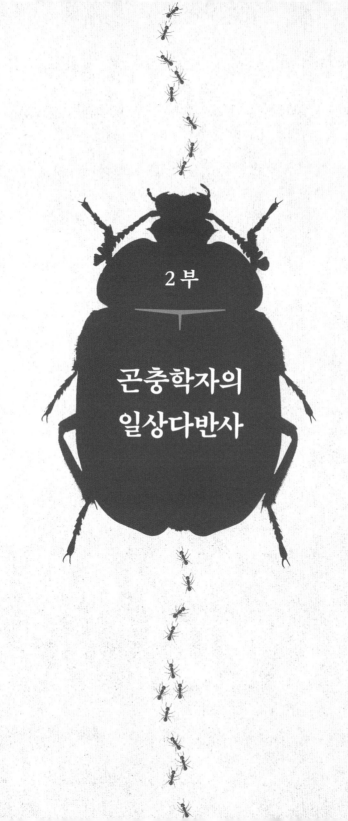

2부

곤충학자의
일상다반사

저는 '메뚜기 선생님'입니다

곤충은 별보다 더 복잡하고
이해하기에 훨씬 더 큰 도전이다.

— 마틴 리스(천체물리학자)

곤충을 주제로 강의를 할 때면 저는 이렇게 자기소개를 합니다.

"저는 곤충 중에서 메뚜기목을 전공했습니다."

그러면 청중 분들께서는 대개 한결같은 반응을 보입니다.

"참 특수한 분야를 연구하시네요. 메뚜기도 특이한데, 다른 부위도 아니고 목(neck)을 연구하시다니요!"

"메뚜기도 목이 있나요? 곤충은 머리, 가슴, 배 아니에요?"

"아, 그 목은 그 목이 아니고요. 혹시 중학교 생물 시간에 배우셨던 종·속·과·목·강·문·계(생물의 분류 계급) 기억나세요? 거기에 나오는 목(目)입니다."

이렇게 제가 전문가 포스를 폴폴 풍기면서 대답하면 교실에 계신 분들께서 한바탕 웃음을 터뜨리시곤 합니다.

사실 저는 어떤 운명에 이끌리듯 곤충학자가 되지 않았습니다. 진로에 대한 이렇다 할 고민 없이 성적에 맞춰 선택한 대학 전공은 농공학이었습니다. 하지만 마음에도 없는 과를 갔으니 공부를 제대로 할 리가 없었지요. 결국 대학 입학 후 1년을 방황하며 보내다가, 이대로는 안 되겠다는 생각에 도피하는 마음으로 군에 입대했습니다. 갈피를 못 잡고 방황할 시간에 어차피 다녀와야 하는 군대라도 다녀오자는 마음이었지요.

다행히 군 복무를 하는 동안 저에게 맞는 적성을 다시 찾아보고 그 분야에 도전하자는 생각을 하게 되었습니다. 그리하여 군 제대 후 재수를 해서, 남들보다 늦은 나이에 생물학과에 입학했습니다. 어렸을 때부터 자연과 생물에 대한 관심이 컸던 터라 생물학과 수업은 무척 재미있었습니다. 특히 생물학과에서 배우던 여러 과목들 중에서도 곤충학과 무척추동물학은 공부에 대한 갈증을 시원하게 해소시켜주었습니다.

학과 공부를 하면 할수록 제가 앞으로 가야 할 길에 대한 확신이 뚜렷해졌습니다. 생물학과를 졸업하면 보통은 교직을 이수해 중등 교사가 되거나 제약회사, 병원 등에 취직하는 진로를 거치는 것이 일반적이었지만, 저는 곤충에 대해 더 깊이 배워서 연구자가 되고 싶었습니다. 그래서 대학교 1학년 때부터 이 분야의 멘토가 될 분을 찾아다녔지요. 그 과정에서 제일 먼저 만났던 분은 고려곤충 연구소의 김정환 소장님이십니다.

김정환 소장님은 1980년대까지 서울 구로동에서 볼트 공장을 운영하시다가 우연히 나비에 관심을 갖게 된 뒤로 사업을 접고 사재를 털어 개인 곤충연구소까지 여실 정도로 곤충에 대한 애정이 컸던 분입니다. 당시 대학생이던 저는 처음 산 마크로 카메라로 열심히 곤충 사진을 찍곤 했습니다. 그리고 나서 제가 찍은 곤충들의 정확한 이름과 생태를 공부하기 위해 많은 책들을 찾아 읽었지요. 그런데 제가 들춰본 책들에서 소장님의 이름을 자주 마주치게 되었습니다. 곤충학도를 꿈꾸던 저에게 '김정환'이라는 이름은 제 마음속에서 언젠가 꼭 한번 만나보고 싶은 이로 자리 잡게 되었지요. 그러던 어느 날, 소장님을 직접 만나 뵙고 싶다는 간절한 생각이 들었고, 소장님께 편지로 만남을 요청 드렸습니다. 그 뒤 소장님께서 2013년에 작고하시기 전까지 연구소에 가끔씩 들러 이런저런 조언을 구하는 인연이 이어졌지요.

어린 시절 제가 즐겨 보던 곤충 책은 대개 일본 서적을 번역한 것들이었습니다. 그러나 제가 대학생일 무렵부터는, 새로운 바람이 일기 시작했습니다. 한국 학자들이 직접 쓰고 그린 원색 도감들이 하나둘 출간되기 시작한 것이지요. 학계의 경향도 곤충을 하나로 묶어 두루뭉술하게 다루던 데에서 나비면 나비, 딱정벌레면 딱정벌레, 잠자리면 잠자리 등 세부 그룹으로 나뉘어 해당 곤충들에 대한 연구가 더 심도 있게 다뤄지게 되었습니다. 김정환 소장님은 그런 흐름을 만들어가던 분들 중 한 분이셨지요. 당시 소장님은 발로 뛰며 조사한 자료를 토대로 우리나라 토박이 곤충들에 관한 대중서를 만드는 일에 열정을 쏟고 계셨습니다. 그 시절 제가 찍은 곤충 사진

몇 장을 소장님께 제공해드려 도감에 실리기도 했는데, 다시 생각해도 뿌듯한 기억입니다.

제가 메뚜기를 전공하게 된 것도 소장님의 영향이 큽니다. 어느 날, 김정환 소장님께서 제 삶의 방향을 바꿀 질문을 던지셨습니다.

"자네는 어떤 곤충을 연구하고 싶나?"

저는 그간 여러 곤충들을 관찰하면서 우리 가까이에 존재하지만 우리가 막상 잘 모르는 곤충에 대해 더 구체적으로 알고 싶다는 생각을 자주 했습니다. 그러던 중 대한민국에서 가장 흔한 곤충이면서도 의외로 제대로 된 정보가 없는 곤충이 메뚜기라는 사실을 알게 되었습니다. 소장님의 질문은 제 안에만 머물러 있던 진로에 대한 생각을 밖으로 꺼내 선언하게 만드는 계기였습니다.

"소장님, 저는 메뚜기를 공부해보면 어떨까요?"

4년간의 즐거웠던 생물학과 학부 생활이 끝나가고 대학 졸업이 가까워져 진로를 고민할 무렵, 대학원 진학을 앞두고 또다시 고민의 시간이 다가왔습니다. 어떤 대학교의 어떤 연구실을 들어가야 제가 연구 주제로 삼은 메뚜기에 대해 더 깊이 배울 수 있는지 탐색하는 시간이 이어졌습니다. 그 과정에서 성신여자대학교의 김진일 교수님을 알게 되었습니다. 김 교수님은 세계적인 곤충학자 파브르가 학위를 받은 프랑스 몽펠리에2대학교에서 공부를 하고, 국내에 《파브르 곤충기》(전 10권)를 한글로 완역해 소개하는 등 당시 한국 곤충학계에서 큰 영향력을 발휘하고 계셨던 대표적인 곤충학자였습니다. 저는 보다 체계적인 공부를 위해 꼭 김진일 교수님의 연구실에 들어가고 싶었습니다.

성신여대 곤충표본실(2003년)

다만 한 가지 걸리는 부분이 있었습니다. 김진일 교수님 문하에서 공부하기 위해서는 여대에 입학해야 한다는 사실이었죠. 공부에 남녀가 무슨 상관이냐고 할 수도 있겠지만, 수줍음이 많았던 저는 당시에 여대에 다녀야 한다는 것이 왠지 겸연쩍고 멋쩍게만 느껴졌습니다. 다행스럽게도 연구실에 1년 먼저 들어온 남학생들이 있다는 사실을 알게 되었고 저도 진학을 결심하게 되었습니다. 그렇게 저는 '여대 나온 남자'가 되었지요(사실, 예체능계나 인문계 대학원의 경우, 여대를 다니는 남학생들이 꽤 있습니다).

저는 석사논문 주제로 한국의 여칫과(Tettigoniidae)를 선택했습니다(대개 논문의 주제는 지도교수님과 같은 전공이나 비슷한 종류를 선택하는 것이 일반적입니다). 2년간의 학위 과정에서 도전할 만한 적당한

규모의 분류군이었습니다. 규모가 비슷한 메뚜깃과(Acrididae)는 이미 경북대학교에서 정리한 적이 있었고, 귀뚜라밋과(Gryllidae)는 흔한 종 외에 표본이 매우 부실했습니다. 국립과학관의 이승모 선생님께서 1990년에 여칫과를 한 번 정리했지만, 새로운 검토가 필요했습니다.

저는 논문 주제를 확정한 뒤, 표본 작업과 야외 채집을 통해 기존 자료에서는 알 수 없었던 몇 가지 종을 찾아냈습니다. 과거에 잘못 적용한 학명도 발견했지요. 그렇지만 제가 이해한 것이 맞는 사실인지 잘 몰랐기 때문에 혼자서 석사논문을 진척시켜나가는 것은 쉽지 않았습니다. 그럴 때마다 제가 할 수 있는 최선의 노력을 하며 자료 찾기에 더욱 열심히 매진했습니다. 영국 자연사박물관 도서관에 편지를 써서 당시 기준으로 한 장 복사하는 데 천 원꼴인 문헌을 수십만 원어치 주문하기도 하고, 일본 메뚜기학회까지 가입해서 자료를 얻기도 했지요.

틈날 때마다 도서관에서 자료를 검색해 과거 논문 초록을 정리하고, 중요한 논문 제목을 발견하면 어떤 방식으로든 국내외 자료를 모두 모았습니다. 이메일 사용이 활성화되기 전이라 해외 저자들에게 일일이 손편지를 써서 문헌을 요청하기도 했습니다. 여대 소속으로 편지를 보내니 몇몇 외국 전문가들이 요청한 논문을 보내주면서 'Dear. Miss Kim(미스 김에게)'이라며 답장을 써줬던 기억도 납니다. 귀중한 문헌을 기꺼이 보내준 외국 전문가들의 격려와 그들과 나눈 의견은 당시 제 연구에 큰 도움이 되었습니다. 덕분에 연구 결과를 곤충학회에서 발표도 하고 첫 논문도 출판할 수 있었지요.

석사 1학기를 마칠 무렵 저는 수원의 농촌진흥청 잠사곤충부에서 비정규직으로 일하게 되었습니다. 일과 공부의 병행은 제 사정을 잘 아는 박해철 박사님의 배려로 가능했습니다. 농촌진흥청에서 일하는 동안 부지에 새로 조성한 곤충 생태원의 곤충상 변화와 콩밭에 서식하는 곤충 모니터링, 애완용 정서 곤충 개발과 같은 프로젝트에 참여했습니다. 매일 서울과 수원을 오가며 왕복 4시간씩 출퇴근하는 일은 쉽지 않았지만, 새로운 현장 업무를 배우는 일은 생각보다 즐거웠습니다.

석사 과정을 마치고 취업과 진학 사이에서 잠시 고민했습니다. 그렇지만 전문가의 길로 이왕 들어섰으니 박사 과정에서 여칫과뿐만 아니라 한국의 전체 메뚜기목에 대한 연구를 끝내고 싶었습니다. 그렇게 학위 과정에 집중하고자 학교로 다시 돌아왔지요. 이후 학비 마련을 위해 실험실 조교 생활과 환경부에서 시행하는 전국자연환경조사 등 여러 가지 프로젝트를 수행하면서 대부분의 시간을 표본 검토와 해부, 현미경 관찰, 문헌 읽기, 논문 작성에 할애했습니다. 박사논문 최종 심사를 마치던 날, 심사위원장 교수님이 하신 말씀이 아직도 귓가에 맴돕니다.

"전문가에게 인정받아야 진짜 전문가라네. 건투를 비네."

이전에는 외국 연구자들에게 오직 문헌을 보내달라고 부탁하는 입장이었지만, 이제는 제가 쓴 논문이나 자료를 보내달라는 이메일을 받기도 합니다. 친한 연구자들이 책이나 논문을 내면 제게 따로 챙겨서 보내줄 때도 있고, 논문의 감사의 글에 제 이름이 들어가 있으면 왠지 흐뭇하기도 합니다. 대학원생 시절에는 오직 지도교수님과 공동으로 논문을 썼지만, 지금은 단독으로도 논문을 집필해 발표하거나 다방면의 국내외 전문가들과 공동으로 논문을 발표하기도 합니다.

요즘은 수업 시간에 제 소개를 할 때 이렇게 말합니다.

"가수, 영화배우 김태우와 이름이 같습니다. 그래도 기억하기 어려우시면 그냥 메뚜기 선생님으로 불러주세요."

'메뚜기 선생님'이 되기까지 밟아온 지난 시간을 돌이켜보면 어려운 난관에 부딪힐 때마다 주변의 호의와 배려 덕분에 잘 넘길 수 있었던 것 같습니다. 이 지면을 빌려 도움을 주셨던 분들에게 감사의 인사를 전하고 싶습니다. 앞으로 제 바람이 있다면, 제가 그동안 받은 이런 호의와 나눔을 같은 길을 걷고자 하는 분들 혹은 곤충에 대해 관심을 가진 분들과 더 많이 나누는 것입니다. 그렇게 '행복한 메뚜기 선생님'으로 오래도록 남고 싶습니다.

영국 자연사박물관에서 만난
조선의 여치

모든 곤충이 사라지면 지구상의 모든 생명체가 멸망할 것이다.
그러나 모든 인간이 사라지면 지구상의 모든 생명이 번성할 것이다.

— 조너스 소크(미생물학자)

석사 과정을 마친 2000년 무렵, 본격적으로 디지털 세상이 열리면서 전 세계의 정보를 시공간의 제약 없이 얻는 일이 무척 쉬워졌습니다. 인터넷 접속만으로 거대한 도서관을 열람할 수 있게 된 것입니다. 덕분에 국제메뚜기학회에서 구축한 온라인 카탈로그의 정보를 이용해 각국에 흩어져 있는 우리나라 분류학 초기의 메뚜기 표본들이 어디에 소장되어 있는지 파악할 수 있었습니다. 인터넷 아카이빙의 유용함에 눈을 뜬 저도 디지털 물결에 합류해 '한국의 메뚜기' 홈페이지를 만들고, 온라인상에서 사람들과 교류를 시작했지요. 그렇게 홈페이지를 열고 보니 제 생각과는 달리 의외로 메뚜기를 좋아하는 분들이 적지 않다는 것을 알게 되었습니다. 홈페이지를 방문한 분들 내부분은 그동안 참고자료가 없어서 알고 싶어도 잘 몰랐다는 얘기를 들려주었습니다. 곤충학자를 소개하는 한 인터뷰에서 이런 질문을 받은 적이 있습니다.

"가장 인상 깊었던 메뚜기는 어떤 메뚜기인가요?"

제 머릿속에는 영국 자연사박물관에 소장된 한국산 여치 표본을 봤던 일이 가장 먼저 떠올랐습니다. 여치는 우리나라 메뚜기 중 가장 먼저 세계에 알려진 대표 종입니다. 여치는 영국 자연사박물관의 곤충학자 프란시스 워커(Francis Walker)가 1869년 신종으로 발표했는데, 그 당시 원기재문(동식물의 신종이 발표될 때 라틴어로 작성하는 설명문)은 다음과 같습니다.

수컷과 암컷. 황갈색, 얼굴은 누렇고 이마방패는 측면이 검다. 수염은 갈색, 앞가슴등판은 길고 후연은 폭이 넓다. 측면 융기선은 뒤로 가면서 넓어진다. 복부는 갈색, 산란관은 거의 곧고 끝은 검다. 복부는 길다. 다리는 두껍고 넓적다리마디에 검은 줄무늬가 있다. 발목마디에 3개의 가시가 있다. 앞날개 끝은 배 끝에 도달하고 연한 회색으로 흑색 얼룩이 있다. 뒷날개는 회색으로 약간 짧다. 변이 β. 복부마디에 열은 줄무늬가 있다. 변이 γ. 머리와 앞가슴등판은 갈색이며, 앞가슴등판에 검은 양측 줄무늬가 있다. 날개는 배를 넘는다. a-e. 한국. 벨처 경 제공.

생물의 학명은 1753년 스웨덴의 식물학자 칼 폰 린네(Carl Von

33. DECTICUS OBSCURUS.

Mas et fœm. Ferrugineus; frons fulva; clypei latera nigricantia; palpi testacei; prothorax longiusculus, disco postice latiore, carinis lateralibus bene determinatis; abdomen fuscum; oviductus perparum arcuatus, apicem versus niger, abdomine longior; pedes robusti, femoribus nigricante strigatis, tibiis triseriatim spinosis; alæ anticæ fuscescente cinereæ, abdominis apicem attingentes, nigricante maculatæ et venosæ; alæ posticæ cinereæ, paullo breviores. Var. β.—Abdominis segmenta pallido fasciata. Var. γ.—Caput et prothorax testacea; prothorax nigricante bivittatus; alæ abdomen superantes.

Male and female. Ferruginous. Head as broad as the prothorax, slightly prominent and rounded between the antennæ; front tawny, erect; clypeus blackish on each side; mandibles blackish. Eyes black. Palpi testaceous; third joint of the maxillary much longer than the fourth; fifth subclavate, much longer than the third; third joint of the labial clavate, longer than the second. Prothorax elongate; flat part broader hindward; Lateral keels well defined; a transverse furrow near the fore border and two oblique furrows which converge hindward in the disk; vertical part on each side much dilated; hind border slightly rounded. Abdomen brown, paler above. Oviduct black towards the tip, very slightly curved downward, longer than the abdomen. Legs stout; femora with a blackish streak on the outer side; four anterior tibiæ with five or six spines on each side and with two or three above; hind tibiæ with numerous minute black spines in two rows beneath and with a few above. Fore wings brownish cinereous, extending to the tip of the abdomen, with several blackish spots; veins black. Hind wings cinereous, a little shorter than the fore wings. *Var. β.*—Sides of the abdomen with a pale band on the hind border of each segment. *Var. γ.*—Head and prothorax testaceous. Prothorax with an irregular blackish stripe along each keel.—Wings extending rather beyond the abdomen. Length of the body 13—16 lines.

a—e. Corea. Presented by Capt. Sir E. Belcher.

여치 원기재문

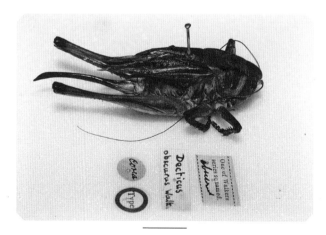

150여 년 전 조선에서 채집된 여치(영국 자연사박물관 소장)

Linné)가 명명법을 제안한 이래, 국제적 통용을 위해 '속명+종명'으로 구성된 이명(二名) 체계로 부르기로 합의한 바에 따라 지어집니다(국제식물명명규약은 1753년, 국제동물명명규약은 1758년부터 적용). 이때 세계적 보편성을 갖기 위해 오늘날에는 죽은 언어인 라틴어로 표기합니다. 참고로 린네는 식물학자였지만, 당시 전체 생물 5천 종 가운데 2천 종에 가까운 곤충 이름을 짓기도 했습니다.

원기재문은 저자가 종의 머리부터 발끝까지 세세한 형태적 특징을 상세히 기술한 문장인데, 일종의 생물 설계도입니다. 원기재문에 'a-e'로 적힌 것은 여치 표본이 다섯 마리라는 뜻입니다. 당시 저의 관심을 끈 부분은 암수의 형태적 묘사보다 '벨처 경 제공'이라는 채집자에 대한 내용이었습니다. '캡틴 벨처가 코리아에서 채집한 최초의 한국 여치라… 어떻게 해서 1869년에 조선의 여치가 영국에서 발표되었을까?' 저는 궁금증을 풀기 위해 자료를 찾아보았습니다.

벨처는 대항해시대가 끝나가던 19세기 중반, 영국의 군함 사마랑(Samarang)호의 함장이었던 에드워드 벨처(Edward Belcher)를 가리킵니다. 영국은 1840년 청나라와의 아편전쟁에서 승리한 후 난징조약을 맺고 바닷길을 개척하기 위해 사마랑호를 출정시킵니다. 이후 사마랑호는 중국, 보르네오, 필리핀, 타이완, 오키나와를 거쳐 1845년 6월 25일, 제주 앞바다 우도에 정박하게 됩니다. 이것이 영국과 한국의 외교사에 기록되어 있는 양국의 공식적인 첫 만남입니다. 영국 해군들은 제주도와 남해안을 탐사하며 조선의 문물을 조사했는데 이때 자연 자원도 함께 수집했습니다. 벨처 함장은 귀국

후 조선인의 모습과 복장, 예절, 무기, 선박, 제주도의 풍경에 대해 자세히 기록한 탐사일지를 출간했고, 수집품은 모두 영국 자연사박물관에 기증했습니다.

여치 표본을 직접 보기 전까지 저의 궁금증은 거기에서 그치지 않았습니다. 당시 기록에 따르면 벨처 함장이 한국을 출처로 적어 기증한 메뚜기가 여러 종 더 있었는데, 현재로서는 전혀 확인이 되지 않아 그것이 정말 한국산이 맞을까 하는 의문이 들었습니다. 그리고 150년 이상의 시간이 흘렀는데, 당시 표본은 어떻게 되었을지도 궁금했습니다. 이런 궁금증들을 확인하기 위해 저는 2003년 여름, 나방을 전공하는 손재천 박사(현 공주교육대학교 교수)와 유럽의 자연사박물관을 방문하자는 계획을 세웠습니다. 당시 간단하게 적어둔 여행기에 그때 했던 걱정들이 고스란히 묻어 있습니다.

환전을 하고 짐을 꾸렸다. 무엇을 가져가고 무엇을 뺄 것인가는 항상 큰 고민이다. 인천공항에서 JAL을 타고 일본 나리타 공항에서 환승했다. 비행 시간만 12시간. 영국에 도착하기까지 지루한 영화 관람과 기내식이 이어졌다. 마침내 런던 히드로 공항에 도착했을 때 현지 시각은 8월 8일 오후 5시. 시차는 한국보다 8시간이 늦다. 많은 인종과 언어가 뒤섞였다는 첫인상을 받으며 '튜브'라고 불리는 런던 지하철을 타고 핌리코 거리에 예약한 한인 민박집에 도착, 시차 적응을 위해 일찌감치 잠이 들었다.

토요일과 일요일에는 런던 시내에 있는 나비하우스, 큐 가든과 런던 동물원 등을 두루 관람했다. 사실 이번 여행의 목적은 단순한 관광이 아니라, 유럽의 몇몇 박물관에 보관된 한국산 곤충 표본들을 조사하는 것이다. 자연사박물관에는 사전에 방문을 허락받았다. 사우스켄싱턴에 위치한 자연사박물관은 민박집 숙소로부터 버스를 타고 20분이 채 걸리지 않는 가까운 거리에 있었다.

이곳에서 메뚜기류를 담당하고 있는 마샬 여사는 우리를 친절하게 잘 안내해주었다. 이곳에서만 30년 넘게 근무한 그녀는 세계 각국의 메뚜기 전문가들을 모르는 사람이 없다. 마침 이곳을 방문 중이던 송호준 박사(현 텍사스 A&M 대학교 교수)를 반갑게 만날 수 있었다. 그는 미국 오하이오대학교에서 사막메뚜기속 (*Schistocerca*)을 연구하고 있었다. 메뚜기 연구자도 보기 힘든데, 그것도 같은 분류학 전공자를 직접 만나게 된 것은 나에게 큰 행운이었다. 게다가 한국인이었다. 마샬 여사와 송 박사의 도움으로 나는 드디어 이곳에 소장된 메뚜기 표본들을 관찰하게 되었다.

이곳에 보관된 모식 표본(type specimen, 저자가 신종을 발표할 때 근거로 삼는 실물 표본)들은 모두 빛이 바래고 적어도 100년 이상 지난 것들이었지만, 한국산 메뚜기목의 연구사를 정리하는 단계에서 무척이나 소중하게 생각되었다. 조심스럽게 캐비닛 상자 뚜껑들을 열며 확인해본 결과, 그 당시 표본이 모두 그대로 남아 있었으며, 표본에는 단순히 'Corea'라고 적힌 작고 둥근 라벨이 붙어 있었다. 나의 예상대로 어떤 종은 확실하게 한국산이 맞았지만, 어떤 종들은 너무도 낯설어 당시 선박들의 오랜 항해 과정에서 동남아시아 등지의 라벨이 잘못 붙여진 결과라고 판단되었다. 어쨌거나 기록이 있어 이들 모두를 확인하고 사진에 담았다.

이곳에 모인 세계 각지의 표본을 토대로 하여 많은 메뚜기 연구가 이루어진다. 일일이 다 볼 수는 없었지만, 특히 한국에도 분포하는 속들의 분류 연구가 이루어져 잘 정리된 그룹들의 표본을 확인했다. 여기에는 또한 매우 오래된 원기재문부터 시작해 온갖 메뚜기 문헌들이 다 갖춰져 있는데, 분류학을 전공한 입장에서 부럽기만 할 뿐이었다. 발표되지는 않았지만, 한국산이라는 라벨이 붙어 있는 사마귀, 대벌레, 집게벌레 등의 다양한 표본을 더 찾을 수 있었다.

1845년 제주도 인근에서 채집되었을 여치는 색깔이 누렇게 바래기는 했지만, 놀랍게도 우리나라에서 보았던 익숙한 모습 그대로 보존되어 있었습니다. 세월이 흘러도 과학적 근거가 되는 자료가 영구히 보관되는 시스템이 갖추어져 있다는 사실을 접하고 당시 적잖은 충격을 받았던 기억이 납니다. 지금은 우리나라에도 대규모 수장시설을 갖춘 국립 연구기관이 있지만, 제가 곤충 공부를 시작했을 때만 하더라도 우리나라에는 공공성을 띤 전문기관이 없어서 전공 교수님이 퇴직하면 애써 모으고 분류한 곤충 표본이 방치되어 유실되는 일이 많았습니다. 일부 교수님은 국내에 마땅히 둘 곳이 없으니 중요한 모식 표본 등을 아예 해외 박물관에 기증하기도 했습니다.

영국 자연사박물관에서 조선 시대 여치를 확인하던 순간, 저는 마치 과거를 거슬러 시간 여행을 다녀온 것 같았습니다. 여행에서 돌아와 연구실로 복귀한 날, 영국에서 복사해온 문헌 한 보따리를 가방 한가득 챙겨온 저를 보시고는 나중에 지도교수님이 깜짝 놀랐다는 얘기를 하실 정도로 생애 첫 해외 박물관 표본조사에 열정을 쏟았던 기억이 지금도 생생합니다.

영국 자연사박물관은 박물학 시대에 영국인들이 전 세계에서 수집하고 최초로 이름을 붙인 수많은 생물 표본을 수장하고 있어 지금도 전 세계 연구자들이 가장 많이 찾는 박물관입니다. 영국 자연사박물관에는 진화론의 토대가 된 찰스 다윈과 월리스의 표본도 수장되어 있습니다. 세계 지성사에 커다란 영향을 미친 역사적·과학적 실물 표본을 보존하고 있다는 사실은 영국인들에게 큰 자부심입니다. 제가 영국 자연사박물관에 방문했을 당시만 해도 관행적으로 이곳을 'British Museum of Natural History'라고 불렀는데, 지금은 'The Natural History Museum'으로 불립니다. 영국만이 아닌, 전 세계를 대표하는 자연사박물관으로 우뚝 선 공간인 것이지요.

저는 현재 국립생물자원관에서 일하고 있습니다. 이곳은 생물 표본, 생물 소재의 영구 보존을 위한 대규모 수장시설을 우리나라 최초로 갖춘 환경부 소속 국립기관입니다. 우리나라의 생물과학이 비교적 늦게 발달한 이유로 자연 자원의 보전 시설도 최근에 들어서야 설립되고 있는 실정이지요.

아직까지 우리나라에는 영국 자연사박물관과 같은 기능을 하는

국립생물자원관
곤충 수장고

국립자연사박물관이 없습니다. 광복 후 국립과학관이 비슷한 역할을 해왔지만, 국립과학관은 물리학, 화학, 지질학, 천문학 등 종합과학의 대중화를 위한 전시관 운영과 교육 프로그램 운영에 주력하고 있어 연구를 위한 생물 보존 시설의 수준이 다른 나라의 자연사박물관에 미치지 못합니다.

이런 상황을 타계하고자 국립자연사박물관 건립추진위원회가 발족하여 각계에서 목소리를 높이는 노력이 있어 왔지만, 아직까지 실현되지 못하고 있어 관련 종사자로서 안타까운 마음이 큽니다. 여러 가지 이유가 있겠지만 우리나라에서는 박물관이라고 하면 문화유산을 보존하는 곳이라는 인식이 커서 자연유산을 보존하는 공간의 필요성에 대한 국민적 공감이 부족한 것이 가장 큰 이유가 아닐까 싶습니다. 학문의 발전을 위해 자료를 보존하려는 노력은 매우 중요합니다. 곤충학자로서 언젠가는 우리나라에도 어엿한 자연사박물관이 설립되기를 간절히 바랍니다.

추억이 기록이 될 때

우리가 이 행성에서 곤충을 쓸어낸다면,
나머지 생명과 인류는 대부분 육지에서 사라질 것이다.
단 몇 달 안에.

— 에드워드 윌슨(곤충학자)

곤충 연구에서 빼놓을 수 없는 것이 바로 표본입니다. 저는 표본 제작을 목적으로만 하는 곤충 채집은 많이 하는 편이 아니었습니다. 주로 기르던 곤충이 죽었거나 죽은 곤충을 주웠을 때 표본을 만들었지요. 2019년 청소년과 대학생을 대상으로 '나의 생물다양성 관찰기'라는 주제의 강의를 준비하다가 제가 생애 최초로 만든 곤충 표본이 무엇이었는지 궁금해져서 오래된 표본 상자를 찾아 열어본 적이 있습니다. 표본 상자 속에는 사슴풍뎅이를 비롯해 곤충 몇 마리가 들어 있었는데 짧은 시침핀으로 고정되어 있었을 뿐 언제, 어디에서 잡았는지 알 수 없었습니다. 라벨에 정보를 적어두지

유년시절에 만든 사슴풍뎅이 표본. 당시에는 곤충 표본 만드는 법을 제대로 알지 못해 곤충 사체를 시침핀으로 꽂아두기만 하고 채집 정보를 적은 라벨도 붙이지 않았다.

않았기 때문입니다.

곤충 연구를 시작하면서 제일 먼저 배운 일은 채집한 곤충의 정확한 정보를 기입하는 방법이었습니다. 그러나 초중고 시절에는 정확한 표본 제작 방법을 몰랐으니 주변에서 쉽게 구할 수 있는 사무용 시침핀으로 곤충 사체를 그냥 꽂아두기만 했던 것이지요. 잘못 만들어진 표본을 보고 나니 유년시절의 또 다른 기억이 떠올랐습니다.

초등학교 4학년 무렵의 여름방학이었다. 방학 때면 으레 할머니 댁이 있는 부산으로 내려가 개울을 폴짝 건너뛰어 동네 야산을 쏘다니는 게 나의 하루 일과였다. 운동화는 이슬에 다 젖고 팔다리는 풀줄기에 다 할퀴어지고 여기저기 옷에 잔뜩 보푸라기를 묻혀 혼날 게 뻔한데, 그날도 아침밥을 먹자마자 야산 꼭대기까지 올랐다. 그곳에서 내가 몸서리치게 감탄한 곤충을 만났는데, 바로 아침 이슬에 젖은 날개를 활짝 펴고 나뭇가지에 가만히 앉아 있는 왕잠자리였다!

어려서 그랬을까? 녹색의 왕눈을 가진 잠자리가 왜 그렇게 크고 멋져 보이던지. 그 기억이 강하게 남는 이유는 녀석의 왼쪽 앞날개가 절반쯤 짧은 기형이었기 때문이다.

내 손에 잠자리를 잡을 수 있는 도구는 아무것도 없었지만, 영롱하게 빛나는 날개를 향해 살그머니 손을 뻗었다. 첫날밤 신부의 옷고름을 만지는 신랑의 마음 같다고 할까? 혹 도망가지는 않을까, 과연 내 손에 녀석이 들어올까 콩닥콩닥하는 마음으로, 그리고 무척이나 신성한 마음가짐으로 녀석의 날개를 마침내 붙잡았다! 이른 아침이라 잠이 덜 깨서였는지 아니면 내 마음을 알고 순순히 잡혔던 것인지 녀석은 내 손에 가만히 들어왔고 당시에 그만한 보물이 없었다. 지금도 곤충의 찬란한 날개를 보면 당시의 조마조마하던 어린 시절 내 모습이 떠오른다.

이 글은 왕잠자리를 처음 만났던 순간을 회상한 내용인데, 실은 저기서 끝이 아니라 뒷이야기가 더 있습니다. 당시에 저는 녀석을 붙잡고 나서 너무 좋았지만 무엇을 먹이로 줘야 하는지, 어떻게 키워야 하는지 아는 바가 없었습니다. 그렇다고 다시 그냥 놓아주기는 아까워서 그대로 가지고 있었는데 결국 며칠 지나지 않아 왕잠자리는 죽고 말았습니다. 그 사실이 안타깝기도 하고 미안하기도 해서 저는 죽은 왕잠자리를 방 벽에 핀으로 꽂아두었지요. 그런데 어느 날 보니 작은 개미 떼가 줄지어 잠자리 몸통을 모두 분해해 끌고 가고 있더군요. 무지함이 일으킨 해프닝이었습니다.

예전에는 초등학교 여름방학 숙제로 곤충 채집과 표본 만들기가 있기도 했지만, 자연보호라는 명분으로 언제부턴가 이런 과제가 모두 사라져버렸습니다. 표본 만들기에 대한 생각은 사람들마다 의견이 나뉩니다. 표본 만들기를 통해 자연과 가까워질 수 있다는 의견도 있고, 살아 있는 곤충을 일부러 잡아서 죽이는 활동이라 거부감을 느낀다는 분도 있습니다. 그러고 보면 생명을 경시하지 않으면서도 교육적 목적을 띤 생태교육이 제대로 이루어질 기회가 우리 주변에 아직까지 많지 않은 것 같습니다.

한번은 어린이 곤충 수업 시간에 채집한 곤충으로 표본 만들기 실습을 한 적이 있습니다. 가슴을 눌러 나비를 죽이고 몸통에 핀을 꽂는 과정을 어린이들이 무척 진지하게 하는 모습이 인상적이었습니다. 날개를 파르르 떠는 작은 생명체인 나비를 잡아 표본으로 만드는 과정을 통해 아이들이 생과 사를 간접적으로 배우는 계기가 되었을 것이라고 저는 생각합니다.

곤충 수업을 하다 보면 수강생 분들께서 가끔 곤충 표본을 어떻게 만들고 보관하면 좋을지에 관해 묻곤 합니다. 저 역시 국민학교 다니던 시절 여름방학에 곤충 표본 만들기 숙제를 했는데, 그때 경험한 참담했던 실패담을 들려드리겠습니다. 곤충 채집은 어렵지 않

있습니다. 잠시 뒷산에 올라가면 되니까요. 그러나 곤충을 어떻게 죽이는지를 배운 적은 없었습니다. 방아깨비며 잠자리며 콩풍뎅이 등을 잔뜩 잡아왔는데 다음 과정을 모르니 곤충들을 산 채로 마분지 위에 올려놓고 셀로판테이프로 덕지덕지 붙여두기만 했지요. 그리고 높은 창틀 위에 올려둔 채 깜빡 잊고 말았습니다.

개학이 다가오니 그제야 곤충 표본 만들기 숙제 생각이 떠올랐지요. 과연 곤충 표본은 어떻게 되었을까요? 마분지를 꺼내 살펴보고 저는 아연해지고 말았습니다. 온전한 상태로 남아 있는 것이 하나도 없었으니까요. 풍뎅이는 힘이 세서 이미 모두 탈출해 온데간데없었고, 방아깨비는 다리가 전부 뚝뚝 끊어진 채 시커멓게 썩어 있었습니다. 결국 표본이 되지 못한 곤충들은 닭의 모이가 되고 말았지요.

표본을 만들기 위해서는 우선 곤충을 잡아야 합니다. 그리고 나서 최대한 고통스럽지 않게 곤충을 죽여야 합니다. 곤충 채집가인 지인으로부터 이런 질문을 받은 적이 있습니다.

"곤충도 고통을 느끼나요?"

머리가 잘리거나 배가 터져도 움직이는 곤충들이 있기에 어떤 분들은 곤충이 고통을 느끼지 못한다고 생각하기도 합니다. 그러나 이것은 곤충 뇌의 통제 기능이 척추동물만큼 발달하지 않았기 때문에 보이는 현상입니다. 과거에는 곤충이나 어류는 통각이 발달하지 않아 고통을 느끼지 못한다고 생각됐지만, 생물은 고통을 다양한 방식으로 느낍니다. 최근에는 곤충도 고통을 일으킨 원인을 기억하고 회피한다는 것이 여러 실험을 통해 밝혀지고 있습니다. 지렁이 같은 무척추동물이나 곤충이 충격과 회피 반응을 이용해 미로에서 길 찾기 학습이 가능한 점이 이를 보여줍니다.

만일 곤충을 죽이는 것이 마음에 걸린다면 군이 표본 만들기를 시도할 필요는 없습니다. 요즘에는 디지털 컬렉팅(collecting)이라는 문화가 있으니 사진으로 찍어서 남기면 됩니다. 다만 어떤 필요성이 있거나 기념으로 혹은 탐구 목적으로 교육용 실물 표본이 필요할 경우, 기왕이면 올바른 방법으로 잘 만들면 좋겠습니다.

저는 곤충을 죽일 때 살충제나 시약을 쓰는 것은 권하지 않습니다. 그보다는 곤충이 살아 있을 때 작은 통에 넣은 채 냉동실에 넣어둘 것을 추천합니다. 곤충이 죽으면 바로 표본을 만드는 것이 가장 좋지만, 냉동실에 보관해두면 편리할 때 해동시켜 만들 수 있습니다. 만일 죽은 지 오래되어 너무 뻣뻣해진 곤충은 더운물에 잠시 담가 연화시킬 수 있습니다.

곤충은 전통적으로 핀에 꽂아 보관하는데, 18세기에 만들어진 곤충 표본 중에는 뾰족한 나무 가시로 찔러 보관한 사례도 있습니다(당시에는 철제 핀이 무척 비싼 재료였다고 합니다). 핀 이야기가 나와서 말인데, 김정환 소장님은 생전에 곤충쟁이들은 죽으면 모두 바늘지옥에 갈 거라는 얘기를 하시곤 했습니다.

핀으로 곤충을 고정한 뒤에는 더듬이와 다리, 날개 등을 잘 펴주고 살아 있을 때처럼 자세를 바로잡아 말리면 표본이 완성됩니다. 사무용 시침핀은 너무 두껍고 짧은데다 녹슬기 쉬우므로 표본을 만들 때는 시판 중인 곤충 핀을 사용할 것을 추천합니다. 스테인리스 재질의 곤충 핀은 사무용 시침핀보다 길이가 더 길고 몇 가지

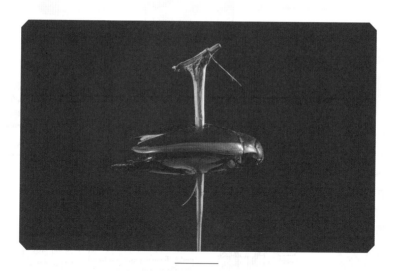

곤충학자 파브리시우스의 남미산 물방개(*Megadytes costalis*) 표본. 핀 대신 가시로 고정했다.
©Jutta Drabek—Hasselmann, Zoologisches Museum Kiel.

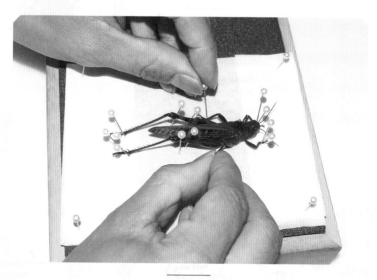

핀으로 곤충을 고정한 뒤, 살아 있을 때의 모습으로 자세를 잡아준다.

규격이 있어서 곤충 크기에 맞는 호수를 골라 쓰면 됩니다. 중간 크기인 3호 핀을 가장 많이 씁니다.

표본을 만들 때 제일 중요한 것은 충분한 건조입니다. 습한 여름철에 표본을 만들 때는 특히 주의해야 합니다. 잘못하면 건조 과정에서 표본이 썩거나 냄새가 나고 벌레 먹는 해충이 생길 수 있기 때문입니다. 그러므로 가능한 건조한 실내 환경에서 작업하고 실리카겔이나 염화칼슘 같은 제습제를 근처에 두면 더욱 좋습니다. 그렇게 최소 2주에서 한 달 정도 선반에서 말리면 표본이 완성됩니다(종류에 따라 삼각지에 접어두거나 알코올이 담긴 병에 넣어서 액침 상태로 보관하기도 합니다).

다음은 보관을 위한 정리 단계입니다. 표본 보관 상자로는 핀을 쉽게 꽂을 수 있는 스티로폼 상자를 사용해도 좋습니다. 나무 상자는 습도를 조절할 수 있어 더 좋고, 바닥에 쿠션재를 덧붙이면 완전하게 표본을 보관할 수 있습니다. 더 전문적으로 표본을 보관하고 싶다면 시판 중인 곤충 표본 상자를 사용하면 됩니다. 여기에 방습제와 방충제를 같이 넣어두면 표본을 더욱 오래 보관할 수 있습니다. 개인적으로 전문적인 표본 보관 시설을 갖추기는 쉽지 않습니다. 저 역시 대학원 시절 이전에 만든 표본은 잘 보관하지 못했는데, 졸업할 무렵 지도교수님이 퇴직하실 때가 되어 그동안 연구를 하며 만든 메뚜기 표본을 보관하기 위해 표본장을 주문했습니다. 국립생물자원관에 일하게 될 줄 알았다면 아마 그때 표본장을 사지 않았을 테지요. 표본장은 부피가 커서 이사를 갈 때마다 번거롭기 때문입니다. 곤충학자의 애환입니다.

곤충 표본은 기념품처럼 개인의 추억으로 남을 수도 있지만, 여기에 언제, 어디에서, 누가, 어떻게 그 표본을 만들었는지 적어서 라벨까지 붙여두면 추억을 넘어 기록이 됩니다. 그래서 저는 곤충 표본을 만들려는 분들에게 작은 종이 라벨을 붙이기를 권합니다. 라벨에 적을 수 있는 가장 최소한의 정보는 날짜, 장소, 채집자의 이름입니다. 내가 잡은 곤충이고, 어디에서 잡았는지도 다 기억나는데 뭐하러 그런 정보들을 써두어야 하냐고 반문하실 수 있습니다. 하지만 시간이 흘러 나중에 그 표본을 다른 사람이 볼 수도 있다고 가정하면 (혹은 기증할 수도 있겠지요) 표본의 정보를 자세히 기록해두는 습관이 필요합니다.

우리는 전등 근처에 모여들었다가 죽거나 창문 틈에 갇혀 말라버린 곤충 사체를 종종 보곤 합니다. 그렇게 죽은 곤충은 그저 버려진 유기물 조각에 불과하지요. 하지만 핀에 꽂아 채집 정보를 기재한 라벨까지 달아서 잘 보관한다면 그것은 언젠가 과학적 데이터로 쓰일 수 있습니다.

그처럼 정확한 정보의 기록은 과학적 방법론으로서 대단히 중요합니다. 그러나 역사를 돌아보면 부정확한 정보 기입이나 데이터의 부주의한 취급이 후대 학자들에게 혼란을 준 사례도 많습니다. 후대의 과학자들이 최초 기록에 따라 그 생물을 찾아 나섰지만 재확인이 되지 않는 일이 발생하는 것이지요. 이를테면 찰스 다윈조차 갈라파고스제도의 섬 곳곳에서 핀치 새를 채집할 때 섬마다 다른 라벨을 붙이지 않았는데, 훗날 조류학자인 존 굴드(John Gould)가 핀치 새를 검토하고 그 종류가 12종이라는 것을 밝혀낸 다음에서야 다윈의 기록에서 무언가 이상한 점을 발견했습니다. 섬마다 다른 종이 분화했음을 뒤늦게 발견한 것이죠. 박물학 초창기에는 생물 표본을 과학적 대상으로 여기기보다 컬렉션, 즉 수집품으로서의 가치를 더 중요하게 여겼기 때문에 그런 일들이 비일비재했던 것 같습니다.

호기심의 캐비닛

살면서 번성하고 싶다면
거미를 살려두시오.
— 아메리칸 퀘이커교도

"자네 집에 돈 좀 있나?"

김정환 소장님을 처음 만나 곤충에 관심이 많다고 말씀드리자
소장님께서 대뜸 이런 질문을 던지셨습니다.

"곤충이 무슨 돈 되는 일도 아니고 취미로 한다면 돈이 많이 들
텐데 이미 가진 돈이 있다면 해볼 만하겠지만 먹고사는 일로 하기
엔 적합하지 않아. 이 분야는 원래 옛날에 가진 게 풍족했던 귀족들
이 관심 갖던 분야라네. 나 역시 이승모 선생을 스승으로 처음 만나
러 갔을 때 들은 이야기일세. 그래서 나는 '사업을 해서 돈은 웬만
큼 있습니다'라고 대답했지."

저는 "선생님, 전 돈은 없습니다. 관심은 많은데 어떻게 할지 걱정입니다"라고 대답했습니다.

현대적인 연구에 앞서 17~18세기 박물학 시대에 곤충은 하나의 이국적인 수집품으로 유럽 귀족들의 수집벽과 지식욕에 따라 많이 채집되었고, 이때 수집된 표본을 바탕으로 분류학이 발전했습니다. 지리적 발견의 시대(대항해시대)에 유럽의 탐험가들은 전 세계를 돌아다니며 영토를 확장해나가는 가운데 다채로운 동식물을 수집했습니다. 본국의 귀족들은 이것을 전리품처럼 사 모았고 개인 소장품을 늘리기 위해 전문 컬렉터를 고용해 보다 적극적으로 수집에 뛰어들기도 했습니다. 유럽 왕족과 귀족들의 '호기심의 캐비닛(cabinet of curiosities)'에서 시작되어 발전한 박물관에는 무수한 생물 표본이 쌓였고, 이를 체계적으로 정리하는 과정에서 자연과학으로서 분류학이 발전한 것이지요.

대학원에 입학했을 때 지도교수님께서 재야의 곤충학자들과 교류하는 제 얘기를 들으시고는 이런 말씀을 하셨습니다.

"자네, 아마추어들과의 연을 끊게나."

당시 곤충 수집가들과 곤충학자들과의 교류가 있기는 했지만, 대개 두 그룹의 사이가 매우 안 좋았던 것 같습니다. 곤충 수집가들은 시간과 돈을 들여 직접 채집하거나 다양한 경로로 희귀한 곤충을 모으곤 하는데, 이분들은 자신이 수집한 개체가 무엇인지 알고 싶어 전공자에게 물어오곤 했습니다. 그러나 그 무렵 우리나라에는 곤충 전문가가 많지 않았습니다. 그렇다 보니 전문가에게 물어본들 수집가들에게 돌아오는 답변은 "무엇과 비슷하다", "정확히 알 수 없다" 정도였고 아마추어 곤충 수집가들은 도리어 곤충학자들을 전문가로 인정하지 않았습니다.

한편 곤충학자를 비롯한 전문가들은 수집가들을 아마추어 취급하며 하대하고 접촉해봐야 별로 좋을 것 없는 상대로 여겼습니다. '수집가들은 결국 우리나라 표본을 잔뜩 모아서 자랑하다가 나중에 쓸모가 없어지면 외국에 팔아먹는다'고 보는 인식이 팽배했습니다. 천연기념물인 장수하늘소 표본이 우리나라보다 일본에 더 많다는 얘기도 그런 맥락에서 나온 말이지요.

우리나라 1세대 곤충학자로는 조복성과 석주명 두 분이 가장 유명합니다. 두 사람의 연구 방식은 서로 달라 석주명의 경우, 조선의 나비에 한정하여 단독으로 논문을 저술한 반면, 조복성은 일본인과 공저하면서 만주와 몽골로 건너가 대륙의 곤충을 다루기도 했고 곤충뿐만 아니라 동물까지 박물학적으로 폭넓게 접근했습니다. 저의 지도교수님은 이 같은 두 학자의 성향 차이가 후대에까지 영향을 준 것으로 판단하셨습니다.

전통적으로 한국인은 야생의 소형 동물에게는 전혀 마음을 주지 않았으나 21세기 초인 지금은 곤충도 그들의 머릿속에 각인되고 있는 것 같다. 이 각인 과정에 관정(조복성)의 후예인 전문학자보다는 석주명을 흠모하는 아마추어 곤충학자들의 활동이 매우 컸음을 부정할 수 없을 것이다. 그런데 문제는 우리나라의 아마추어는 아마추어 본래의 의미를 잘 모르고 있는 것 같다. 즉 연구를 자신의 본업 못지않게 연구하는 외국의 아마추어와 달리 우리네 아마추어는 곤충을 하나의 생계 수단으로 어길 뿐 학문의 발전에는 오히려 저해 요인으로 작용한다고 해도 과언이 아닐 것이다. 아마도 석주명은 결코 이런 방향으로 흘러가는 것을 원치 않았을 것이다.[1]

제가 공부를 시작할 때만 해도 '곤충이 무슨 돈이 될까?', '곤충 연구를 해서 무슨 일로 먹고사나?' 하는 의구심이 일반적이었습니다. 학문의 대상이든 수집의 대상이든 곤충은 가치가 거의 없는 존재로 여겨졌지요. 요즘은 취미로 곤충 표본을 모아 교환하거나 상품으로서 거래하는 문화가 많이 활성화된 것 같습니다. 그것도 국내 시장뿐만 아니라 인터넷 플랫폼을 활용해 해외 시장에서까지 교류하는 일이 많습니다. 실제로 제게 페이스북 친구 신청을 하는 외국인 중에는 곤충 딜러(셀러)가 많습니다. 어떻게 보면 곤충 수집도 우표나 동전 수집과 비슷한 취미 활동입니다. 더불어 수집 과정에서 자연 생태 공부도 할 수 있고, 표본 교환을 하며 낯선 이들과 우정을 쌓을 수도 있습니다. 석주명의 제자였던 미승우 선생의 글을 통해 나비 표본 수집과 교환에 관한 옛사람들의 생각을 읽을 수 있습니다.

세계에서도 가장 아름답다는 여러 가지 나비들을 모은다는 것은 자기의 취미를 살리는 동시에 자기 공부에 크게 도움이 된다. 또 본 적이 없는 외국의 친구들과 서로 표본을 교환하노라면 좀 더 이웃 나라의 사정을 아는 데에도 도움이 되고 또 이웃에 우리 나라를 소개하는 길도 되는 것이다. 아직껏 본 일이 없는 외국 친구들과 편지 거래를 하는 것은 항상 명랑한 생활을 가져오고 자기 자신의 연구 의욕을 북돋아주므로 여러 가지 면에서 이로운 때가 많다. 외국의 나비나 다른 곤충 또는 책 같은 것을 얻으려면 우선 자기 자신이 많은 표본을 갖춘 다음, 그 친구들과 편지 거래를 할 수 있는 실력을 가져야 한다. 세계 여러 나라하고 교제를 한다고 해서 많은 외국어를 알아야 한다는 것은 아니다. 영어 하나로서 어떤 나라 사람하고나 친할 수 있다. 나의 경우는 일본말과 영어로서만 사귀고 있는데, 그 대상이 되는 나라는 주로, 일본, 자유중국, 미국, 영국, 핀란드이다. 영어를 몰라도 자기 자신이 그들에게 어김없는 약속을 할 수만 있다면 그리고 부끄러움이 없는 외교를 할 자신이 있다면 벌써 문제는 해결이 된다. 이 말은 즉 힘이 부족함에도 불구하고 덮어놓고 날뛰지 말라는 말이다. 자신이 가지고 있는 표본의 질과 양도 고려하고 교제가 시작된 후에 '어느 정도까지 그 교제가 계속될 것인가?'라는 점도 신중히 생각하여야 한다. 요컨대 외국 친구를 실망시켜서는 안 된다는 말이다. 이상의 여러 가지 점에 대해서 자신이 붙으면 다음 방법에 의해서 표본 교환을 시작하면 된다.[2]

순수한 취미로 건전하게 활동하는 것은 자유입니다. 일본이나 유럽 등지에는 수집한 곤충을 정기적으로 전시하고 교환, 거래하는 이른바 인섹트 페어(Insect Fair) 같은 문화가 이미 오래전부터 정착되어 있고, 최근에는 우리나라 곤충숍에서도 비슷한 행사들이 열리고 있습니다. 그러나 제 경우를 돌이켜보면 곤충 표본을 돈으로 사는 문화는 경험해본 적이 없습니다. '산과 들에 나가면 곤충이 널려 있는데, 왜 돈을 주고 사야 하나?' 생각했었지요. 직접 채집을 나가서 내 눈으로 보고 내 손으로 잡고 직접 표본으로 만든 것이 가치가 있지, 누가 어디서 어떻게 잡았을지 모를 곤충을 겉모양이 멋지다고 돈으로 사는 것이 제게는 별 의미가 없었습니다.

물론 과거 역사를 돌이켜보면 유럽의 유명 곤충상들이 전 세계 수집품을 정리하고 발표함으로써 학문에 기여한 적도 있습니다. 하지만 연구자 입장에서는 직접 채집한 것이 아닌 다음에야 남의 정보를 쉽게 신뢰하기 어렵습니다. 이쯤에서 석주명 선생의 '한국산으로 오보(誤報)된 종류들의 유래'라는 글의 한 토막을 잠깐 소개하겠습니다.

한국산 나비가 아닌 것이 한국산으로 오보된 것은 수십 종이나 될 것이다. 그것은 채집 여행 후 채집품을 정리할 때 혹은 타인의 채집품을 정리할 때 라벨의 혼동으로 유래된 경우, 일본의 학자가 일본에 흔한 종류를 한국에도 당연히 날 것으로 경솔히 속단한 경우, 한국에 와 있던 일본 학자가 일본인 중학생들의 하계 휴가 시 자기네 고향인 일본서 채집해서 학교로 가져온 것을 그 학교 소재지 근처 산으로 오정(誤定)한 경우, 표본 감정 시에 오정한 경우 등 실로 복잡하여 그 판정에는 진중을 요했다. (중략)
마츠무라는 'Rapala tetsuzana'(주 — 마츠무라 교수가 한국산 범

부전나비로 신종 발표한 종이지만, 실제로는 일본산)를 곤충상(昆蟲商)으로부터 속아서 오보하고 (후략)[3]

저는 이 글을 읽으면서 일본 곤충학사에서 가장 유명하지만, 그만큼 실수가 많았던 홋카이도대학교의 마츠무라(松村松年) 교수에 대한 석주명 선생의 평가에 저절로 웃음이 나왔습니다. 석주명 선생은 자신이 직접 채집한 나비를 과학적 데이터로 사용했고 그렇지 않은 것을 인용할 때는 항상 주의를 기울여야 한다고 당부했습니다. 실제로 제가 대학원 조교 생활을 할 때 실험실에 곤충 표본이 모이는 과정을 지켜보면, 학부생들이 동물분류학 수업 과제로 채집품을 제출하는 과정에서 친한 학생들끼리 서로 다른 곳에서 잡은 표본을 맞바꾸거나, 귀찮으니까 정확하지 않은 라벨을 붙이곤 했습니다. 더구나 요즘에는 학생들이 직접 채집하지 않고 인터넷으로 구매한 표본을 자신이 잡은 것인 양 제출하는 경우도 있습니다.

농사꾼이 농학박사보다 농사일은 더 잘 알고, 땅꾼이 파충류 연구자보다 뱀에 대해서는 더 잘 안다는 얘기가 있습니다. 곤충 채집가나 수집가들은 아마추어이긴 하지만 스스로 공부하며 관련 지식을 계속 쌓아온 사람들입니다. 저는 여러 분야가 융합하는 디지털 시대에 채집가, 수집가, 사육가, 곤충상, 곤충학자를 명확히 구별하는 것이 큰 의미가 있다고 생각하지 않습니다. 서로가 반목하지 않고 각자의 관심과 고민에 따라 이해하고 협조하면 좋겠습니다.

수집은 누가 희귀 품목을 많이 갖고 있느냐를 두고 경쟁한다는 점에서 욕망의 정점을 찍습니다. 아마도 희귀한 종을 소유하면 자신의 가치도 그처럼 귀해진다고 믿는 심리현상(동일시)이겠지요. 안목의 공유와 지식의 확대라는 사회적 기여를 생각하기보다 물건(상품)으로서 가치 있는 종, 이를테면 법정보호종을 몰래 채집하고 정보를 공개하지 않고 자신만 알고 있으면서 그것을 공공연히 자랑하는 현상이 아마추어들 사이에 형성된 것 같습니다. 아마추어 채집가나 수집가들 역시 열린 마음을 갖고 자신들이 얻은 정보들을 더 많은 사람들과 함께 나눴으면 합니다. 희귀 수집품에 집착하는 병적인 현상은 동서양이 다르지 않습니다.[4] 저는 누구보다 많은 곳을 여행하고 뛰어난 표본 수집가였던 알렉산더 폰 훔볼트(Alexander von Humboldt)가 남긴 말을 인용하고 싶습니다.[5]

나는 물건을 수집하는 것이 아니라, 생각을 수집하는 것이다.

곤충을 알면
역사가 보인다

꿀벌이 집에 오면 맥주를 마시게 하시오.
언젠가 꿀벌의 집을 방문하고 싶을 테니.

— 콩고 속담

메뚜기 연구를 하면서 우리나라 최초 기록물에 접근해본 경험
은 근사했습니다. 분류학에서는 어떤 분류군이나 초기 기록이 매우
중요한데, 그것이 본격적인 연구의 시발점이기 때문입니다. 국립생
물자원관에서 우리나라 전체 생물종 목록을 상세하게 관리하는 인
벤토리 업무를 수년간 맡아 진행하다 보니, 다른 분류군의 역사에
도 관심을 갖고 잘 알게 되었습니다.

곤충을 포함한 우리나라 생물이 세계에 알려진 계기는 세계사
의 흐름과 무관하지 않습니다. 우리나라 생물자원은 대개 서구인
의 탐사로부터 처음 밝혀졌습니다. 이를 '서세동점(西勢東漸)'이라

고 표현합니다. 물론 동양에도 오래된 생물 기록이 남아 있지만, 이 것은 현대적 분류학 이전의 일이라, 오늘날의 개념으로 무슨 종인 지 알기 어려운 경우가 많습니다. 땅과 지질, 동식물 등 자연 자원 을 둘러싼 인류의 경쟁은 탐사로 이어졌고, 이는 다시 박물학과 자연사학, 그리고 현대의 생물학과 분자생물학에 이르는 체계적인 과학의 발전을 가져왔습니다. 15세기 후반에 시작된 대항해시대는 서구의 관점에서는 대발견의 시기로 불리지만, 식민지와 제국주의의 팽창이라는 시대적 고통이 뒤따랐습니다.

그렇게 세계지도의 윤곽이 점차 뚜렷해지는 가운데, 유럽 왕가에서는 각국으로 탐험가와 수집가들을 경쟁적으로 파견했습니다. 당시 조선은 일본, 중국과 함께 동아시아 탐사 대상국에 포함되어 있었습니다. 선조들은 조선을 찾은 낯선 외국인들을 해귀(海鬼, 임진왜란 때 왜군과 동행한 포르투갈 선교사), 색목인(色目人, 아랍 상인), 양귀자(洋鬼子) 등으로 불렀고, 그들이 타고 온 배를 이양선(異樣船)이라고 불렀습니다. 한국의 현대 생물학사는 표처럼 대체로 4기로 정리하는데 제1기와 제2기를 여명기, 제3기를 태동기, 제4기를 개척기라고도 합니다. 이번 장에서는 국교가 불분명한 상태에서 이양선이 우리나라의 해안 지방이나 섬을 탐사한 시기인 선중(船中) 생활에 의한 연안(沿岸) 채집 시기를 소개하겠습니다.

우리나라 생물이 해외에 처음 알려진 것은 영국 전함 프로비던스(Providence)호의 해군 사령관 브로우튼(William Robert Broughton) 함장이 1804년 《북태평양 탐험 항해기》를 출판하면서부터입니다. 그는 영국인으로서 처음 한반도 동해안을 탐사했는데, 정조 21년

한국의 생물학사 시대 구분[6]

구분	연도	시기명과 특징
제1기	1854~1904년 - 전기 - 후기	서구인에 의한 채집 시기 - 선중 생활에 의한 연안 채집 시기 - 전속(專屬) 채집인들에 의한 내륙지방 채집 시기
제2기	1905~1929년	일인(日人)에 의한 연구 시기
제3기	1930~1945년	한국인 학자의 진출 시기
제4기	1946년~현재	한국인 생물학자들의 활동 시기

(1797년) 10월에 부산 용당포(현재 남구 용당동)에 닻을 내려 물과 땔감을 공급받고 지리를 측량했습니다. 그는 자신의 항해기에서 조선을 'Chosan'으로 표기하고, 부록에 우리말 어휘 38개와 부산에서 자라는 진달래, 소나무 등 식물(채소) 이름 26가지를 수록했는데, 이것이 린네의 학명 체계로 세계에 처음 보고된 우리나라 생물종 목록입니다.

대학의 동물분류학 교재에는 우리나라 동물이 알려진 시초를 새(조류)로 소개하고 있습니다.[7] 1833년부터 1850년까지 시리즈로 발표된 《일본의 동물상(Fauna Japonica)》이라는 저서에 한국산 팔색조(Pitta nympha)가 처음 등장합니다. 이 책은 일본의 동식물을 처음 연구한 사람으로 유명한 필리프 프란츠 폰 지볼트(Philipp Franz von Siebold)의 컬렉션을 네덜란드에서 출판한 것입니다. 지볼트는 동인도회사 소속의 의사이자 식물학자로 개항기 일본에서 유일하게 서양과 무역이 허락된 데지마(出島) 섬에 6년간 머물면서 서양 의학을 전하는 한편, 일본 생물을 대거 반출했습니다(이후 간첩 혐의로 쫓겨나 고향으로 돌아간 지볼트는 일본에서 가져간 생물을 바탕으로 박물관도 열고 식물을 판매하기도 합니다). 그가 어떻게 한국산 팔색조를 수집했는지 알려주는 상세한 내용은 없지만, 아마도 조선을 왕래하던 일본인 조수의 도움이 있지 않았을까 생각됩니다.

세계에 처음 알려진 우리나라의 곤충은 1847년 영국인 테이텀(Tatum)이 자연사 학보에 발표한 제주홍단딱정벌레(*Carabus monilifer*)입니다. 원기재문에 따르면 한국 동해안을 항해한 사마랑호의 애덤스가 발견했다고 나옵니다. 아서 애덤스(Arthur Adams)는 1845년 벨처 함장의 사마랑호에 동승한 군의관이자 박물학자입니다. 대항해시대에 출항하던 배에는 혹시 모를 위험에 대비해 의사가 동승했는데, 이 의사들이 대개 박물학자였습니다.

한국 최초로 보고된 매미목(1850년), 노린재목(1851년), 메뚜기목(1869년) 등은 벨처 함장이 표본 기증자로 적혀 있지만, 실제 채집자는 아마도 애덤스였을 것입니다. 벨처와 애덤스는 1848년《사마랑호 탐험 항해기》를 공동으로 발간하는데, 여기에 식물 46종, 새 26종, 어류 7종, 곤충 19종, 거미, 14종, 조개 29종, 해면 2종의 기록이 포함되어 있습니다.[8] 항해기의 내용 중 큰 갓을 쓴 당시 조선 관리(정의현감 임수룡)와 그 일행을 묘사한 삽화도 눈길을 끕니다.

애덤스는 1857년 악테온(Actaeon)호에 승선하여 중국, 일본, 한국을 재방문하고, 1870년에《박물학자의 일본과 만주 여행(Travels of a naturalist in Japan and Manchuria)》이라는 책을 출간하면서 부산

Korean Chief .

Group of Koreans

―――――

《사마랑호 탐험 항해기》에 묘사된 조선인의 모습

영도('Deer Island'라고 표기함)에서 관찰한 2종의 나비를 언급하기도 했습니다. 애덤스는 박물학자로서 항해 과정에서 많은 동물을 수집했고 아마추어 패류학자로서 한국산 동양달팽이(*Helix coreanica*)를 신종 발표하기도 했습니다. 애덤스의 채집품을 토대로 관련 연구자들이 논문을 발표함에 따라 우리나라 곤충 학명에는 그의 이름이 많이 남아 있습니다.

Chrysolina polita adamsi (Baly, 1879)	애덤스잎벌레
Dicranocephalus adamsii (Pascoe, 1866)	사슴풍뎅이
Ectatorhinus adamsi (Pascoe, 1872)	옻나무바구미
Graphoderus adamsii (Clark, 1864)	애덤스물방개
Hermaeophaga adamsii (Baly, 1874)	줄가슴벼룩잎벌레
Lema adamsii (Baly, 1865)	점박이큰벼잎벌레
Plagiosterna adamsi (Baly, 1884)	참금록색잎벌레
Pseudocneorhinus adamsi (Roelofs, 1879)	얼룩무늬가시털바구미
Syneta adamsi (Baly, 1877)	톱가슴잎벌레

이와는 다른 기록 경위를 가진 곤충도 있습니다. 한국산 사슴벌레의 경우, 1864년 영국의 곤충학자 프레더릭 패리(Frederic Parry)가 왕립곤충학회 보고서에 조선산 신종(*Cyclorasis jekelii*)으로 처음 발표했습니다. 이 학명은 나중에 다우리아사슴벌레(*Prismognathus dauricus*)로 동종이명 처리되는데, 표본 기증자 존 찰스 보우링(John Charles Bowring)은 영국 출신의 사업가이자 곤충에 관심이 많

은 아마추어 박물학자였습니다.

그는 한국 최초의 서양 양행인 '이화양행'의 책임자로 주로 홍콩에서 활동했는데, 그의 부친은 홍콩 4대 총독인 존 보우링 경입니다. 보우링은 특히 아시아의 딱정벌레를 많이 수집했고 귀국 후에 영국 자연사박물관에 표본을 기증했습니다. 그가 조선에 직접 와서 다우리아사슴벌레를 채집했는지는 알 수 없지만, 아마도 사업을 하면서 조선과의 접촉 과정에서 수집했을 것으로 추측합니다.

병인양요(1866년), 제너럴셔먼호 사건(1866년), 신미양요(1871년)를 겪으며 외세의 접근에 불안해하던 조선은 쇄국정책으로 맞서다 강화도조약(1876년)으로 개항하게 됩니다. 이때부터 세계를 누비던 사업가, 여행가, 외교관, 선교사 등 다양한 계층의 서양인과 이양선의 한반도 방문이 증가합니다.

우리나라 나비가 세계에 처음 알려진 계기는 벨처 함장의 사례와 비슷합니다. 영국의 곤충학자 아서 버틀러(Arthur Butler)가 1882년 자연사 연보 논문에서 한반도산 나비 16종을 처음 보고하는데, 그중 4종을 한국을 모식 산지(type locality, 저자가 신종을 발표할 때 근거로 삼은 표본의 채집지)로 기재했습니다. 이 가운데 작은은점선표범나비(*Brenthis perryi*)의 종소명 '*perryi*'는 윌리엄 위컴 페리(William Wykeham Perry) 제독의 이름을 기린 것입니다. 페리는 영국 해군 아이언 듀크(Iron Duke)호의 책임자로 1881~1884년 동해안을 탐사하면서 원산과 부산을 방문할 때 각종 동식물을 수집했습니다. 하지만 실제 채집자는 동행한 사관인 르벳(Levett)이었을 가능성이 큽니다.

구한말 한반도는 강대국들의 세력 팽창과 갈등 속에 놓여 있었습니다. 남으로는 영국, 북으로는 러시아의 전투함들이 계속 접근했던 것이지요. 이때 쓰인 과거 논문을 살펴보면 채집 지명 중에 오늘날 지명을 떠올리기 어려울 만큼 낯선 것들이 많이 발견됩니다. 이는 각 열강들이 자기식대로 우리 지명을 불렀기 때문입니다. 이를테면 영국에서는 거문도를 해밀턴항(Port Hamilton)으로, 러시아에서는 원산을 라자레프항(Port Lazareff)으로 불렀습니다.

여기서 잠깐, 우리나라 제주도의 영어식 이름의 유래를 살펴볼까요? 옛 문헌에서 제주도를 가리키는 말로 '퀠파트(Quelpart)'가 자주 쓰이는데, 그 어원에 대한 조복성 교수의 설명이 흥미롭습니다.

제주도를 외국어로 Quelpaert 또는 Quelpart라고도 쓰는데, 이 명칭의 유래를 조사하여 보니 1653년 蘭人 Hendrick Hamel(《하멜표류기》의 저자 하멜)이 제주도 근해에서 난파하고 귀국 후에 本島(본토)를 Quelpaert라고 歐洲(구주)에 소개했던 것이다. 이것이 本島가 서양인들에게 알려진 최초이고 현재에 이르기까지 이 명칭을 사용하게 된 것이다. 이 명칭은 제주도 근해에 가파도라는 조그마한 섬이 있는데, 그 당시에 Hamel(하멜) 씨가 이 섬의 명칭을 본도 주민에게 물었을 때에 ka-pa-to라고 대답한 것이 未詳(미상) Hamel 씨 귀에는 Quelpaert라고 들린 데서 유래한 것이라고 추측된다는 것이다. 그것을 어느 때부터 어떤 人士(인사)가 Quelpart 즉 e자를 빼고 쓰기 시작했는지는 알 수 없으나

要(요)는 가파도에 대한 Quelpaert 또는 Quelpart인 것은 틀림이 없으매 철자상 그다지 큰 문제는 되지 않겠지만 원칙으로는 Hamel 씨의 Quelpaert를 사용하는 것이 타당하다고 생각된다.[9]

저는 곤충을 전공했기에 이 내용이 맞는 줄로만 알고 있었습니다. 그런데 서양인들의 탐사 자료를 찾다 보니, 다른 설명도 있음을 알게 되었습니다.

하멜이 지은 《하멜표류기》의 일역본인 《조선유수기(朝鮮幽囚記)》의 저자인 이쿠타(生田滋)에 의하면, 켈파트란 네덜란드어로 스페인의 갤리선(Galleon)을 칭하는 말이라고 한다. 사전상 의미는 15~18세기 초 스페인과 지중해에서 사용하던 큰 돛배(3, 4층 갑판의 군함, 상선)를 말한다. 1639년 네덜란드에서 처음 만들어진 켈파트의 이름이 드브라케(De Bracke)인데, 이 배가 1642년 나가사키를 항해하던 도중에 제주도를 발견하고 명명한 것으로 추측된다. 그리고 1653년 네덜란드인 하멜이 제주도에 표착했다. 제주도의 자태가 켈파트(Quelpaert)라는 범선과 닮았다 하여 붙여진 듯한데, 그 당시 서양인들이 부르던 제주도의 별칭이다.[10]

이 설명에 따르면 제주도의 형태가 동아시아 무역을 가장 먼저 선점한 네덜란드의 범선인 켈파트와 비슷하여 이를 따서 켈파트 섬이라 불렀고, 이 이름이 《하멜표류기》를 통해 널리 알려지게 된 것이지요. 여담이지만 《하멜표류기》는 하멜이 13년간의 조선 억류 기

간 동안 체불된 임금을 동인도회사에 청구하기 위해 작성한 것이라고 합니다.[11]

공부를 하면 할수록 제가 전공한 분류학은 단순히 생물의 종을 분류하고 이름을 붙이는 학문이 아니라는 사실을 알게 되었습니다. 선취권이 있는 합당한 학명을 사용하기 위해서는 순서에 입각한 연구사도 잘 알아야 합니다. 즉, 분류학 공부에 지난 역사에 대한 이해가 먼저 선행되어야 하는 인문학의 성격도 있음을 깨닫게 되었지요. 오늘날 생물의 분류 체계는 새로운 화석 증거나 유전자 분석 등 과학적 방법론에 따라 끊임없이 개선되고 있는데, 이 또한 지구 생물의 진화 역사를 세밀하게 밝히기 위한 학자들의 노력입니다. 대학원 수업 때 충남대학교 안기정 교수님으로부터 들었던 다음 말로 이번 장을 마무리합니다.

"분류학은 곧 역사학(history)이다."

서구인이 남긴
우리 곤충의 기록들

신의 창조물 중 어느 것도
절대적으로 타고난 경멸적 본성은 없다.
가장 비열한 파리, 가장 불쌍한 곤충조차
그 용도와 미덕을 갖고 있다.

― 메리 아스텔(작가)

서구인의 한반도 내륙 탐사가 본격적으로 이루어진 건 1884년
부터입니다. 카를 크리스티안 고트셰(Carl Christian Gottsche)는 원래
지질학자로 독일 뮌헨대학교에서 고생물학 박사학위를 취득하고
정부로부터 일본 도쿄제국대학교의 교수직을 제안받아 그곳에서
1881년부터 4년간 근무합니다. 신문 기록에 의하면 그는 1884년
4월 1일에 주한 독일 공관의 초빙을 받아 한국 지하자원의 보유 상
태를 조사했다고 합니다. 그 독일 공관이 바로 국사 교과서에 등장
하는 파울 게오르게 폰 묄렌도르프(Paul Georg von Möllendorff, 한국
이름 목인덕)입니다. 묄렌도르프는 고종 황제로부터 통리아문 협판

(차관급)의 관직을 받았을 뿐만 아니라, 조선에서 이권을 얻고자 각종 영향력을 행사한 인물입니다.[12]

고트셰는 묄렌도르프의 주선으로 철도를 타고 인천, 평양, 목포, 서울, 부산 등 팔도를 일주하고, 350개의 지방 도시 중 80곳을 방문합니다. 그가 138일에 걸쳐 이동한 거리만 2,550킬로미터를 넘는다고 합니다. 고트셰는 일본인 조수와 함께 한반도의 각종 동식물을 채집했지만, 탐사의 궁극적인 목적은 미지의 나라 조선의 환금성 채굴 자원 현황을 파악하는 것이었습니다(당시 조용한 동방의 나라에 금이 많다는 소문이 퍼져 있었습니다). 고트셰는 이후 1885년 귀국하여 조선에 대한 논문 세 편을 발표하고 1886년부터 함부르크 민속자연사박물관의 큐레이터로 근무합니다.

독일의 곤충학자 헤르만 콜베(Hermann Kolbe), 패류학자 오토 프란츠 폰 묄렌도르프(Otto Franz von Möllendorff, 통리아문 묄렌도르프의 남동생) 등은 고트셰의 곤충 표본과 연체동물 표본을 조사해 신종 발표를 하면서 그의 이름을 기렸습니다.

Lamiomimus gottschei Kolbe, 1886   우리목하늘소

Megalopaederus gottschei Kolbe, 1886   곳체개미반날개

Semisulcospira gottschei (Martens, 1886)   곳체다슬기

Aegista gottschei (Möllendorff, 1887)   곳체배꼽달팽이

Euphaedusa gottschei Möllendorff, 1887 곳체입술대고둥

이와 같은 고트셰의 일련의 행보는 훈련된 과학자로서 조선을

탐사했다는 점에서 의미가 큽니다. 우리나라에서 가장 오래된 기상 관측 자료 역시 그가 1886년에 출판한《조선의 지리》에 실려 있습니다. 또한 그의 글은 조선의 인문, 자연환경을 서양인의 눈으로 분석해 당시의 시대상을 이해하는 데 지금까지도 좋은 참고가 되고 있습니다.[13]

독일계 러시아 사람인 알프레드 헤르츠(Alfred Herz)도 전문 채집가로서 한반도에 채집 여행을 왔던 인물입니다. 그는 러시아의 마지막 황제 가문 사람인 로마노프 대공과 독일의 유명한 곤충상 스타우딩겔과 방하스(Staudinger & Bang-Haas)의 후원으로 1884년 오데사를 출발, 바다를 건너 실론(스리랑카), 나가사키 등을 거쳐 조선에 도착합니다. 그 역시 묄렌도르프의 주선으로 서울, 원산, 경기, 김화 등에서 각종 동물을 채집했는데, 곤충뿐만 아니라 우리나라 어류도 그의 채집품을 바탕으로 세계에 처음으로 알려지게 됩니다.

Agrypnus herzi (Koenig, 1887)　　　헤르츠녹슬은방아벌레

Gastroserica herzi (Heyden, 1887)　줄우단풍뎅이

Oberea herzi Ganglbauer, 1887　　우리사과하늘소

Pungtungia herzi Herzenstein, 1892　돌고기

Coreoperca herzi Herzenstein, 1896　꺽지

우리나라 민물고기 중 세계에 처음 알려진 돌고기의 속명 'Pungtung'은 헤르츠가 오래 머물렀던 북한 쪽 강원도 김화 북점(北占)의 옛 지명입니다. 그의 표본은 주로 러시아과학원 동물박물

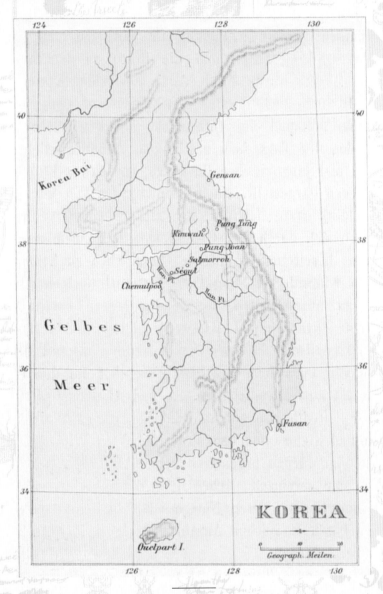

헤르츠의 한반도 탐사 지도

관에 보관되어 있으며, 또한 독일로 전달되어 각지에서 매각되었습니다.

우리나라의 자연 자원들을 채집하고 그 기록을 남겼던 외국인들은 동식물에 대한 기록만 남기지 않았습니다. 이들은 당시 조선 사람들의 삶의 모습을 짐작해볼 수 있는 기록들도 남겼지요.

원주민들은 위험스럽지 않았으나, 경제적 생활수준이 낮았고 음식 조달이 무척 어려웠다. 특히 어려웠던 것은 여행에 필요한 동전을 가지고 다니는 일이었다. 돈 가치가 매우 낮아 한 사람이 겨우 몇 실링 정도밖에 가지고 다닐 수 없었으며 여행을 하려면 노숙을 하든가 절의 처마 밑에서 잘 생각을 하고 가야만 했다. 기후도 장마로 인하여 좋지 않았지만, 채집의 결과가 모든 보상이 되었다. 비록 짧은 기간이었으나, 곤충을 위해서나 여행을 위하여 내가 경험했던 가장 인상 깊었던 곳이었다.[14]

이 글은 우리나라 도롱뇽(*Hynobius leechii*)의 학명에 이름이 들어간, 영국의 곤충학자 존 헨리 리치(John Henry Leech)의 기록입니다. 리치는 동아시아 나비목 연구를 집대성하기 위해 여행을 떠났는데, 1886년 4월 일본 나가사키에서 채집을 마치고 그해 6월 부산과 원산을 방문합니다. 그런데 부산항으로 처음 입항하려 했을 때 조선에 콜레라가 만연해 허가를 얻지 못하고 부산 영도에서 단 하룻밤을 지냅니다. 그리고 일정을 바꾸어 원산에서 약 1개월간 머물며 채집을 마치는데, 그때 그가 남긴 글로 당시 조선의 상황을 짐작하게 해줍니다.

리치의 채집품을 토대로 후대의 연구자들이 논문을 발표했기에 그의 이름 역시 우리나라 곤충의 학명에 이름이 남아 있습니다.

Acoptolabrus leechi (Bates, 1888)   원산조롱박딱정벌레
Nerice leechi Staudinger, 1892   두톱니재주나방
Acleris leechi (Walsingham, 1900)   리치잎말이나방

1894년 한반도에서 청일전쟁이 발발하고 일본이 승리하면서 군국주의가 팽창합니다. 1895년에는 을미사변으로 명성황후가 시해되고 1896년 위협을 느낀 고종황제가 러시아 대사관으로 망명하는 아관파천이 일어납니다. 이때부터 러시아의 개입이 커지는데, 러시아의 식물학자 블라디미르 코마로프(Vladimir Komarov)가 북한과 만주 일대를 탐사한 시기가 바로 이 무렵(1897년)입니다.

당시 28세의 젊은 과학자였던 코마로프는 한반도 북부 압록강을 넘어 백두산, 아무르, 우수리, 만주까지 광범위한 지역에서 북방계 식물을 채집합니다. 이때 러시아군의 지원으로 말 18필, 군인 4명, 조선인 통역사 1명, 유명한 사냥꾼 얀콥스키가 대동했습니다. 요즘은 분야가 세분화되어 조사를 나가면 각자 자기 분야의 생물만 채집하지만, 당시에는 박물관의 자산을 늘리고자 무슨 동식물이던 무조건 채집을 많이 했습니다. 그래서 식물학자가 동물을 채집하거나 동물학자가 식물을 채집하기도 했습니다. 우리나라 곤충의 이름에도 식물학자인 그의 이름이 남아 있습니다(그는 이후 만주식물지

《Flora Manshuriae》를 완성하고 소련과학원장에 임명됩니다).

Timomenus komarovi (Semenov, 1901)　　고마로브집게벌레

Exetastes komarovi Kokujev, 1904　　코마로브어리뭉툭맵시벌

Nebria komarovi Semenov et Znoiko, 1928　압록가슴먼지벌레

Ditrigona komarovi (Kurentzov, 1935)　　만주흰갈고리나방

1904년 러일전쟁에서 일본이 승리하자 한반도는 일본의 세력 하에 놓이게 됩니다. 일제강점기 직전 서구인의 채집 활동으로 눈에 띄는 것은 1905년 미국인 말콤 앤더슨(Malcolm Anderson)의 제주도 탐험입니다. 스탠퍼드대학교 출신 동물학자로 그는 영국의 베드포드(Bedford) 11대 공작의 후원을 받아 중국, 일본, 사할린, 한국을 탐사했는데 주로 포유동물을 채집했습니다. 그런데 제주도에서 40일을 보내는 중 30일이 비가 왔을 정도로 일기가 좋지 않아 채집 성과가 매우 보잘것없었다고 합니다(고작해야 족제비 3마리, 쥐 3마리, 조류 약 30마리, 그리고 약간의 곤충을 채집).

앤더슨의 제주도 탐사에는 일본인 조수 이치카와(市河三喜)와 한국인 통역사 김용수가 동행했습니다.[15] 이치카와는 당시 열아홉 살의 고등학생으로 영어와 박물학에 관심이 많았는데, 마침《Japan Times》에 실린 런던 동물학회의 제주도 탐사 광고를 보고 가이드에 응시하게 되었고, 여기에 당당히 합격해 앤더슨과 함께 목포에서 제주도로 가는 배에 오르게 되었습니다. 이치카와는 날씨 좋은 날 한라산에 올라 백록담에서 처음 헤엄친 외지인으로 기록되었습

니다. 이치카와는 당시 경험을 바탕으로 마츠무라 교수의 도움을 받아 《제주도의 곤충 목록(濟州道の昆蟲)》을 처음 발표하는데, 여기에 대벌레와 파리 등 우리나라 곤충의 초기록이 있습니다.

지금까지 한국 생물학 역사의 초기부터 일제강점기 이전까지 한반도 땅을 밟았던 곤충 분야의 주요 채집가들을 알아보았습니다. 사실 우리나라 생물이 다른 나라 사람들에 의해 학명이 지어지고, 발표되고, 해외 박물관에 증거 표본이 보관되는 등의 일은 국제협약이나 생물자원에 대한 이해가 없던 구한말 시절에 벌어진, 어쩔 수 없는 사건입니다. 지금까지 우리 사회는 모든 분야에서 압축 성장을 하느라 역사를 돌아볼 시간이 많지 않았지만, 무지에서 비롯한 과오를 되풀이하지 않기 위해서는 다시 보기가 필요합니다. 그것은 분류학 분야도 마찬가지입니다.

곤충을 전공한 생물학자로서 저는 이들이 남긴 기록에서 한 가지 주목하고 싶은 부분이 있습니다. 당시 서구인들의 관점에서 조선의 자연환경이 이미 상당히 황폐화되었다는 기록입니다. 고트셰는 산림 벌채에 대해 지목하면서 "숲의 무분별한 벌목 뒤에 남은 것은 소나무였다. 왕의 무덤, 불교 사찰 또는 산세상 접근이 어려운 곳 등과 같이 벌목이 금지된 곳에서만 빼어난 교목림을 볼 수 있다"라고 적었습니다. 앤더슨 역시 채집의 어려움에 대한 편지를 남겼는데 거기에는 제주도 탐사를 보고하며 "섬이 아주 흥미롭지만 포유류의 수는 매우 적습니다. 나는 쥐와 족제비만 겨우 확보할 수 있었습니다. 사슴, 멧돼지, 오소리 외에는 끈질기게 사냥했지만 얻을 수 없었습니다. 섬에는 토끼도, 담비도, 다람쥐도, 늑대도, 여우도, 곰도 없습니다. 두더지나 뒤쥐의 흔적은 발견되지 않았습니다. 어떤 형태의 야생 고양이도 알려져 있지 않습니다"라고 적었습니다. 이로부터 저는 한 나라의 자연이 파괴되는 현상이 국운의 쇠망과 별개가 아니라는 세계사의 교훈을 얻곤 합니다.

북한 곤충학자들과의
교류를 꿈꾸며

우물 안 개구리에게 바다에 대해 말할 수 없다.
또한 여름 곤충에게 얼음에 대해 말할 수 없다.

— 장자

야간 침대기차 쿠셋에서 일찍 잠이 깨어 창밖을 보다 여권 검사
를 받았다. 밤새 오스트리아 빈도 들렀다고 하니 어느덧 한국을
떠나 일본(경유), 영국, 네덜란드, 독일, 오스트리아를 거쳐 6개국
의 국경선을 넘었다. 켈레티푸 역에서 지하철을 타고 지도에 나
온 헝가리 자연사박물관을 찾아갔다. 그런데 우리 일행이 도착
한 곳은 새로 개축한 신관이었고 연구자들이 있는 건물은 전혀
다른 곳임을 알게 되었다. 우리와 만나기로 약속한 롱카이 박사
와 통화하니 그가 직접 우리를 데리러 왔다. 우리는 박물관 1층
의 게스트하우스에 짐을 풀었다. 이곳 직원들은 모두 영어로 의

사소통이 가능해서 메뚜기를 포함한 미소 곤충 컬렉션을 담당하고 있는 지라키 박사를 만나 차분한 설명을 들었다. 덕분에 헝가리 자연사박물관의 세계 원정 채집과 화재 사건, 신축 등의 역사에 대해 알게 되었다. 북한과는 1970년부터 과학 교류 협정을 체결하여 꾸준한 채집 활동을 벌여온 결과, 이곳은 어느 박물관보다 많은 북한산 곤충 표본들을 보관하고 있었다.

메뚜기는 모두 열두 개의 상자 속에 담겨 있었는데, 나에게는 무척 흥미로운 것들이었다. 남한에서 흔히 보던 것도 있지만, 북채수염수중다리메뚜기처럼 북방계 종으로 남한에서 전혀 볼 수 없는 메뚜기도 있었다. *Metrioptera bicolor, Chrysochraon dispar* 등은 이전 문헌에 언급된 적 없는 한반도 미기록종이었다. 토요일 오후에는 롱카이 박사가 공동 채집을 제안해 부다페스트 바깥을 둘러볼 기회가 생겼다. 해가 지기 전까지 주변을 돌아다니며 유럽산 메뚜기를 많이 채집했다. 어느덧 이번 여행을 마무리할 때가 되었다. 유람선을 타고 다뉴브강을 한 바퀴 둘러보며 깊은 인상을 눈 속에 담았다.

앞의 글은 2003년 영국 자연사박물관을 방문했을 때, 헝가리 자연사박물관에도 들르면서 그때의 소회를 적어둔 여행기의 일부입니다. 헝가리는 과거 동유럽의 대표적인 공산국가로 북한의 곤충 표본을 가장 많이 보유하고 있는 나라입니다. 폴란드, 체코, 불가리아, 러시아 등 여러 동구권 국가에서 북한 탐사를 벌였는데, 이 중 헝가리는 1989년 동구권의 자유화 물결을 타고 자본주의국가로 탈

바꿈했고 남한과 수교를 맺은 후 왕래가 자유로워져 곤충 연구 분야에서 교류가 활발한 국가입니다.

2008년 국립생물자원관에서는 '한반도 고유종 해외반출 현황 조사'를 위해 헝가리 자연사박물관에 직원들을 파견했는데, 저는 2003년의 경험을 되살려 재방문하게 되었습니다. 해외 반출종 조사사업은 과거에 외국으로 반출되어 해외 자연사박물관에 보관 중인 한국산 생물자원의 현황을 파악하기 위해 기획된 프로젝트입니다.

헝가리 자연사박물관에 두 번째로 방문했을 때에는 업무 출장이었던 터라 개인 연구자로 방문했을 때와는 다른 일을 했습니다. 제 전공인 메뚜기뿐만 아니라 여러 컬렉션을 두루 방문하여 새로 개관한 국립생물자원관을 소개하고 공동연구 개발 등을 염두에 두고 전반적인 반출종 현황을 파악하는 일을 주로 했지요. 헝가리 자연사박물관은 북한의 여러 생물자원을 채집해 보관하고 있었지만, 주로 나방, 벌, 파리, 딱정벌레 분야의 논문 성과가 많았습니다.

여러 분류군의 표본 사진을 촬영하고 채집 데이터를 정리하면서 평양, 대동강, 박연폭포, 원산 등 북한의 여러 지명들을 보게 되었습니다. 표본 중에는 남한에서 전혀 보지 못한 곤충들도 있었는데 한국인 연구자로서 우리와 지리적으로 가까운 북한 지역의 생물 표본들을 더 멀리 돌아서 살펴봐야 하는 아이러니를 느꼈습니다. 북한은 지정학적으로 아시아 대륙과 한반도, 나아가 섬나라인 일본을 연결하는 이동 통로로서 남한보다 고도가 높아 다양한 층위의 서식처가 존재하고 동물지리학적으로 만주아구(Manchurian

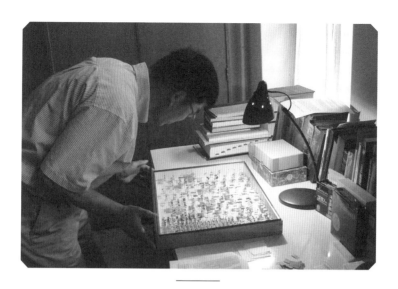

헝가리 자연사박물관에서 한반도 곤충을 조사하던 모습

subregion)의 중심에 위치하여 생물다양성 핵심지역으로 여겨지는 곳입니다. 헝가리 자연사박물관에 소장된 북한 생물 표본을 보면서 생물다양성 핵심지역인 북한을 직접 방문하여 조사하는 것은 언제쯤에나 가능할지 헤아려보게 되었습니다. 헝가리 연구자들이 북한을 다녀온 사진을 보니 같은 민족끼리 갈라져 있는 것이 무척 안타까웠지요.

조사 일정을 마무리할 무렵에는 박물관의 전시관도 유심히 돌아보았습니다. 당시 헝가리 자연사박물관에서는 빙하기를 주제로 특별전을 하고 있었는데, 특별전도 흥미로웠지만 저는 헝가리의 자연유산과 함께 헝가리 민족의 기원인 마자르(Magyar)족의 유래를 소개하는 상설 전시 코너가 인상적이었습니다. 자연사박물관도 역사박물관처럼 민족의 자부심을 고취시키면서 한 국가의 과거, 현재, 미래의 모습을 방문자들에게 생각하게 해주는 곳이라는 인상을 받았지요. 안타깝게도 한국에는 시립/사립/대학 부설 자연사박물관은 있지만, 국립자연사박물관이 아직 없습니다.

헝가리 자연사박물관과 국립생물자원관의 인연은 그 뒤로도 쭉 이어져서 2년 뒤인 2010년에는 두 기관 사이에 업무협약을 맺고 헝가리 연구진을 한국으로 초청하기도 했습니다. 헝가리 자연사박물관과의 공동연구 성과로 제가 일하는 국립생물자원관에서는 곤충 모식 표본 자료집도 발간하고 북한 곤충 표본을 일부 기증받아 국립생물자원관 곤충 수장고에 보관하게 되었습니다.

개인적으로는 제 전공 분야인 메뚜기목의 헝가리 자연사박물관 소장 표본 데이터를 바탕으로 북한의 메뚜기목 목록을 논문으로 발표했습니다. 그중에서 제일 인상적인 것은 북채수염수중다리메뚜기(*Gomphocerus kudia*)라는 종이었습니다. 이름도 길고 형태도 별난 이 메뚜기는 이름 그대로 더듬이 끝마디가 북채처럼 볼록하고 수컷의 앞다리가 수중다리(부종으로 인해 퉁퉁 부은 다리) 형태로 굵게 발달한 특징이 있습니다. 일제강점기인 1939년 경성제국대학교 교수였던 모리 타메조(森爲三)와 조복성 박사가 북한의 함경도 차일봉에서 북채수염수중다리메뚜기를 처음 보고했는데, 뚜렷한 생김새에도 불구하고 그동안 남한에서 전혀 관찰할 수 없었던 이유는 이 종이 대표적인 북방계 메뚜기이기 때문입니다.

헝가리 자연사박물관 수장고의 북한산 표본을 살필 때 저는 특히 남한에서 보지 못한 메뚜기를 찾으려고 주의 깊게 관찰했습니다. 북채수염수중다리메뚜기도 그렇게 살펴본 가운데 발견하게 된 표본이었습니다. 라벨에는 '1971년 삼지연'이라는 북한 지명이 붙어 있었고 독특한 생김새가 단번에 눈에 들어왔지요. 북채수염수중다리메뚜기의 수컷이 맘에 드는 암컷 앞에서 더듬이를 살랑거리고 앞다리를 북 치듯 두드리는 행동은 유튜브 동영상에서 확인할 수 있습니다. 곤충학자로서 북한 지역에 서식하는 북채수염수중다리메뚜기의 행동을 영상이 아닌 직접 관찰할 수 있는 기회가 어서 왔으면 좋겠습니다.

2015년 1월, 헝가리 자연사박물관과 러시아 토양과학연구소 전문가와 이틀 동안 이메일을 계속 주고받은 적이 있습니다. 시작은 헝가리 자연사박물관의 메뚜기목 컬렉션 담당자인 푸스카스 박사의 요청으로 제 저서인 《한국의 메뚜기 생태도감》을 헝가리 자연사박물관에 보내면서부터입니다. 보내준 책을 잘 받았다고 하면서 답장이 왔는데, 도감의 서문에서 메뚜기목의 계통을 설명하는 쪽에 실린 아주 작은 사진에 대해 강도래 전문가가 메일을 보낼 것이라는 내용이 있었습니다. 그가 말한 강도래 전문가는 이미 헝가리와 한국에서 만난 적 있는 다비드 무라니 박사였습니다. 무라니 박사는 도감의 서문에 실린 강도래 사진이 한국에서 찍은 것이 맞느냐는 질문과 함께 그 종이 바로 엊그제 러시아에서 신종으로 발표된 개체로 보인다고 전했습니다(이로부터 몇 년 후 '엄지강도래'로 국명이 정해졌습니다). 그는 이와 관련해서 자신의 메일을 러시아 강도래 전문가에게 전달한다는 말을 덧붙였습니다.

도감의 서문에 실린 그 사진은 강원도 방태산에서 찍은 것이었

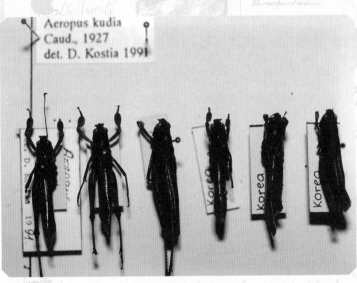

Aeropus kudia
Caud., 1927
det. D. Kostia 1991

북채수염수중다리메뚜기

엄지강도래

는데, 꽤 크기가 큰 강도래로 흑백 무늬가 인상적이어서 제가 정확한 촬영 장소를 기억하고 있었습니다(메뚜기가 아니라 표본은 채집하지 않았습니다). 한국에서 찍은 사진이지만, 당시에 정확한 종명을 알 수 없어서 메뚜기 생태도감에 메뚜기와 계통적으로 연관 있는 강도래목의 대표 사진으로 작게 실었을 뿐이었지요. 그런데 그 작은 참고 사진으로부터 단서를 놓치지 않고 헝가리의 메뚜기 전문가가 자신의 동료인 강도래 전문가에게 전달했고 그 강도래 전문가는 타국의 또 다른 강도래 전문가에게 자료를 공유했던 것입니다. 국적을 뛰어넘어 꼬리에 꼬리를 무는 연구와 탐색이라고나 할까요?

극동 러시아 연해주의 생물상은 한반도와 거의 유사하고, 오히려 북방 지역의 생물상 진화는 한반도(북한)가 지리적 진화의 중심지가 아닐까 생각하고 있었기에, 러시아 강도래가 강원도에서 발견되었다는 점이 그리 놀라운 일은 아니었습니다. 제가 오히려 탄복했던 지점은 전문가들의 적극적인 의사소통 과정과 작은 단서도 놓치지 않고 탐구하는 열정이었습니다. 이 일을 통해 국적은 다르지만 같은 길을 걷고 있는 동료 연구자들의 정보력과 열정이 남다르다는 것을 느끼고 저도 큰 자극을 받았습니다. 이후로도 계속 헝가리 자연사박물관 연구자들과 이메일로 소식을 교류하거나 방문 초청 프로젝트 등을 통해 인연을 이어가고 있습니다. 해외 학자들과의 교류는 이렇게 원활하게 잘 이루어지는 데 반해, 가까운 북한과의 학문적 교류는 요원한 일일 것 같아 안타까운 마음입니다. 하루빨리 북한 곤충학자들과도 장벽 없이 서로의 학문적 성과를 허심탄회하게 나눌 수 있기를 바라봅니다.

3부

곤충들에게
배우는
삶의 지혜

옛말 속에
살아 있는 곤충들

숲은 고요한 것처럼 보이지만, 그 속에서 동물들은 얼마나 활기차게
움직이고 있는지. 파고, 갉고, 물고, 먹이를 찾고, 덤불 사이를 돌아다니고,
조용히 늪을 건너고. 곤충 무리는 햇빛 아래에서 춤을 추고 있다.

— 존 뮤어(환경운동가)

숲에서 곤충 수업을 할 때, 저는 종종 사람들과 함께 북한산에
가곤 합니다. 북한산은 제가 유년기를 보낸 장소이기도 합니다. 산
세가 수려할 뿐만 아니라 국립공원(제15호)으로 지정되어 도심 속
쉼터 역할을 톡톡히 하는 곳이지요. 그 길을 걷다 보면 추억들이 떠
올라 고향에라도 온 것 같은 기분이 들기도 합니다.

당시 저는 은평구의 한 초등학교에 다녔는데, 집에서 학교까
지 다니는 버스가 없어서 30분이나 되는 거리를 매일 걸어서 오가
곤 했습니다. 지금이야 뉴타운이 조성되어 많은 사람들이 모여 사
는 부도심의 기능을 하고 있지만, 제가 어릴 적만 해도 시외버스 터

미널이 있을 정도로 시골 변두리 같은 지역이었거든요. 매일 왕복 1시간을 걸어서 학교를 다니는 일이 쉽지는 않았지만, 그럼에도 불구하고 지치지 않고 즐겁게 학교를 다닐 수 있었던 건 통학 길에 만났던 신기한 곤충들 덕분이었던 것 같습니다.

그 뒤 중·고등학교 시절은 잠시 다른 곳에서 지냈고, 대학 입학 후 다시 예전에 살던 그 동네로 돌아왔습니다. 여름이면 북한산 계곡에서 친구들과 멱을 감거나 야영도 하고, 구두를 신고 혼자 산에 올랐다가 바위벽 코스에서 미끄러져 낭떠러지로 떨어질 뻔한 아찔한 사건도 겪었지요. 어쩌면 제가 곤충학자가 될 수 있었던 가장 큰 바탕은 북한산의 존재이지 않을까 싶습니다. 그곳에서 만난 곤충들은 저의 가장 흥미로운 관찰 대상이었으니 말입니다.

날씨와 장소, 관찰 대상과 얘깃거리 등이 모두 잘 맞으면 재미있는 곤충 수업이 이루어집니다. 생각지도 못한 곤충이 불쑥 나타나면 더 반갑습니다. 하지만 눈에 불을 켜고 찾아도 관찰할 만한 곤충이 없어 난감한 날도 간혹 있습니다. 그럴 때면 수업 참가자들이 주변에 있는 식물이며 조류 등 다른 수업 시간에 배운 것들에 눈을 돌려 복습하는 분위기로 흘러가기도 합니다. 그러고 보면 숲에서 진행되는 곤충 수업은 그야말로 각본 없는 드라마입니다.

수업 장소도 중요하지만, 수업 참가자들의 사전 지식도 수업 분위기를 좌우하는 중요한 포인트입니다. 언젠가 한번은 '숲연구소' 수강생들과 곤충을 보러 북한산 자락에 막 들어섰는데, 강사인 저만 남겨놓고 모두들 산 위로 훌쩍 올라가버리는 일이 있었습니다. 제가 만류할 틈도 없이 말이지요. 사실 곤충은 보통 숲속 그늘보다

양지바른 초입에 많습니다. 산 위로 갈수록 환경이 단조롭고 관찰 가능한 면적이 좁아 다양한 곤충을 보기 어렵습니다. 당황한 저는 잠시 멍해진 채로 자리에 멈춰 섰다가 급히 정신을 차리고 숲으로 올라가는 분들을 불러 세웠습니다. 어찌된 사정인지 들어보니 수강생들께서 바로 전 시간에 새(조류) 수업을 들으셨다고 하더군요. 조류 수업은 곤충 수업과 달리 사람의 간섭이 적고 조용한 숲속에서 진행됩니다. 이렇게 무엇을 관찰하느냐에 따라 같은 숲 안에서도 이동 경로와 관찰자의 시선, 취하는 행동의 스타일이 모두 다릅니다.

수업 참가자들과 숲에서 대화를 나누다 보면 모두들 어린 시절로 돌아가는 것 같습니다. 그중에서도 나이 지긋한 분들의 이야기는 듣는 재미가 더 쏠쏠합니다. 이를테면 벌에 쏘였을 때는 된장을 발랐다거나, 상처에 이똥(치태)을 발랐다는 이야기 같은 것들이요. 먹을 게 별로 없던 시절에는 왕개미의 꽁무니를 빨아 시큼한 식초 맛을 느끼기도 했답니다. 이런 행동들은 요즘 기준에서 보면 비위생적이거나 위험천만한 일들입니다. 그렇기 때문에 이런 행위들을 그대로 따라 해서는 안 되겠지요. 다만, 이런 이야기들에 눈살을 찌푸리기보다는 오래전 우리 선조들의 곤충 문화로 이해했으면 하는 것이 곤충학자로서의 바람입니다.

민간에 흘러 다니는 경험담 말고도 곤충과 곤충의 생태에 대한 우리 선조들의 시선을 엿볼 수 있는 것 중 하나가 바로 속담입니다. 옛 속담을 잘 살펴보면 자연을 직접 관찰한 내용을 바탕으로 한 것들이 많습니다. 그렇기 때문에 옛 속담을 통해 지금은 주변에서 보

등으로 기어가는 굼벵이

기 어려운 곤충들의 생태를 짐작해볼 수 있습니다. 다음의 속담을 한번 보실까요?

• 굼벵이도 구르는 재주가 있다.
• 굼벵이가 지붕에서 떨어지는 것은 속셈이 있어서다.

실제로 굼벵이가 구르는 모습을 본 분이 계실까요? 요즘에는 대부분 콘크리트로 지어진 주택 생활을 하기 때문에 생활 속에서 굼벵이를 보기가 쉽지 않지만, 초가집이 많던 시절에 굼벵이는 우리에게 친숙한 곤충이었습니다. 새로 초가지붕을 얹는 날이면 낡은 지푸라기 더미 속에 숨어 있던 굼벵이를 많이 볼 수 있었지요. 굼벵이는 다리가 짧아서 잘 움직이지 못하는데, 자세히 살펴보면 등을 바닥에 대고 누워 물결 운동을 하듯 기어갑니다. 앞에서 말씀드린 두 속담은 이런 굼벵이의 모습에서 만들어진 속담인 것이지요.

우리 속담에는 이, 빈대, 벼룩, 파리처럼 사람을 귀찮게 하던 위생곤충(인간에게 직·간접적으로 병원체를 옮겨 해를 주는 곤충)이 많이 등장합니다. 대개 농촌의 생활공간인 방, 마루, 부엌, 곳간, 마당, 지붕 같은 곳에서 쉽게 마주칠 수 있는 곤충들이었지요. 국립농업과학원의 박해철 박사님은 옛말 속에 등장하는 곤충 종류를 분석하기도 했습니다.[1] 곤충을 통해 우리의 문화와 생태의 복원을 도모할 수 있는 아주 귀한 작업을 한 것이지요. 옛말 속 곤충 이야기를 조금 더 해볼까요? 다음 속담들의 ○○○에 들어갈 곤충 이름을 한번 맞춰보시길 바랍니다.

· ○○○ 무서워 장 못 담근다.
· ○○○도 오뉴월이 한철이다.
· ○○○는 솔잎을 먹어야 산다.
· 처서가 지나면 ○○ 주둥이가 삐뚤어진다.

정답은 각각 구더기, 메뚜기, 송충이, 모기입니다. 우리나라는 전통적으로 농업 사회였기 때문에 농사를 위한 역법으로 24절기에 어울리는 옛말을 많이 남겼습니다. 거꾸로 현대의 우리들은 그 옛말들을 토대로 옛말 속에 등장하는 곤충들의 활동 시기나 생태를 추론해볼 수 있는 것이지요.

2000년 가을, 경북 안동 하회마을에 잠시 들른 적이 있습니다.

속담을 근거로 한 옥외 곤충상

공간	속담(속신어)
숲	그늘 밑 매미 신세다.
	산신 제물에 메뚜기 뛰어들 듯한다.
	메뚜기가 뛰어봤자 풀밭이다.
	민충이 쑥대 오른 기분이다.
밭	영등날 감자를 심으면 굼벵이 먹는다.
	그루밭 개똥불[반딧불이] 같다.
	참깨를 달 밝은 날 밤에 심으면 개미가 물어간다.
	고자리 쑤시듯 한다.
	봄 배추밭에 나비가 날면 끝장이다.
길	버마재비[사마귀]가 수레를 가로막는다.
논	가을 멸구는 낟가리도 먹는다.
	십 년 일작에 멸구가 원수다.
	쪽나무 잎이 피기 전에 파종하면 이화명충이 생긴다.
	못자리에 거미가 뜨면 풍년이 든다.
물가	잠자리가 맹구쟁이[수채] 적 생각 못한다.
	처서가 지나면 메밀잠자리가 나온다.
	개똥벌레 높이 날면 바람이 불지 않는다.
기타	저녁에 하루살이가 날면 비바람이 온다.
	고추잠자리가 낮게 날면 비가 온다.
	집게벌레도 집은 있다.
	쇠똥벌레[소똥구리] 떠밀 듯한다.

옛 모습 그대로 보존된 집의 화단에는 호랑나비, 흰나비가 종류별로 날아들고 진흙 벽에는 작은 벌들이 집을 지어 쉴 새 없이 드나들고 있었습니다. 오래전 농촌 풍경이 저절로 머릿속에 그려지며 아마도 신사임당이 살던 시절의 곤충들의 모습이 이러지 않았을까 회상했습니다.

농촌 되살리기 운동과 더불어 최근에는 어메니티(amenity, 인간이 살아가는 데 필요한 종합적인 쾌적함)를 추구하는 데 필요한 구성 요소로 곤충이 부각되고 있습니다. 이는 농업의 생산성 측면만 놓고 본다면 곤충은 농업을 방해하는 해충으로 없애야 할 대상이지만, 사람과 자연을 공생 관계로 바라보면 곤충들의 존재 덕분에 비로소 농촌 환경을 친근하고 평온하게 느낄 수 있다는 개념입니다. 표에 정리된 곤충이 등장하는 속담을 살펴보면 과거 농촌에서 생활하던 우리 조상들의 모습이 떠오릅니다.

농사를 지을 때 날씨는 매우 중요합니다. '거미줄에 이슬이 맺히면 날이 맑다'라던가, '잠자리가 낮에 날면 비가 온다' 같은 말은 오늘날 보다 과학적인 데이터를 근거로 날씨를 예보함에 따라 사용할 일이 거의 없어졌습니다. 또 주거 형태의 변화로 과거에 집 안에서 사람을 괴롭히던 이, 빈대, 벼룩, 파리도 많이 사라져 그 곤충들이 등장하는 속담을 사용할 일도 거의 없어졌죠.

과학의 관점에서 옛말을 들여다보면 어떨까요? 혹시 '나비 날개를 잡은 손으로 눈을 비비면 장님이 된다'라는 이야기를 들어보셨나요? 어렸을 때 많이 듣던 얘기지만, 의학계에서 실제 사례가 보고된 적은 한 번도 없습니다. 이 말에는 가냘픈 나비를 함부로 잡거나 만지지 말라는 뜻이 담긴 게 아니었을까요? '봄에 처음 본 나비가 흰나비면 재수가 없고, 노란 나비면 재수가 있다', '봄에 처음 본 나비가 흰나비면 상주(喪主)가 된다' 같은 얘기들은 흰 색깔은 상복을 떠올리게 해 재수가 없고 황색은 황금 혹은 동전의 색깔을 상징해 복이 올 것이라는 속설을 반영한 것이겠지요. '사마귀가 손에 오줌을 싸면 사마귀가 생긴다'라는 말도 종종 하는데, 이는 동음이의어에서 온 오해일 뿐 피부에 생기는 사마귀는 곤충 사마귀 때문이 아니라 파필로마(Papilloma) 바이러스가 원인입니다. 자연을 해설할 때 운치 있는 옛말을 잘 활용하면 분위기를 돋우는 데 도움이 되지만, 그것이 민간 속설인지 과학적 근거가 있는 말인지는 한 번쯤 되짚었으면 합니다.

오늘날 급속한 도시화로 인해 인간과 자연 생명체 사이에 단절이 일어나면서 낯선 곤충을 불청객으로 간주한 괴담이 확대 재생산되는 것 같습니다(이에 대한 구체적인 이야기는 뒤에서 자세하게 다루도록 하겠습니다). 안타까운 일입니다. 곤충이 등장하는 우리의 옛 속담을 들여다보면 과거 농경 사회에서는 곤충을 사람과 공존하는 존재로 대했음을 알 수 있습니다. 또한 곤충을 다양한 인간사를 투영한 비유의 대상으로 삼기도 했지요. 이제는 예전만큼 일상생활에서 옛 속담을 사용할 일이 많지는 않지만, 선조들이 남긴 곤충 속담들을 통해 우리 주변의 곤충들을 친근한 존재로 바라보는 시선을 갖는 것은 어떨까요?

작은 존재의
독한 생존 전략

곤충은 악의가 아니라 살기 원해 찌른다.
그들은 우리의 고통이 아니라 우리의 피를 원한다.

— 프리드리히 니체(철학자)

곤충을 연구하다 보면 책에서 보았던 내용을 검증하고 확인하고자 저나 동료를 대상으로 생체 실험(?)을 감행할 때가 있습니다. 연구자의 숙명이라고나 할까요? 박사 과정 중이던 2004년 가을, 실험실 후배와 곤충 모니터링을 위해 경기도 포천의 주금산을 찾았습니다. 천천히 산을 돌고 있는데, 진한 남색 광택의 곤충이 느릿느릿 길을 건너는 것을 발견했습니다.

"애남가뢰다!"

가뢰(가래)는 비교적 눈에 잘 띄는 독충으로 유명한데, 남색이 돌면 남가뢰(*Meloe*), 까만색이 돌면 먹가뢰(*Epicauta*), 파란색이 돌면 청가뢰(Lytta)라고 부릅니다. 가뢰는 몸속의 독성분을 자랑하듯 사람의 시선을 아랑곳하지 않았습니다. 발길을 멈추고 가방에서 장(長) 핀셋을 꺼내 툭 건드리니 가뢰는 죽은 척하며 몸을 뒤집었고, 다리 관절부에서 진한 노란색 체액을 내뿜었습니다. 반사 출혈(reflex bleeding)이라고 불리는 현상입니다. 문득 말로만 듣던 가뢰의 독성을 실험해볼 절호의 기회라는 생각이 스쳤습니다.

"팔소매 좀 걷어봐."

저는 머뭇거리는 후배를 구슬려 딱정벌레를 연구하는 학자라면 이 정도는 각오해야 하지 않겠냐며 호기심 반, 강요 반으로 실험을 재촉했습니다. 물론 후배도 두려움보다는 연구자로서의 호기심이 앞섰기에 선뜻 팔뚝을 내밀었습니다. 저는 앞으로 어떤 파장(?)이 다가올지 예상하지 못한 채, 가뢰의 노란 체액을 후배 팔뚝에 문질렀습니다. 처음엔 조금만 발라 보았는데, 그 정도로는 유의미한 결과가 포착되지 않으리라는 의구심이 들어 과감하게 5×5제곱센티미터 면적으로 가뢰의 체액을 더 발랐습니다. 후배에게 미안한 마음에 제 팔뚝에도 약간(1센티미터 미만의 크기)만 발라 보았습니다.

처음에는 아무 느낌이 없었습니다. '이거 뭐 아무렇지도 않잖아?' 그런데 한 30분쯤 흘렀을까요? 체액을 묻힌 부위가 점점 뜨거워지기 시작했습니다. 파스를 붙인 것처럼 후끈후끈 달아오르는 느낌이었습니다. 조금 바른 저도 그 정도였으니 후배는 괜찮은가 싶어 물어보니 후배의 팔뚝은 이미 풍선처럼 부풀어 올라 커다란 물집이 잡혀 있었습니다! 모니터링을 마치고 산을 내려갈 무렵엔 결국 물집이 터져 상처까지 생겼고, 다 낫기까지 한참 시간이 걸렸습니다. 당시의 무모한 실험을 증명하듯 그 후배의 팔뚝에는 아직도 시커먼 흉터가 남아 있습니다. 지금 다시 생각해도 후배에게 무척 미안한 일이지만 덕분에 곤충 수업 시간에 이 이야기를 단골 소재로 삼아 독충에 대한 강의를 실감 나게 하고 있습니다.

가뢰의 체액에는 칸타리딘(Cantharidin)이라는 독성분이 포함되어 있는데, 예로부터 강한 발열과 수포를 형성하는 것으로 알려졌습니다. 그래서 피부에 난 사마귀를 없애는 데 쓰이거나 성병 치료제, 음독약으로 쓴 기록 등이 있습니다. 이와 관련하여 조복성 교수가 쓴 '독약 제조의 최고 권위 청가래' 이야기가 있습니다.

때마침 일본 제정하의 시대인지라, 당시의 조선총독부 경무국으로부터 필자가 일보고 있던 경성제대 예과로 어떤 벌레의 감정을 의뢰하여 왔다. 끄집어 내어보니 〈청가래〉였다. 감정 의뢰의 이유를 물었더니, 일본 오사카(大阪)에 가 있는 우리 동포가 성병에 걸려 신음하다가 경북 대구에서 한약을 지어간 것이 즉 이놈이다. 성병의 명약이라고 하여 사다 먹었더니 즉사했기 때문에 그 사실 여부를 조사하겠다는 것이다. 이 사실에 힌트를 얻어 현 약학대학장 도봉섭 씨와 동 대학 교수 심학진 씨가 이놈으로 연구하여 만들어낸 성병의 영약이 즉 이것이다.[2]

실제로 가뢰는 서양에서도 여전히 검증되지 않은 발기부전 치료제(비아그라 같은) 또는 최음제로 이용되고 있습니다. 일명 '스패니쉬 플라이(Spanish fly)'라는 이름으로 팔리고 있는 상품이 바로 유럽

산 말린 가뢰 가루입니다. 칸타리딘 성분은 몸속에서 (특히 비뇨기계에서) 강한 작열감을 일으키는데, 이 효과가 소변을 보기 어렵게 만들고 발기 상태를 유지하게 만들지만 신장에 큰 문제를 일으킬 수 있습니다.

1869년 북아프리카 알제리 주재 프랑스군에서 일어난 의료사고 기록은 매우 흥미롭습니다.[3] 부대 병사들 사이에서 집단적인 발기 증상이 지속되어 원인을 찾아보니 휴식 시간에 잡아먹은 개구리 다리 요리가 문제였습니다. 가뢰를 잔뜩 잡아먹은 개구리를 식용한 병사들에게 칸타리딘 효과가 발생한 것이지요.

화상 하면 떠오르는 또 다른 곤충이 있습니다. 방구벌레라고도 부르는 폭탄먼지벌레(*Pheropsophus*)입니다. 폭탄먼지벌레는 배 속에 이른바 '가스 제조실'을 갖추고 있는데, 위급 상황 시 순간적으로 100도에 달하는 뜨거운 휘발성 물질을 뿜을 수 있어 조심해야 합니다. 손으로 잘못 잡으면 상당히 뜨거운 느낌이 있고, 피부가 벗겨질 정도는 아니지만 화학물질에 의해 어두운 색깔로 착색되어 한참 동안 흔적이 남습니다.

폭탄먼지벌레는 여름철 야간에 시골 논밭 주변을 다니다 보면 자주 눈에 띄는 곤충입니다. 야행성 곤충을 조사하기 위해 함정 트랩(Pit-ball trap)을 설치하면 특정 시기에 폭탄먼지벌레가 많이 빠져 있곤 했습니다. 오후에 트랩을 설치하고 이튿날 아침에 수거하러 가면 한 컵에 수십 마리의 폭탄먼지벌레가 한가득이었지요. 그중에는 이미 죽은 것도 있고 살아 있는 것도 있었는데, 좁은 공간에서 자기들끼리 폭탄을 터뜨려 서로 상해를 입힌 것입니다. 폭탄먼지벌

애남가뢰 실험

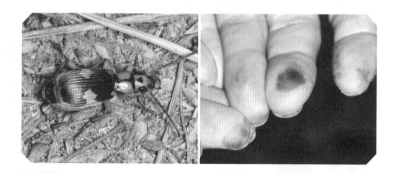

폭탄먼지벌레에 의한 화상

레는 자연 다큐멘터리에 단골로 등장하는데, 두꺼비가 잡아먹으려고 덮치는 순간, 배 끝에서 뜨거운 화학물질을 연발로 발사해 두꺼비가 도로 뱉어내게 만드는 장면이 인상적입니다. 저도 폭탄먼지벌레의 폭탄 세례를 받은 경험이 있습니다. 함정 트랩에 빠진 개체수를 세기 위해 죽은 녀석을 핀셋으로 건드리다가 그만 제 얼굴 앞에서 폭탄이 터져 식겁했지요. 완전히 죽은 상태가 아니라 배 부분이 살아 있었던 것입니다.

2019년 뉴스에서 갑자기 '화상벌레'가 등장한 적이 있습니다. 뉴스를 처음 들었을 때 저는 가뢰나 폭탄먼지벌레가 아닐까 생각했습니다. 피부에 닿으면 화상을 입힌다고 일명 화상벌레라고 부른다는데, 자료화면을 보니 청딱지개미반날개(*Paederus fuscipes*)였습니다. 이 곤충은 위생곤충학 교재에 등장해 알고 있었지만, 실제 사례를 접한 것은 처음이었습니다. 청딱지개미반날개는 칸타리딘과는 다른 페데린(Pederin)이라는 독성분을 혈액에 함유하고 있는데, 피부에 이 물질이 닿으면 물집과 발진 등 피부염이 일어나는 것은 비슷합니다.

화상벌레 뉴스가 보도된 이후, 일각에서 청딱지개미반날개가 베트남에서 온 벌레이고 동남아 사람들 때문에 퍼졌다는 가짜뉴스가 횡행했습니다. 베트남에서 'Kien ba khoang'으로 불리는 청딱지개미반날개가 오래전부터 피해를 일으켜온 것은 사실입니다. 최근 베트남에도 아파트나 신도시 건설이 활발히 이루어지면서 이 곤충으로 인해 피해가 많이 생겼고 베트남 여행객들로부터 이 곤충에 대한 이야기가 전해지면서 가짜뉴스가 확대 재생산된 것으로 보

청딱지개미반날개

입니다. 그러나 청딱지개미반날개는 예전부터 우리나라에 살고 있던 자생종입니다. 자료를 찾아보니 1968년부터 지역에 따라 집단 발생한 사례가 몇 차례 보고된 적이 있었습니다.[4] 인가 주변에 이들이 주 서식처로 살 만한 논밭이나 습지 환경이 갖추어져 있고, 밤에 주택에 불이 켜져 있으면 불빛을 따라 집 안에 들어올 수 있습니다. 그러나 방충망 시설을 잘 관리하고 피부에 닿지 않도록 주의한다면 크게 해가 될 게 없는 곤충입니다.

독충의 이용에 관한 해외 사례를 소개하며 이번 장을 마무리할까 합니다. 세계적으로 독을 생산하는 동물을 이용하는 방법은 인류의 전통 지식 중 하나로 전해져왔습니다. 남아프리카에는 잎벌렛과(Chrysomelidae)의 일종인 'Diamphidia nigroornata'라는 딱정벌레가 살고 있습니다. 이 곤충의 애벌레와 번데기는 몸속 혈액에 디암포톡신(Diamphotoxin)이라는 독성분을 품고 있는데, 나미비아 사막의 부시맨들은 땅속에 살고 있는 이 애벌레를 찾아내서 으깬 다음, 화살촉에 발라 동물 사냥에 사용합니다. 디암포톡신은 신경독의 일종으로 근육을 마비시키는 효과를 일으키므로 사냥에 유용하기 때문입니다.

국립생물자원관에서는 우리나라 자생 곤충을 탐색하여 말벌이나 거미 같은 독충의 독물로부터 항염, 항산화 등 기능성 물질을 탐색하는 연구, 독이 사람에게 도움이 될 수 있는지 알아보는 역발상 연구 등이 진행되고 있습니다. 독은 본래 먹이피라미드의 아래에 있는 생물이 위에 있는 생물, 즉 포식자에게 대항하기 위해 개발한 화학물질로 소량으로도 큰 효과를 일으킵니다. 독이 있는 곤충은 아무리 크기가 작아도 결코 만만하게 볼 수 없습니다. 작은 미물이라고 업신여기거나 함부로 대하지 말아야 하는 것이지요. 곤충의 독은 말 그대로 작은 존재의 독한 생존 전략입니다.

곤충의 변신은 무죄

자연에서 불쾌한 애벌레는 사랑스러운 나비로 변한다.
그러나 인간에게는 그 반대다.
사랑스러운 나비가 불쾌한 애벌레로 바뀐다.

— 안톤 체호프(작가)

가족을 위해 상점의 판매원으로 고달픈 생활을 반복해오던 그 레고르 잠자는 어느 날 아침 불안한 꿈에서 깨어났을 때 침대 속에서 자신이 한 마리의 커다란 벌레로 변해 있는 것을 발견한다. 문밖에서는 그의 출근을 재촉하는 부모와 여동생의 소리가 들리고 한 시간도 채 못 되어 상점에서 지배인이 달려와 출근을 조른다. 그레고르는 이들의 요구에 응하지 못하여 번민한다. 잠겨 있던 방문이 열리고 벌레로 변신한 그레고르를 보는 순간 아버지, 어머니, 여동생, 지배인은 모두 놀라고 그를 한낱 독충으로 간주한다.

프란츠 카프카(Franz Kafka)의 소설 《변신(Die Verwandlung)》의 한 대목입니다. 오래전 번역본의 제목은 《변태(Metamorphosis)》였는데, 요즘은 변태라는 말이 다른 상황(?)에서 많이 쓰이면서 '변신'이라고 바꿔 말하는 것 같습니다. 사람이 벌레로 변하는 것은 소설 속 상황이지만, 곤충이나 양서류는 성충이나 성체가 되는 과정에서 모습이 급격히 달라지는 자연스러운 현상을 겪습니다. 배추벌레에서 배추흰나비가 되고 올챙이에서 개구리가 되는 것이 변태입니다.

그동안 곤충을 가까이에서 많이 관찰했지만, 가장 인상적인 장면은 역시 허물을 벗는 순간입니다. 곤충의 변태와 관련한 오래전 기억은 외할머니를 따라 북한산에 올라갔을 때로 거슬러 올라갑니다. 6·25 전쟁 때 북에서 피난을 내려오신 외할머니는 '찔레꽃 붉게 피는 남쪽 나라 내 고향~' 노래를 흥얼거리며 자주 산을 오르곤 했습니다. 어느 날 할머니를 따라 북한산 정상에 다다라서 잠시 쉴 때였습니다. 머리맡에 있던 낮은 소나무 한 그루에 눈에 띄는 작은 노란색 곤충 여러 마리가 붙어 있는 모습이 보였습니다. 자세히 살펴보니 갓 허물을 벗어 노란색인 작은 매미였지요. 나중에 책을 찾아보니 솔거품벌레(Tilophora flavipes)라는 매미목 곤충이었습니다.

숲에서 해설사 선생님들과 곤충 수업을 할 때의 일입니다.

"선생님, 얘는 얘의 새끼인가 봐요?"

해설사 선생님이 가리키는 곳을 쳐다보니 이름도 비슷하고 무늬도 비슷한 남생이무당벌레와 꼬마남생이무당벌레가 서로 가까이 있었습니다. 남생이무당벌레(Aiolocaria hexaspilota)와 꼬마남생이무당벌레(Propylea japonica)는 어미와 새끼의 관계가 아니고 서

1 꼬마남생이무당벌레 성충   2 남생이무당벌레 성충
3 꼬마남생이무당벌레 유충   4 남생이무당벌레 유충

로 전혀 다른 종류입니다. 하지만 크기만 놓고 보면 꼬마남생이무당벌레를 남생이무당벌레의 새끼라고 오해할 만합니다. 저는 초보자가 이 두 곤충을 처음 보았다면 '아하, 그렇게 생각할 수 있겠구나!' 하는 생각이 들었습니다. 저는 곤충의 변태에 대해서 생생하게 알려줄 수 있는 순간이라는 생각이 들어, 다음과 같은 질문을 던졌습니다.

"무당벌레는 무슨 변태를 하지요?"

"가만 있자, 완전변태인가요? 불완전변태는 아닌 것 같고….'

무당벌레는 완전변태를 겪는 곤충으로, 애벌레는 길쭉하고 뾰족한 돌기가 있어 성체와 생김새가 완전히 다릅니다. 완전변태와 불완전변태의 차이는 번데기 시기의 유무로 번데기 시기가 없는 불완전변태 곤충은 유충과 성충의 모습이 비슷하지만, 번데기 시기가 있는 완전변태 곤충은 유충과 성충의 모습이 전혀 딴판입니다.

이와 비슷한 상황은 섬서구메뚜기(*Atractomorpha lata*)나 방아깨비(*Acrida cinerea*)의 암수를 보면서도 벌어집니다. 크기가 작은 녀석이 큰 녀석 등에 올라타 있으면 곤충의 생태를 잘 모르는 사람들은 이 장면을 처음 보고 어미 등에 매달린 새끼라고 생각할 수 있습니다. 그러나 사실은 크기가 작은 수컷이 짝짓기를 위해 커다란 암컷 등에 올라간 상황입니다. 곤충의 수컷은 대체로 크고 뚱뚱한 암컷을 좋아합니다.

곤충의 외형을 보고 성별을 혼동하는 일도 있습니다. 매미와 여치 같은 경우 특히 그렇습니다. 숲에서 곤충 수업을 하다가 매미를 잡아서 보여드리며 암컷일지 수컷일지 질문을 던지면 형태만 보고 성별을 오인하는 경우가 많습니다. 예를 들어 배 끝에 뾰족한 것이 나와 있는 매미를 보고 수컷이라고 하는 것이지요. 그러나 사실 배 끝의 뾰족한 부분은 수컷의 생식기가 아니라 암컷이 알을 낳는 산란관입니다. 매미, 여치, 귀뚜라미 등의 암컷은 배 끝에 칼처럼 뾰족하게 튀어나온 특유의 산란관을 갖고 있습니다.

자연 속에서 살아남기 위해 곤충들은 다양한 모습으로 변신합니다. 우선 새똥을 닮은 벌레들이 많습니다. 새똥하늘소, 민새똥거미, 배자바구미 등은 얼핏 보면 얼룩덜룩한 모습이 새똥과 매우 흡사합니다. 곤충의 가장 큰 천적은 새인데, 이 새가 가장 관심 없는

진짜 새똥은 무엇일까요?(정답은 하단에)

것은 자신이 싼 똥입니다. 그래서인지 많은 곤충들이 새똥을 닮았습니다.

　새똥 못지않게 많은 곤충들이 개미와 무척 닮았습니다. 예를 들자면 톱다리개미허리노린재, 개미거미, 개미벌 등이 그렇지요. 이름에도 형태적 특성인 '개미'가 들어갑니다. 개미는 어디에나 흔히 존재하지만, 강한 공격력을 지닌 만만치 않은 상대라서 개미의 모습을 흉내 내는 곤충들이 생태계에는 많습니다.

　나뭇가지를 닮은 자벌레와 대벌레도 유명합니다.

　"초보자는 곤충을 나뭇가지로 착각하지만, 전문가는 나뭇가지

정답: 　**1** 민새똥거미 　**2** 배자바구미 　**3** 새똥하늘소 　**4** 새똥

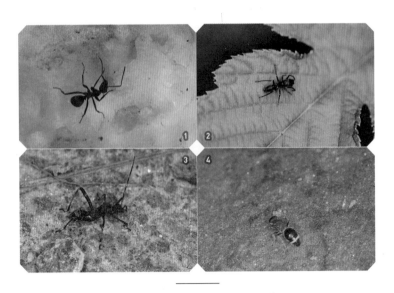

진짜 개미는 무엇일까요?(정답은 하단에)

를 자꾸 곤충으로 착각하지요."

　미소나방을 전공한 안능호 박사님과 의태 현상이 일으키는 착
각을 이야기하다 공감이 가서 한바탕 웃었던 기억이 납니다. 이처
럼 다양한 모습으로 위장한 곤충은 처음엔 찾기 어렵지만, 관찰 경
험이 쌓이면 숨은 모습이 잘 보입니다. 곤충은 명확한 좌우대칭 동
물이기 때문입니다. 의태와 보호색은 숨은그림찾기처럼 야외 곤충
수업의 재미있는 주제입니다.

　한번은 수리산 자연학교 선생님들과 산을 오르는 도중, 풀줄기
에 거꾸로 매달린 갈색여치를 발견했습니다. 제 경험상 이 녀석은

정답: **1** 곰개미 　**2** 개미거미 　**3** 톱다리개미허리노린재 　**4** 개미벌

탈피할 곳을 찾아 자리를 잡은 것이었습니다.

"선생님들, 이제 곧 갈색여치가 허물을 벗을 것 같은데 내려오는 길에 다시 들러서 보시지요."

아니나 다를까, 저의 예측이 맞았습니다.

"선생님, 진짜 갈색여치가 허물을 벗고 있어요!"

낡은 껍질이 갈라지며 더 커진 여치가 서서히 나오는 장면을 대낮에 현장에서 만나기는 쉽지 않습니다. 모두가 숨을 죽인 채 갈색여치의 탈피를 관찰할 수 있었던 귀한 순간이었지요. 탈피하는 순간은 곤충에게 굉장히 예민한 시기로 천적의 눈을 피해 밤이나 은밀한 곳에서 이루어집니다. 허물벗기를 잘못하면 곤충은 허물을 벗는 중에 혹은 허물을 벗자마자 그대로 생을 마칠 수 있기 때문입니다. 허물벗기는 짧게는 10여 분에서 길게는 한 시간 정도 걸리기도 합니다. 덩치가 클수록 몸의 구조가 복잡해서 많은 시간이 걸립니다. 곤충의 허물벗기가 진행되면 다시는 거꾸로 되돌릴 수 없습니다. 반드시 허물에서 나와야만 합니다. 곤충의 허물벗기를 자세히 관찰하려면 천천히 시간을 들여 봐야 하므로 인내심이 필요합니다. 인간은 그 과정에 개입하지 않고 경이롭게 지켜봐야만 하는 것이지요.

언젠가 한번은 운 좋게도 수업 시간에 매미가 허물 벗는 순간을 포착할 수 있었는데, 매미의 허물벗기가 신기했던 한 수강생이 "선생님, 만져봐도 돼요?"하며 갓 탈피한 매미를 만지려 했습니다. 허물을 벗은 지 얼마 되지 않은 때에 건드리는 것은 곤충에게 매우 치명적입니다. 몸이 말랑말랑하여 자칫 잘못하면 다치거나 휘어져서 이후에 제대로 형태를 유지할 수 없게 되기 때문입니다.

매미의 허물벗기 관찰은 밤에 하면 좋습니다. 낮에 매미가 벗어놓은 허물이 많이 붙은 가로수를 봐두었다가 해가 진 뒤 한두 시간 후 손전등을 들고 다시 찾아가서 보면 매미 애벌레가 나무에 매달려 허물 벗는 장면을 만날 수 있습니다. 좀 더 편안하게 관찰하고 싶으면 애벌레를 집에 데려와 커튼처럼 붙어 있기 좋은 곳에 올려놓으면 됩니다. 저도 그렇게 해서 매미의 허물벗기를 자주 관찰했는데, 우화등선(羽化登仙, 사람이 신선이 되어 하늘로 올라간다는 뜻. '신선 선[仙]' 자와 '매미 선[蟬]' 자는 발음이 같다)이란 사자성어와 딱 맞아떨어지는 모습입니다.

일전에 한 고등학교에서 곤충 특강을 한 적이 있습니다. 월요일 아침 대강당에 전교생이 다 모였는데 그렇게 많은 사람들이 모인 자리에서 하는 강연은 처음이었습니다. 저는 그동안 찍어둔 신기한 곤충 사진을 자료 화면으로 띄우고 곤충의 생태와 한살이 등을 설명하면서 학생들의 주의를 집중시키려고 나름 애를 썼습니다. 하지만 제가 오래전 그랬듯 학생들은 피곤한 표정으로 딴짓을 하거나 졸기 일쑤였습니다. 그러다가 조금 놀라운 장면들이 나오면 잠깐 집중하고 또다시 흐트러지길 반복했습니다. 그 모습이 속상하기보다는 안타까웠습니다. 입시라는 대의명분 앞에서 꿈도 재미도 없이 어쩔 수 없이 옥죄인 시간을 보내고 있는 것 같았기 때문입니다.

그날 저는 강연을 마치면서 마지막으로 호랑나비 번데기가 월동하는 사진을 화면에 띄웠습니다. 그리고 학생들에게 이런 말을 건넸습니다.

겨울나기를 하는 호랑나비 번데기

"춥고 힘든 시기에 움직이지 못하고 나뭇가지에 가만 매달린 호랑나비 번데기입니다. 여러분, 이 시기를 잘 참고 견디면 모두 화려한 나비로 변신해 활짝 날아오를 날이 올 거예요."

수업이 끝나자 학생들은 눈을 반짝이며 자리를 떠났습니다. 곤충의 번데기 시기는 다음 단계를 준비하는 인고의 시간으로 겉으로는 아무 변화가 없어 보이지만, 내부적으로 엄청난 변화를 일으키는 매우 중요한 시기입니다. 그날 학생들에게 던진 마지막 말은 사실 오래전의 저에게 해주고 싶은 말이기도 했습니다.

머리 없는 사마귀의
비밀

알려진 바와 같이 수정 순간에 죽는 곤충이 있다.
따라서 그것은 모든 기쁨과 함께 한다.
삶의 정점에서 가장 빛나는 즐거움의 순간은 죽음을 동반한다.

— 쇠렌 키에르케고르(철학자)

생김새나 체제가 인간과는 전혀 다른 곤충을 사람의 시선으로 이해하기는 쉽지 않습니다. 곤충과 사람은 '생명의 나무(Tree of life)'라는 큰 줄기에서 일찌감치 멀리 갈라져 나와 각기 다른 진화의 길을 걸어왔기 때문입니다. 이번 장에서는 '어떻게 저럴 수 있지?' 하며 의아하게 보게 되는 곤충의 특징에 대해 몇 가지 짚어보도록 하겠습니다.

"선생님, 여기 이상한 매미가 있어요!"

곤충 수업 시간에 숲에서 껍질을 벗고 나오다 죽은 매미를 발견했습니다. 조금만 더 애썼으면 매미로 무사히 자랐을 텐데, 어떤 원인으로 탈피에 성공하지 못하고 죽은 것입니다. 앞에서도 이야기했지만 곤충을 포함한 절지동물은 성장을 위해 낡은 껍질을 벗어던져야만 합니다. 여기서 낡은 껍질은 다름 아닌 외골격입니다.

곤충의 외골격은 단단한 키틴질 성분으로 이루어져 있기 때문에 서서히 자라지 못하고 탈피호르몬의 작용으로 껍질을 벗은 뒤 부드러운 상태에서 확 커졌다가 경화호르몬의 작용으로 다시 단단해지는 과정을 거칩니다. 그래서 개체의 성장 그래프를 그리면 사람의 경우 부드러운 S자 곡선을 나타내지만, 곤충은 껍질을 벗을 때마다 급속히 자라는 계단형 모습을 보입니다. 만약 성장해야 하는 시기에 허물을 벗지 못한다면 곤충은 자신의 낡은 껍질에 갇혀 죽고 맙니다. 대개의 친환경 살충제들은 곤충 내분비계 호르몬의 작용을 교란해 허물벗기 과정을 방해하여 살충하는 원리로 곤충을 박멸합니다. 참고로 외골격은 내골격에 비해 근육이 더 많이 붙는다는 구조적 장점이 있습니다. '개미는 자기 몸집의 50배 되는 물체를 든다'는 말을 들어보셨을 겁니다. 외골격의 이러한 특징은 곤충들이 몸집이 작아도 큰 힘을 발휘하는 이유입니다.

이번에는 뇌를 포함한 곤충의 신경계를 살펴보겠습니다. 사람의 경우 척수를 중심으로 등 쪽에 신경이 배열해 있지만, 곤충은 배쪽에 신경이 위치합니다. 《파브르 곤충기》에 등장하는 침술의 장인인 벌이 곤충을 마취하기 위해 가슴과 배를 공략하는 과정을 생각해보면 이해가 쉽습니다. 그렇다면 곤충에게도 뇌가 있을까요? 크기는 작지만 분명 뇌가 있습니다. 그러나 사람과 비교하면 중앙 집중화가 덜된 뇌입니다. 권력이 분산되어 있다고나 할까요? 척추동물은 뇌가 신체의 모든 기능을 관장하기 때문에 뇌사하면 몸을 움직일 수 없습니다. 그렇지만 곤충은 몸의 중간중간에 작은 신경절(ganglia)들이 뭉쳐 있어 뇌의 기능을 보조합니다. 그래서 뇌가 있는 머리가 훼손된다고 해도 바로 죽어버리나 못 움직이지 않습니다.

"선생님! 여기 사마귀가 짝짓기 하고 있어요. 그런데 한 마리가 머리가 없어요!"

곤충 수업 때 야외에서 사마귀 한 쌍을 만났는데, 머리 없는 수컷이 암컷 등에 붙어 있었습니다. 사마귀는 짝짓기 중에 암컷이 수컷을 잡아먹는 독부라는 사실이 잘 알려져 있지요. 암컷이 수컷의 머리를 가장 먼저 먹어 치워버렸는데도 나머지 몸통이 멀쩡히 살아서 짝짓기 하고 있는 장면을 수강생이 목격한 것입니다.

어린 시절 길을 가다 땅에 떨어진 호박벌을 발견한 적이 있습니다. 꽃가루와 꿀을 찾아 날아다니다 회화나무 가로수에 살충제를 치는 바람에 떨어져버린 것이지요. 평소에 커다란 호박벌은 가까이에서 보기 힘들고 겁이 나서 건드리지 못했는데, 땅에 떨어진 죽은 벌이니 안심하고 손으로 잡았습니다. 그런데 별안간 손바닥에 침을 팍 쏘는 게 아니겠습니까? 그때의 따끔했던 기억이 지금도 생생합니다. 분명 죽은 것은 맞는데 배 부분의 신경은 살아 있었던 것입니다.

이처럼 곤충은 머리가 없어도 수분과 영양 공급 등 적절한 조치만 취해진다면 계속 살아 있는 상태를 유지할 수 있습니다. 연구를 위해 큰집게벌레(Labidura riparia)를 잠깐 사육한 적이 있는데, 이 곤충은 먹을 것이 없으면 자기들끼리 동종포식(cannibalism)도 예사

허물을 벗다가 죽은 늦털매미

머리 없는 수컷과 짝짓기 중인 암컷 사마귀

로 하는 사나운 곤충입니다. 하루는 싸움에서 진 녀석이 머리가 없는 채로 며칠 동안 계속 살아 있는 장면을 보았습니다. 곤충이라 그럴 수 있다는 걸 알았지만, 꽤 끔찍했던 장면으로 오래 인상에 남아 있습니다.

이번에는 곤충의 호흡계로 가보겠습니다. 곤충은 어디로 숨을 쉴까요? 사람처럼 코가 있을까요? 만약 메뚜기를 잡아서 머리만 물에 담가두면 어떻게 될까요? 사람 같으면 5분도 견디지 못하겠지만, 메뚜기는 시간이 흘러도 숨을 못 쉬어 죽는 일은 생기지 않습니다. 곤충에겐 콧구멍 대신 가슴에서 배로 이어지는 각 마디 양쪽에 한 쌍의 기문이 있어서 이를 통해 숨을 들이마시기 때문입니다. 평소에 곤충이 배를 실룩실룩 움직이는 것은 바로 숨을 쉬는 동작입니다.

관찰을 위해 작은 바이알(vial, 실험에 주로 쓰이는 투명한 유리병)이나 비닐 지퍼백에 곤충을 가둔 것을 보면 주변에서 "그렇게 좁은 곳에 가두면 곤충이 죽지 않나요?"라는 질문을 자주 받습니다. 아마 숨이 막힐까 봐 걱정하는 것 같습니다. 그러나 마이크로의 세계에서 본다면 그와 같은 제품들은 우리가 보는 것처럼 완전히 밀봉된 상태가 아닙니다. 그리고 대개의 곤충들은 호흡을 위해 많은 산소를 요구하지 않습니다. 그래서 한동안은 충분히 괜찮습니다. 다만 벌처럼 움직임이 매우 활발한 곤충은 산소 요구량이 커서 좁은 곳에 가두면 금방 배를 헐떡거리며 기절할 수 있습니다.

자, 그러면 곤충의 피는 무슨 색깔일까요? 곤충은 크기가 작아 출혈이 있어도 감지하기 어렵습니다. 곤충의 피는 대개 무색투명하거나 헤모시아닌 색소로 인해 옅은 녹색이나 황색을 띠어 마치 외계생물 같은 느낌이 듭니다. 곤충이 죽을 때 흘리는 빨간 피 같은 액체는 사실 곤충의 겹눈이나 내장의 다른 색소이거나 혹은 포유류의 피를 머금고 있다가 터진 것일 수 있습니다. 다만 드물게 사람처럼 헤모글로빈 색소를 가진 깔따구 유충은 빨간 피를 흘립니다. 곤충의 심혈관계는 사람처럼 심장, 동맥, 모세혈관, 정맥의 정해진 순서로 피가 흐르는 폐쇄형이 아니라 개방형 시스템으로 심장과 비슷한 역할을 하는 등 핏줄이 수축하면 작은 몸 전체로 혈액과 림프액이 함께 순환합니다.

마지막으로 곤충의 생식기관을 살펴보겠습니다. 사람과 달리 곤충의 암컷은 배 속에 저정낭(spermatheca)이 있습니다. 수컷의 정자를 저장하는 주머니입니다. 사람이라면 수십억 마리의 정자 가운데 단 한 마리가 난자와의 결합에 성공하면 바로 수정 및 발생 과정이 진행됩니다. 반면 곤충의 암컷은 저정낭에 수컷의 정자를 계속 보관하고 있다가 산란할 때 정자를 함께 내보내면 비로소 수정이 이루어져 유정란을 낳게 됩니다. 암컷이 스스로 수정을 조정할 수 있는 것이지요. 가끔 짝짓기 하지 않은 암컷이 알을 낳는 경우가 있는데, 이렇게 낳은 알은 무정란이라 생명이 발생하지 않습니다. 그런데 자연계에는 드물게 단성생식(parthenogenesis, 단위생식 또는 처녀생식이라고도 하는데, 정자의 수정 없이 난자가 스스로 발생하는 현상) 하는 대벌레 같은 곤충도 있어서 암컷이 혼자 낳은 무정란이 스스로 발생하여 다시 암컷으로 생장하기도 합니다.

곤충의 세계에서는 일부일처가 드물고 대개 다부다처로 가능한 한 많은 상대와 짝짓기 하려고 합니다. 일부일처는 자손 양육에 오랜 시간을 들여 투자하는 동물에게서 나타나며, 유전자의 대량 생산을 목적으로 하는 곤충과 같은 경우 대부분 다부다처입니다. 암컷은 많은 수의 정자를 확보하고자 하고 수컷은 많은 암컷에게 자신의 유전자를 전달하고자 애쓰지요. 벌과 개미의 짝짓기를 예로 들면, 이들은 여왕이 한평생 꾸준히 계속 알을 낳아 집단을 유지하는데, 그때마다 수컷과 교미하는 것이 아니라 여왕이 공주였을 때 한평생 수정시킬 정자를 여러 마리의 수컷들로부터 전부 받아 저정낭에 보관하고 있다가 알을 낳을 때마다 하나씩 수정시켜 유정란을 낳습니다. 유정란에서는 암컷이 나오고 보관된 정자가 떨어져 무정란을 낳게 되면서부터 수컷이 태어납니다. 무정란이지만 단성생식 형태로 발생하는 것이지요.

수컷들의 정자경쟁(sperm competition)이나 암컷의 선택(female choice) 등은 찰스 다윈의 성선택설(sexual selection)과 함께 주목받으며 많은 연구가 이루어지고 있습니다. 이와 관련해서는 최근 출판된《곤충의 교미》라는 책을 참고할 만합니다.[5]

곤충의 생김새나 살아가는 모습은 사람과 전혀 달라서 이해하기도 좋아하기도 어려운 부분이 있습니다. 그럼에도 불구하고 곤충이 지금까지 진화하고 발달한 데에는 저마다의 성공적인 생존 전략과 고유의 장점이 있기 때문이겠지요. 지구에서 더불어 살아가는 생명체라는 관점에서 곤충을 혐오하거나 징그럽게만 보지 않았으면 좋겠습니다. 오히려 사람과 전혀 다르기 때문에 더욱 호기심 어린 시선으로 바라볼 수 있지 않을까요?

벌은 이유 없이
쏘지 않는다

벌집에 좋지 않은 것이
벌에게 좋을 수 없다.

— 마르쿠스 아우렐리우스(로마 황제)

곤충 수업 중 아찔했던 기억이 있습니다. 바로 땅벌의 습격을 받았을 때입니다. 그것도 제가 당한 일이라면 감수하겠지만, 수강생 한 분이 그런 일을 겪게 되어 강사로서 가슴이 정말 철렁했지요. 사건은 경기도 용인의 어느 야산, 가을 곤충 수업 중에 벌어졌습니다. 따사로운 햇살 아래 모든 수업이 순조롭게 마무리되어가는 듯 했는데, 별안간 일행의 뒤쪽에서 "아, 아악!" 하고 연달아 비명 소리가 들려왔습니다. 깜짝 놀라 뒤로 가보니 제일 뒤에 있던 수강생 한 분에게 벌떼가 달려들고 있었습니다! 소동의 범인은 노란 줄무늬의 땅벌(*Vespula flaviceps*)이었습니다. 땅벌은 크기는 작지만 벌

중에서 가장 매서운 녀석으로 매년 벌초하는 사람을 쏘아 사망 사건을 일으키는 주범입니다.

이윽고 현장을 재빨리 훑으니 등산로 계단 아래 흙이 무너진 곳에 눈에 잘 띄지 않는 땅굴이 있었는데, 그곳이 벌집 입구였습니다. 다들 그곳의 존재를 모르고 스쳐 지나갔는데, 마지막 한 분께서 발을 잘못 디뎌 벌집 입구를 건드렸고 놀란 벌들이 굴속에서 쏟아져 나온 상황이었지요. 벌떼가 달려들면 한시바삐 36계 줄행랑으로 현장에서 20미터 이상 도망쳐야 하는데, 당황한 나머지 어쩔 줄 몰라 그 자리에 서서 꼼짝없이 벌의 공격 세례를 그대로 받으며 비명을 지르는 중이었습니다.

"여기 계시면 안 돼요!"

저는 재빨리 그분의 팔을 이끌고 멀찌감치 뛰어 달아나기 시작했습니다. 하지만 한참을 헐레벌떡 뛰어 땅벌의 소굴에서 멀리 도망쳐 나왔는데도 불구하고 용맹스러운 땅벌의 선봉 부대원들은 여전히 그분의 몸에 달라붙어 머리카락이며 옷 속에 파고들어 계속 침을 쏘아댔습니다.

문득 어린 시절 교회에서 여름방학 수련회에 갔던 일이 떠올랐습니다. 숲속 나무 평상에서 과일을 먹고 있는데, 달콤한 냄새에 벌들이 자꾸 날아와 윙윙거리자 어린 학생들은 어쩔 줄 몰라 했습니다. 그 모습을 보고 교회 집사님께서 손바닥으로 벌을 탁탁 쳐서 잡아주시며 걱정하지 말라고 했던 장면이 생각났습니다. 그렇습니다. 벌은 멀리 있을 때는 괜찮지만, 사람을 쏘는 순간부터 더 이상 친해질 수 없는 존재입니다. 저는 머리카락에 붙은 녀석, 옷 속에 파고

젖은 흙에서 물을 마시는 땅벌

음료수 캔 위에 붙어 단물을 빨아먹는 털보말벌

든 녀석 등 보이는 대로 모두 손으로 꾹꾹 눌러 죽였습니다. 이때 땅벌이 침을 쏘기 전에 빨리 비틀어서 죽여야 합니다. 꿀벌의 침에는 미늘이 있어 한 번 쏘면 침이 피부에 박혀 배 끝마디까지 빠져 죽고 말지만, 땅벌의 침은 매끄러워서 빠지지 않기 때문에 얼마든지 계속해서 찌를 수 있습니다.

다행히 땅벌과의 전쟁은 끝났습니다. 수강생 분의 옷을 털어내니 죽은 땅벌들이 우수수 쏟아져 나왔습니다. 무엇보다 천만다행이었던 것은 벌의 집중 공격을 받은 분이 큰 쇼크를 받지 않았다는 사실입니다. 사람에 따라서 벌독에 민감한 경우, 이런 공격을 받았다면 과민면역반응(anaphylaxis)이 일어나 매우 치명적입니다. 제가 걱정스러운 표정을 짓자 그분께서는 평온해진 표정으로 이렇게 말씀하시더군요.

"괜찮아요. 저희가 좀 극성스럽지요?"

그러시더니 곤충 수업이 있기 얼마 전, 식물 수업 시간에 응급처치를 배웠다며 갑자기 애기똥풀을 찾으시더군요. 숲에서 갑자기 벌에 쏘였을 때는 애기똥풀을 꺾어 그 즙을 바르면 된다고 합니다.

이 사건 이후로 곤충 수업 시간에는 항상 벌의 공격에 대처하는 방법을 설명합니다. 가장 잘못 알고 있는 상식은 '벌이 공격할 때는 그 자리에 가만히 서 있어야 한다'는 말입니다. 이 말은 벌 한 마리가 주변을 얼쩡거릴 때에 한해서만 맞는 얘기입니다. 벌떼가 쏟아져 나오는데, 가만히 서 있는 것은 자살 행위와 마찬가지입니다. 벌 한 마리가 공격을 시작하면 벌침에서 다른 구성원을 불러들이는 집합 페로몬이 분비되어 더 많은 벌들이 몰려옵니다. 그러므로 무조건 그 자리에서 멀리 벗어나는 것이 상책입니다. 벌이 떼로 덤비는 것은 벌집 속에 있는 더 많은 애벌레를 포함해 자기 집단을 방어하기 위함이기 때문에 벌집으로부터 멀리 달아나면 더 이상 쫓아오지 않습니다.

가을철에는 벌초 등으로 벌 쏘임 사고가 빈번히 발생합니다. 따라서 벌초하기 전에 반드시 땅속에 보이지 않는 벌집이 있는지 확인하는 과정이 필요합니다. 벌 쏘임 사고 예방을 위해 2018년 국립공원연구원에서 진행한 실험에 따르면 산에서는 특히 검은색 옷을 입는 걸 피하는 게 좋습니다. 벌들의 공격성은 곰 같은 덩치가 큰 야생동물에게 대항하기 위해 진화했기 때문입니다. 같은 맥락에서 벌들은 사람의 신체 부위 중 머리카락 같은 곳에 잘 달려듭니다.

북한산 국립공원 곤충 조사를 마치고 산 아래 가게에 잠시 들렀을 때의 일입니다. 무더위에 지쳐서 콜라 한 캔을 사서 마시면서 잠깐 쉬고 있는데, 그새 털보말벌(*Vespa simillima*) 한 마리가 날아와 달콤한 냄새에 유인되어 캔 속으로 쑥 들어가는 것을 보았습니다. 직접 눈으로 보았기에 망정이지, 모르고 남은 음료수를 마셨으면 어떻게 되었을까요? 실제로 캠핑을 하거나 정원에서 음료수를 마시다가 한눈을 판 사이 컵이나 캔에 벌이 들어가는 일이 종종 생기므로, 야외에서 음료를 마실 때에는 주의가 필요합니다. 한 TV 프로그램에서 이와 관련해 인상적인 사례를 본 적이 있습니다. 음료수를 마시다가 그만 음료수 속에 들어간 벌까지 먹어버리고 그 벌에 목구멍을 쏘였는데, 그 후로 지병이었던 편도선염이 다 나았다는 이야기입니다. 봉침 효과입니다. 그렇지만 이것은 매우 희박한 확률의 긍정적인 경우일 뿐이니 봉침 효과를 얻고자 위험을 일부러 감수할 필요는 없겠습니다.

우리나라 자생 곤충들은 대부분 인간에게 위험을 끼치는 편은 아니지만 주의해야 할 곤충들이 몇 있긴 합니다. 우선 쐐기입니다. 마당의 감나무나 대추나무 등에 매달려 있는 가시 돋친 애벌레가 바로 쐐기입니다. 독가시로 무장하고 있어 사람이 먼저 발견하고 나면 일부러 건드릴 일이 없지만, 나뭇잎 뒷면에 붙은 줄 모르고 스치면 쐐기에게 맨살을 쏘이는 일이 종종 생깁니다. 처음 쏘이면 누구나 심한 통증을 느끼지만, 통증의 지속 여부는 사람마다 다릅니다. 저 같은 경우는 30분쯤 지나니 아무렇지도 않게 가라앉았습니다. 그러나 예민한 사람은 하루 이틀 정도 통증이 지속될 수 있습니다.

노란색 털이 부숭부숭한 독나방(*Artaxa subflava*)도 기피해야 할 곤충입니다. 날개에 묻은 독나방의 가루가 피부에 묻으면 심한 알레르기 반응을 일으킬 수 있기 때문입니다. 제가 아는 곤충 연구자 중에도 독나방 때문에 한동안 고생한 사람들이 있습니다. 나방류는 밤에 불이 있는 쪽으로 날아왔다가 사람 몸에 붙거나 옷 속에 들어가면 빠져나오려고 날개를 펄럭거리곤 합니다. 이때 가루가 떨어지게 되지요. 그래서 야간 등화채집(light trap)을 할 때 팔소매와 목덜미로 나방이 날아들지 못하도록 주의하고 얼굴을 가리는 편이 좋습니다. 참고로 등화채집은 어두운 밤에 밝은 불빛에 이끌리는 곤충의 습성을 이용한 채집 방법인데 흰 천으로 된 스크린과 밝은 수은등, 자외선등, 전기선, 발전기 등을 가지고 한곳에서 정점조사(한 지점을 정해 이동하지 않고 시간대에 따라 생물상을 기록하는 방법)를 할 수 있습니다.

독나방은 가끔 집에 들어올 때도 있는데, 이때도 살충제를 뿌리면 죽으면서 날개를 펄럭거려 가루를 흩날리므로 젖은 물수건 등으로 감싸 잡는 것이 안전합니다. 산에 갔다가 풀독이 오르는 경우가 있습니다. 맨살이 거칠거칠한 단자엽식물의 가장자리에 긁히면 쓸리면서 베인 듯한 자국이 남기도 합니다. 그런데 그런 흔적 없이 피부가 가렵거나 원인을 알 수 없다면 나방의 가루가 우리도 모르는 사이에 묻어서 일어난 알레르기 반응일 확률이 높습니다.

축사 근처에서 조심해야 할 곤충으로는 소등에(*Tabanus*)가 있습니다. 이 녀석은 파리목 곤충이지만 커다란 말벌처럼 생겼는데 겹눈에 무지갯빛이 도는 것이 특징입니다. 소들이 연신 꼬리를 흔들며 몸에 달라붙지 않도록 경계하는 대상이 바로 이 흡혈 파리, 소등에입니다. 흔히 쇠파리라고 부르지요. 소등에는 소의 몸에 몰래 앉아 주둥이로 소가죽을 찢고 흐르는 피를 핥아먹는 습성이 있는데, 사람에게도 달려듭니다. 모자를 쓰거나 두꺼운 청바지를 입었다고 해서 안심해서는 안 됩니다. 소등에의 주둥이가 소가죽을 찢을 정도로 강력하기 때문에 옷 위로 쏘여도 충분히 따끔합니다.

소등에를 보면 결혼 전 저와 채집을 같이 다닌 정광수(《한국의 잠자리 생태도감》 저자) 박사님이 떠오릅니다. 산에 가서 서로 신나게 곤충을 찾고 사진도 찍고 채집하는데, 갑자기 소등에가 날아와 정광수 박사님 팔에 앉았지요. 보통 사람 같으면 쏘일까 봐 쫓기 바쁜데, 박사님의 반응은 역시나 남달랐습니다.

"김 박사, 여기 등에가 앉았어. 빨리 와서 사진 찍어."

덕분에 등에 사진도 찍고 박사님의 인내로 살갗에 피가 흐르는 장면까지 찍을 수 있었습니다. 보통 사람들이 보기에는 기이한 장면입니다만 곤충 연구자들은 이렇게 살신성인하며 연구에 도움이 될 자료를 모으기도 합니다.

곤충은 아니지만 곤충과 비슷한 독충 몇 가지를 더 살펴보겠습니다. 우선 지네입니다. 지네는 머리에 한 쌍의 큰 독니가 있어 물리면 고통스럽습니다. 크고 징그러운 모습 때문에 지네를 싫어하는 분도 많지만, 한방에서 '오공(蜈蚣, 입이 큰 벌레)', '백족(百足, 다리가 100개인 벌레)' 등으로 불리며 약재로 귀하게 쓰이기도 하고, 지네 설화(지네로 인해 죽게 된 소녀를 살리고 대신 죽는 은혜 갚은 두꺼비 이야기)가 있을 정도로 우리에게는 오래전부터 친숙한 대상입니다. 신경통에 좋다고 하여 말린 지네를 재래시장에서 파는 모습을 쉽게 볼 수 있는데, 아는 분께서 시골에서 잠을 자다가 지네에게 허리를 물린 이후로 허리 디스크가 나았다고 한 걸 보면 지네가 신경통에 좋다는 얘기가 어느 정도 근거가 있는 듯합니다.

곤충 같지만 곤충이 아닌 생물로 거미를 빼놓을 수 없습니다. 거미는 곤충과 대등한 강(class) 계급의 무리입니다(거미강, 곤충강으로 서로 구별하지요). 거미강에는 거미, 통거미, 전갈, 앉은뱅이, 진드기, 응애 등이 포함됩니다. 이들은 곤충과 달리 다리가 네 쌍입니다. 또한 더듬이가 없고 협각(鋏脚)이라고 부르는 주둥이로 항상 뭔가를 흡혈하며 살아갑니다. 우리나라에는 독거미가 없지만, 덩치 큰 거미는 잘못 만지면 물려서 피부가 퉁퉁 부을 수 있습니다.

거미강 중 하나인 진드기와 관련해 제가 한 일이 있습니다.

2000년도 초반에 찜질방 위생 상태가 좋지 않다는 뉴스가 보도되었는데, 대여 의류로부터 진드기가 옮았다는 민원이 제기되어 한국소비자원 요청으로 찜질방 옷을 검사하게 되었습니다. 저는 불특정한 여러 찜질방으로부터 수거한 의복을 샅샅이 들여다보았지요. 검사에서 다행히 진드기는 발견되지 않았습니다. 흥미로웠던 것은 옷속에 주로 세제 찌꺼기, 머리카락(음모 포함), 섬유 보풀, 그리고 부스러기로 보이는 사람의 피부 조각 같은 것이 많다는 사실이었습니다. 모낭진드기, 집먼지진드기 등 눈에 보이지 않는 작은 진드기가 있다는 사실에 사람들은 어떤 불안감을 느끼는 것 같습니다. 그렇지만 대개 흡혈 진드기는 사람 눈으로 자세히 보면 확인 가능한 정도의 크기입니다. 참진드기(Ixodidae)도 그중 하나로 중국 언론에서 '살인진드기'로 기사화하는 바람에 널리 알려졌습니다.

근래에 살인진드기 뉴스로 인해 산을 찾는 사람들이 막연한 두려움을 갖는 것 같습니다. 참진드기로 인한 중증열성혈소판감소증후군 발병 이전에도 쯔쯔가무시병처럼 진드기가 옮기는 병이 존재했는데, 언론에서 '살인진드기'라는 자극적인 말을 사용하면서 더 큰 공포를 만들어낸 것 같습니다. 진드기병에 걸릴 확률은 일본뇌염에 걸릴 확률보다 낮고 백신이 있기 때문에 빨리 치료를 받으면 괜찮습니다. 다만 면역력이 약한 노인이나 야외 활동이 많은 사람은 좀 더 주의를 기울여야 합니다.

참진드기는 동물의 피를 빨아먹고 살기 때문에 야생동물이 많은 지역이나 동물을 많이 키우는 곳, 특히 축사 근처에 갔을 때 주의해야 합니다. 소를 방목하는 곳, 소나 말이 항상 묶여 있는 곳 근처에 진드기가 많을 확률이 높습니다. 야생동물뿐만 아니라 밖에서 키우는 개나 고양이의 목끈이 묶인 곳이나 부드러운 귓속에도 진드기가 많이 서식합니다. 동물 몸을 쓰다듬다 보면 털이 불룩 튀어나온 곳이 있는데, 그 밑을 들추면 대개 피를 잔뜩 빨아 몸통이 터질 것 같은 커다란 진드기가 붙어 있지요.

진드기는 사람한테 옮겨 붙는다고 해서 바로 피를 빨지 않습니다. 진드기의 특성상 한번 주둥이를 꽂으면 쉽게 자리를 옮기지 못하기 때문에 안전하게 숨어서 마음껏 피를 빨 수 있는 곳을 찾을 때까지 돌아다니지요. 대개 어둡고 축축한 부위로, 사람 몸에서 진드기가 주로 서식하는 곳은 사타구니, 겨드랑이 등입니다. 배꼽과 귀 뒤도 진드기가 좋아하는 장소입니다. 진드기는 몸에 들러붙기 전에 기어 다니는 것을 발견하는 즉시 빨리 털어내면 됩니다. 만약 나중에 진드기가 붙은 것을 알고 놀라서 확 떼어내면 부드러운 몸통만 떨어지고 주둥이가 있는 머리 부분은 그대로 살 속에 파묻힌 채로 남아 2차 세균 감염을 일으킬 수 있습니다. 따라서 몸에 붙은 진드기는 뾰족한 주둥이까지 다 빠지도록 핀셋이나 진드기 제거 용구 등을 이용하여 진드기 머리를 잡고 떼어내도록 합니다.

곤충은 자연계에서 살아남기 위한 생존 기술로써 쏘는 가시나 찌르는 주둥이를 발달시켰습니다. 이런 곤충들을 무조건 무서워하기보다는 적절히 조심한다면 그들과도 평화로운 공존이 가능하지 않을까요? 장미에게 가시가 있다고 해서 장미의 아름다움을 멀리하지 않는 것처럼 말이지요.

귀뚜라미가
울지 않았던 이유

자연의 리듬(바람과 물의 소리, 새와 곤충의 소리)은
필연적으로 음악에서 그 유사성을 찾아야 한다.

— 조지 크럼(작곡가)

2000년, EBS 다큐멘터리 감독님으로부터 연락을 받았습니다. 교육방송에서 처음으로 풀벌레의 울음소리를 조명한 프로그램을 기획하게 되었는데, 제목이 '풀섶의 세레나데'라고 했습니다. 곤충의 울음소리 하면 보통 매미를 쉽게 떠올리는데, 사계절 풀밭에서 들리는 소리의 실제 주인공은 대부분 여치, 귀뚜라미 같은 메뚜기목 곤충이 많습니다. 그래서 메뚜기 전공인 저에게 방영 전 편집 영상에 대한 감수를 요청한 것입니다. 영상을 살펴보니 풀벌레들의 한살이와 우화(羽化, 번데기가 날개 있는 성충이 되는 것) 과정, 드디어 날개를 단 수컷들이 들려주는 기막힌 자연의 노래를 담은 아름다운

다큐멘터리였습니다. 다큐멘터리의 완성에 제 전공 분야가 도움이 되어서 참 뿌듯했지요.

그러고 보면 저는 곤충의 소리에 관심을 가져야만 하는 운명이었나 봅니다. 제가 곤충이 내는 소리에 귀 기울였던 것은 상당히 오래전부터였습니다.

어떤 인연이 있었던 것일까? 곤충이 소리를 낼 수 있다는 놀라운 사실을 내게 가르쳐준 스승은 다름 아닌 여칫과의 곤충인 매부리(*Ruspolia lineosa*)다. 그날도 여전히 산을 쏘다니다가 풀밭에서 뛰는 녹색 곤충을 붙잡았다. 머리는 삐죽하고 머리카락 같은 더듬이가 길게 생긴 녀석은 내게서 달아나려고 턱을 마구 벌리며 붙잡은 손가락을 물려고 했다. 그러나 이런 벌레쯤은 우습게 여겼던 악동 같던 시절의 나를 벗어날 수는 없었다. 요즘처럼 곤충을 담는 멋진 채집통도 없어서 버려진 과자 상자를 주워 녀석을 담고 주변에서 몇 마리를 더 찾아 잡은 뒤 집으로 가져왔다.

TV를 보고 저녁을 먹고 녀석들의 존재를 잊었을 때, 어디선가 '삐이…' 하는 이상한 소리가 선명하게 들려왔다. 잠시 멈추었던 소리는 계속해서 방 한쪽에서 울려 퍼지고 있었다. 분명 기계음은 아니었다. 나는 어떤 정체불명의 상대가 내는 신기한 소리에 마음을 빼앗겼고 두리번거리다가 결국 찾아낸 소리의 근원은 산에서 가져온 과자 상자였다. 아하! 상자를 건드려보니 울음소리가 딱 멈추었다. 조심스럽게 안을 들여다보았다. 거의 대부분은 날개와 다리만 남아 있었고 가장 커다란 턱을 가진 한 마리만이 더듬이를 살래살래 흔들며 나를 쳐다보고 있었다. 나중에서야 나는 그것이 육식도 하며 소리를 내는 매부리(당시 이름은 매뿔이)라는 곤충임을 알게 되었다. 그 일로 나는 소리 내는 곤충에 대해 상당한 관심을 갖게 되었다.

제가 박사학위를 받은 2007년, 국립생물자원관이 개관했습니다. 저는 정규직을 채용한다는 소식을 듣고 이내 서류를 제출했지요. 학위 과정에서 쓴 연구 논문과 출판물, 해외 박물관 조사 경험, 그리고 여기에 더해 다른 사람들이 공부하지 않는 분야인 메뚜기를 전공했다는 것이 도움이 되었는지 다행히 합격했습니다. 신생 연구기관이라 여러 가지 업무 시스템을 정착시키는 일로 쉴 틈이 없었지만, 개관 멤버로 국립생물자원관에서 일할 수 있게 된 것은 저에게 큰 경험이었습니다.

국립생물자원관에서 제가 처음으로 기획하고 추진하게 된 연구 과제는 곤충의 소리를 수집하고 분석하는 프로젝트였습니다. 그동안의 경험으로 언제 어디를 가면 어떤 곤충을 만날 수 있는지는 알고 있었지만, 한 종 한 종이 내는 특별한 울음소리에 대해서는 자세히 알지 못했습니다. 우선 우리나라와 사는 종이 비슷한 일본 자료를 참고했습니다. 그리고 소리를 자주 들어 귀에 익게 한 뒤 야외에서 소리로 개체를 찾는 연습을 했습니다. 야생에서는 여러 가지 소리가 함께 섞여 들리므로 채집을 목표로 한 종의 울음소리를 구별하기 어렵습니다. 그래도 이 일에 시간을 들이다보니 곤충 소리에 집중하는 일에 이내 익숙해졌지요.

문제는 막상 우는 녀석을 사로잡는 일이었습니다. 곤충들은 사람이 가까이 다가가면 울음을 뚝 멈춰버리기가 예사입니다. 그러면 달리 방도가 없습니다. 그 자리에 가만히 멈춰 서서 곤충이 다시 울 때까지 기다려야 합니다. 그렇게 종을 잘 구별해서 채집하여 연구실로 데리고 온 뒤에는 사육통에 넣어 기르면서 채집해온 곤충이 잘 울기만을 기다립니다. 퇴근할 때는 사육통을 방음실에 집어넣고 녹음기를 틀어놓은 후, 다음 날 아침 출근하면 가장 먼저 방음실에 들러 녹음기를 챙깁니다. 얘들(!)이 밤새 얼마나 잘 울었는지 정말 궁금하거든요. 울음소리가 잘 녹음되면 상당히 만족스럽습니다. 그렇지만 아무 소리도 녹음되어 있지 않으면 고민이 시작됩니다. '대체 뭐가 문제일까?' 채집하기 수월한 종이면 잘 우는 개체로 바꿔 녹음하면 되는데, 멀리 지방까지 출장을 가서 어렵게 데려온 녀석이 울지 않으면 프로젝트에 지장이 생기므로 마음이 조급해집니다.

그렇다고 방도가 없는 것은 아닙니다. 우선 사육통을 다시 잘 꾸며줍니다. 본래 살던 곳의 환경과 비슷하게 풀이며 나뭇가지를 챙겨서 넣어주고 가끔은 햇볕처럼 따뜻한 조명도 켜줍니다. 환경이 마음에 들면 울 것이고, 마음에 들지 않으면 달아나려고만 하지 울지 않습니다. 이때 온도와 습도를 맞춰주는 것이 가장 중요합니다. 먹이도 풍족하면 좋습니다. 그렇게 노력을 기울였건만 울지 않는 귀뚜라미가 있었습니다. '분명 잘 우는 녀석을 잡아 왔는데…' 사육통을 한참 들여다보다가 문득 생각이 나서 종이 상자 하나를 뒤집어 넣어주었습니다. 그때였습니다. 계속 통 안을 돌아다니기만 하고 울지 않던 녀석이 갑자기 상자 밑으로 들어가 울기 시작했습니다. "귀뚜르르르르~" 녀석에게는 자신의 소리를 뽐낼 무대가 필요했던 것이지요.

야외에서 우는 곤충을 관찰해보면 아무데서나 우는 것이 아니고 앞의 귀뚜라미처럼 소리가 잘 들릴 수 있는 특정 공간을 선호합니다. 목욕탕에서 노래를 부르면 음치도 성악가가 된 듯한 느낌을 받는 것과 비슷합니다. 소리를 내는 곤충들의 경우에 공간의 특성을 활용해 자신의 소리가 돋보이도록 행동하는데, 도시의 귀뚜라미들이 유독 지하실 구석이나 굴속에 들어가 또렷한 독주를 펼치는 것이 그 예입니다. 소리 내는 곤충들은 소리의 회절, 굴절, 진동, 반향, 공명 같은 물리적 현상에 대해 본능적으로 잘 깨우치고 행동합니다.

녹음을 하면서 가장 애를 먹었던 종은 날베짱이붙이(*Holochlora japonica*)입니다. 프로젝트 마무리 시기는 점점 다가오는데, 개체를 직접 채집하지 못했던 터라 저는 궁여지책으로 한국의 메뚜기 홈페이지에 공개 수배를 올렸습니다. 그렇지만 종을 정확히 구별해 잡아줄 만한 사람은 드물었습니다. 다행스럽게도 대한표본연구소 백유현 소장님께서 연락을 주셨습니다. 소장님께서는 친근한 경상도 사투리로 "아무래도 이게 태우 씨가 찾는 종인 것 같다" 말씀하시면서 곧 택배로 보내주겠다고 하셨지요. 곤충이 숨 쉴 수 있게 포장하여 당일 배송하면 택배로도 곤충을 받아볼 수 있습니다. 백 소장님은 이전에도 몇 번이나 제게 서울에서는 채집이 어려운 남부 지방의 메뚜기를 채집해 보내주셨는데, 이번에도 확실한 날베짱이붙이 수컷이었습니다.

저는 녀석이 잘 살 수 있도록 사육 상자를 세팅하고 방음실에 둔 뒤 녹음기를 틀어두었습니다. 그러나 하루, 이틀, 사흘… 시간이 흘러도 녹음기에서 들리는 소리는 그저 녀석이 한 번씩 점프하면서 사육통에 부딪치는 '쿵' 소리가 전부였습니다. 고민이 시작되었습니다. 경험상 남방계 종이므로 사육장 온도를 더 높여야 할 것 같았습니다. 실제로 햇볕을 좋아하는 메뚜기의 경우, 인공조명을 비춰주면 일광욕을 즐기면서 울음소리를 잘 냅니다. 그러나 날베짱이붙이 수컷은 온도를 높여주어도 도통 울지 않았습니다. 뭐가 마음에 들지 않았던 것일까? 혹시 울음소리가 너무 짧아 못 들은 것일까 싶어 저는 수십 시간 분량의 녹음된 파일을 분당, 초당으로 끊어 천천히 들어보았지만, 별다른 소리가 감지되지 않았습니다.

그렇게 한 달쯤 지났을 무렵 거의 포기하고 있었는데 백 소장님으로부터 다시 연락이 왔습니다. 이번에는 다른 지역에서 날베짱이붙이 암컷과 수컷을 모두 채집했다는 것입니다. 반가운 소식이긴 했지만 먼젓번에 들여온 수컷이 도통 울지 않았기에 저는 크게 기대하지 않았습니다. 원래 잘 울지 않는 종일 수도 있지 않을까 하는 생각도 했습니다. 이윽고 백 소장님께서 보내주신 개체들이 도착했고, 저는 새로운 암컷과 수컷을 먼젓번 수컷이 살고 있던 사육 상자에 투입했습니다.

그때였습니다. 벙어리인 줄로만 알았던 수컷 날베짱이붙이가 별안간 날개를 비비며 "치키치키치키…" 소리를 내는 것이 아니겠습니까? 같은 종끼리 만나 더듬이가 맞닿자 녀석은 비로소 어떤 삶의 의욕을 느낀 것 같았습니다. '그래, 수컷 혼자 넣어두었더니 그동안 너무 재미가 없었나 보다.' 덕분에 그날 날베짱이붙이의 울음소리를 무사히 녹음할 수 있었습니다.

울음소리를 내는 곤충을 종류를 바꿔가며 사육해보니 가장 울음소리를 잘 내는 조합을 발견할 수 있었습니다. 바로 수컷 두 마리와 암컷 한 마리의 조합입니다. 동물의 세계는 대부분 비슷해서 삼각관계에 놓인 수컷들은 정말 열심히 소리를 내고 선택받기 위해 애를 씁니다. 노래하는 곤충의 습성이나 생태에 대해서는 아직까지 밝혀야 할 비밀이 많습니다.

앞서 말한 일련의 과정을 거친 뒤, 저는 여치와 귀뚜라미 소리 음원을 사진과 함께 묶어서 소리도감을 발간했습니다. 우리나라 자생 곤충의 소리 특성을 국민들에게 널리 알리고자 하는 취지로 기획한 저의 첫 프로젝트가 국립생물자원관의 첫 번째 연구 과제로 선정되었고 그 결과물을 특별한 형태로 엮어낸 것입니다. 소리도감은 우리나라에서는 처음 시도된 도감 스타일로 부록으로 들어간 CD를 틀면 곤충의 깨끗한 울음소리를 종류별로 들을 수 있습니다.

이 CD 제작과 관련된 에피소드가 하나 있습니다. 소리를 더 선명하고 듣기 좋게 편집하려고 강남의 한 사운드 스튜디오를 찾았을 때의 일입니다. 음향 감독님은 당시 인기 드라마 〈아이리스〉의 음향 편집을 맡고 계신 분이었는데, 제 옆에 같이 앉아 녹음한 여치 소리를 스피커로 들으며 이런저런 요청에 따라 프로그램 편집을 진행하셨습니다. 그런데 작업 도중에 계속 꾸벅꾸벅 졸고 계신 모습이 제 눈에는 조금 안쓰러워 보였습니다. 조는 모습을 들킨 음향 감독님은 "앗, 죄송합니다. 어제 밤샘 작업을 해서…"라면서 겸연쩍

곤충 소리를 녹음하는 모습

어하셨지만 사실 여치 소리를 들으면 잠이 많이 옵니다. 단조로운 백색소음이 계속 반복되어 귀에 자극적이지 않으면서 마음을 편안하게 해주기 때문입니다. 실제로 신경정신과에는 불면증 환자에게 이런 자연의 소리를 들려주는 치료법이 있습니다.

소리도감 발간 소식을 보도자료로 정리해 언론에 공개하자 여러 곳에서 자료 요청이 있었습니다. 특히 가을철 동네 귀뚜라미 탐사 같은 체험 활동을 할 때 꼭 필요하다는 요청이 많았습니다. 이렇게 제가 연구한 자료들이 필요한 곳에서 널리 사용될 때 연구자로서 큰 보람을 느낍니다.

낯선 소리의 정체를 밝히다

귀뚜라미의 세계와 그 종류와의 친밀함은 우리에게 유익한다고 믿는다.
그들이 다른 울음소리, 다른 리듬, 우리가 아닌 다른 생명들의
노력과 성취도 있음을 상기시켜주기 때문이다.

— 하워드 에반스(곤충학자)

다년간 곤충 소리를 찾아다녔던 경험으로 풀벌레 소리를 주제
로 한 곤충 수업도 가끔 진행하곤 합니다. 특히 밤중에 귀를 쫑긋
세우고 곤충이 내는 소리를 듣는 시간은 새로운 감각이 작동하여
마음을 들뜨게 합니다. 생경한 벌레 소리를 들었으나 소리를 내는
개체를 찾지 못했을 때는 많이 아쉽지만, 만일 잘 찾아내면 그 기쁨
은 이루 말할 수 없이 크지요.

2010년, 운전하다 잠시 들른 충주 고속도로 휴게소 화장실에서
저는 학자로서 큰 기쁨이자 행운이었던 순간을 경험했습니다. 낯
선 소리가 들려와 소리가 나는 쪽으로 가니 "리이잉-리이잉-리이

잉-" 흡사 방울벌레와 비슷한 울음소리가 들렸습니다. 그러나 방울벌레가 한낮에 울 리는 없었습니다. '그렇다면 혹시 청솔귀뚜라미인가?' 즉시 무슨 곤충의 소리인지 떠오르지 않는다면 방법은 하나. 채집입니다.

"자기야, 저 밖에서 나는 소리 같아."

아내의 말대로 소리는 화장실 안이 아니라 화장실 밖 작은 풀밭에서 들려왔습니다. 소리가 들리는 곳을 향해 천천히 발걸음을 옮기니 풀밭 한쪽 땅바닥에서 소리가 전해졌습니다.

'그렇다면 나무 위에서 우는 청솔귀뚜라미도 아니군.'

소리의 근원지는 풀밭에 놓인 돌멩이 밑이 확실했습니다. 조심스레 돌을 뒤집자 조금 전까지 신나게 울다가 '이게 무슨 일이야?' 하는 느낌으로 어안이 벙벙해진 듯한 귀뚜라미 한 마리가 나타났습니다. 처음 보는 녀석이라 놓칠세라 재빨리 채집통에 집어넣고 생김새를 자세히 관찰했습니다. 그동안 알고 있던 귀뚜라미들과 비교했을 때 수컷의 날개폭이 뒤로 갈수록 넓적해지는 특징을 보였고, 무엇보다 울음소리 자체가 처음 듣는 것이었기에 혹시나 신종이 아닐까 하는 희망을 품게 했습니다.

저는 녀석을 실험실로 데려와 키우면서 깨끗한 울음소리를 녹음했습니다. 음향분석 프로그램을 이용해 다른 귀뚜라미 울음소리와 모두 대조해 보았지만, 정말 어느 것과도 맞지 않았고 해외 곤충소리 자료 중에서도 비슷한 것이 없었습니다. 다시 한번 신종은 아닐까 하는 의문을 품고서 한참을 고민하던 중, 어느 날 중국에서 나온 《중화명충보(中华鸣虫谱)》를 들추게 되었습니다.[6] 한자와 그림 설

고속도로 휴게소 화장실에서 우는 소리를 듣고 발견한 각시귀뚜라미

명을 죽 살펴보다가 마침내 유레카의 순간이 찾아왔습니다. 채집한 개체와 가장 흡사한 녀석이 나온 것입니다. 녀석의 이름은 백면방추솔(白面紡錘蟀). 얼굴이 흰색인 방추형의 귀뚜라미라는 뜻으로 학명이 'Turanogryllus eous'인 이 개체는 러시아의 저명한 메뚜기 학자 그리고리 베이 비엔코(Grigory Bey-Bienko)가 중국산으로 발표한 종으로 원기재문을 찾아 특징을 좀 더 비교할 수 있었습니다. 이종이 처음 발표된 모식 산지는 산둥반도의 칭다오(青島)로 한반도와 지리적으로도 그렇게 멀지 않았습니다. 이후 저는 지인의 도움으로 충주에서 가까운 제천에서도 해당 종의 암수를 추가 채집, 수컷의 생식기 해부를 통해 한국 미기록종 각시귀뚜라미를 발표하게되었습니다. 귀뚜라미치고는 예쁘다는 뜻과 발견에 도움을 준 아내(각시)를 생각해 붙인 이름이지요.

이렇게 논문을 쓸 정도로 성공적인 곤충 소리 듣기도 있었지만, 웃지 못할 일도 있었습니다. 한번은 제주도에서 처음 듣는 낯선 소리에 기대감을 품고 조심조심 발걸음을 옮겼습니다. 보통 가까이 다가가면 인기척에 소리가 끊기는 경우가 많은데, 이상하게 이 소리는 접근에 아랑곳없이 매우 규칙적으로 들려왔습니다. "칙칙칙 칙칙칙…" 소리는 어떤 밭 한가운데로 저를 인도했습니다. 기대감을 품고 가능한 살금살금 다가갔는데, 저는 그만 물세례를 받고 말았지요. '뭐야, 이거 스프링클러잖아?' 물 뿌리는 기계 돌아가는 소리에 깜박 속고 말았던 겁니다.

곤충의 울음소리는 어느 정도 생김새에 비례합니다. 작은 녀석은 조용하고 낮은 소리로 가만가만하게 우는데, 몸집이 큰 개체는 그만큼 소리도 우렁찹니다. 특히 귀뚜라미와 방울벌레의 소리는 낭랑하고 곡조가 단아해 사람 귀에 듣기 좋습니다. 이와 대조적으로 여치와 베짱이 종류는 약간 높은 초음파성 소리를 내어 사람 귀에 거슬리거나 잘 안 들리는 경우도 있습니다.

길동자연생태공원에서 해설사로 일하시는 자원봉사자 분들을 대상으로 곤충 소리에 관한 수업을 진행할 때의 일입니다. 녹음 파일을 들려드리고 특징을 설명하는데, 가장 나이 많은 할머니 선생님 한 분께서 아무 소리도 안 들린다고 하소연하셨습니다. 다른 선생님들은 잘 들린다고 하셨는데 말입니다. 제가 소리를 크게 조절했지만, 할머니 선생님께서는 역시나 잘 들리지 않는다고 하셨습니다. 우리 귀의 달팽이관은 노화가 진행됨에 따라 서서히 기능이 떨어지는데, 높은 소리를 처리하는 바깥쪽부터 닳는다고 합니다. 들고 싶어도 잘 안 들리시니 얼마나 답답한 심정이실까 하는 생각과 더불어 조금이라도 젊을 때 많은 곤충 소리를 들어봐야겠다는 생각이 들었습니다. 연령에 따라 들을 수 있는 가청주파수가 다른 것을 이용해 한때 10대들만 들을 수 있는 '틴벨'이 유행하기도 했었지요. 그날 이후 저는 풀벌레 소리 수업을 할 때 수강생 분들의 가청주파수를 테스트하는 시간을 갖곤 합니다.

가끔 채집한 곤충을 실험실로 데려가지 못하고 급하게 집에서 소리를 녹음해야 할 때가 생기는데 그럴 때는 집에서 가장 조용한 서재에서 모두가 자는 시간에 문을 꼭 닫고 녹음합니다. 귀뚜라미들은 집 안에 두어도 소리를 감상할 만한데, 크고 시끄러운 철써기나 여치베짱이 같은 곤충의 소리는 소음에 가까워 식구들이 참아줘야 합니다. 채집해둔 여치베짱이를 잠시 잊은 채 저녁 외출을 마치고 돌아오는 길이었습니다. 당시 19층 아파트에 살았는데, 아파트 단지 입구에서부터 '쌔-' 하는 높은 소리가 공중에서부터 들려왔습니다.

'저거 우리 집 베란다에서 나는 소리 같은데?'

소리를 듣자마자 이웃들에게 민폐가 될 것 같았습니다. 저는 황급히 집으로 들어가 사육통을 큰 박스에 넣은 뒤 다시 더 큰 박스에 넣고 이중으로 포장했습니다. 다행히 소리가 감쇄되어 간신히 들어줄 만한 정도로 줄어들었습니다. 이튿날 날이 밝자마자 당장 방음실로 박스를 옮겼지요. 아마 이웃집에서는 뭐가 이렇게 시끄럽나 하고 속으로 생각했을 것 같습니다.

2019년 외신에서 아바나 증후군(Havana syndrome)에 대한 소식을 전한 적이 있습니다. 2017년 쿠바의 수도 아바나에 주재하는 미국과 캐나다 외교관들은 원인 모를 두통과 현기증, 난청 등의 이상 증세를 호소했습니다. 일부는 윙윙거리는 소리나 고음을 들었다고도 했습니다. 미국에서는 처음에 이 증상의 원인을 쿠바의 음향 공격으로 판단했지만, 명확한 원인을 규명하지 못했습니다. 이후 미국과 영국의 곤충학자들은 음파 공격의 실체가 귀뚜라미 울음소리로 보인다는 내용의 연구 결과를 발표했습니다. 쿠바 주재 미국 대사관 직원이 현장에서 녹음한 소리를 분석했더니, 중남미 열대지방에 서식하는 짧은꼬리귀뚜라미(*Anurogryllus celerinictus*)의 울음소리와 완벽하게 일치했다는 것입니다. 당초 쿠바의 곤충 전문가들도 피해자들이 들었다는 소리가 자메이카 귀뚜라미(*Gryllus assimilis*)의 울음소리일 것이라고 제시한 바 있었습니다. 하지만 아직까지 귀뚜라미 울음소리가 사람의 청력과 뇌에 손상을 입힌다는 사실은 입증되지 않았습니다.

열대지방 귀뚜라미 소리는 소음처럼 들릴 수 있지만, 온대 아시아 지역의 귀뚜라미 소리는 잔잔해서 시상을 떠올리게 하는 좋은 소재입니다. 중국의 고전 시를 최초로 집대성한《시경(詩經)》의 〈국풍(國風)〉 제15편 '빈풍(豳風) 7월'에 이런 얘기가 전해집니다. '귀뚜라미는 7월에는 들녘에서 울고, 8월에는 마당에서 울고, 9월에는 마루 밑에서 울고, 10월에는 방에서 운다'라는 우리나라 속담의 오리지널 버전입니다.

5월에 여치가 울고	五月斯螽動股
6월에 베짱이가 울고	六月莎雞振羽
7월에 들에 있다가	七月在野
8월에 마당에 있다가	八月在宇
9월에 마루 밑에 있다가	九月在戶
10월에 귀뚜라미는 내 침상 아래에 있다.	十月蟋蟀入我牀下

우리나라 옛시조를 분석했을 때 가장 많이 등장한 곤충으로 1위는 나비, 귀뚜라미가 2위를 차지했습니다.[7] 귀뚜라미가 소재로 쓰인 근래의 시에는 윤동주 시인의 〈귀뚜라미와 나와〉(1938년)가 있고, 대중가요로는 귀뚜라미 울음소리 배경음이 무척 낭만적인 여행스케치의 〈별이 진다네〉, 안치환의 〈귀뚜라미〉 같은 노래가 유명합니다.

가을밤은 귀뚜라미 세상입니다. 집 안에 앉아 멀리서 들려오는 귀뚜라미 소리를 감상하면 마음이 안정됩니다. 그렇지만 밤중에 산에서 귀뚜라미 소리를 직접 들어보면 어떨까요? 치열한 생존경쟁이 벌어지는 현장을 만날 수 있습니다. 귀뚜라미는 굴속에 들어가 숨어서 울기도 하는데, 그럴 때 휴대폰으로 소리를 잠시 녹음해서 재생하면 귀뚜라미 수컷이 바로 굴 밖으로 튀어나옵니다. '누가 내 땅에서 우는 거야?' 하며 잔뜩 화가 난 표정을 하고서 말이지요.

밤중에 바닥을 돌아다니는 귀뚜라미는 대부분 암컷입니다. 배끝에 뾰족한 산란관이 달린 녀석들이지요. 수컷은 소리를 잘 전달할 수 있는 좋은 자리에 틀어박혀 노래만 부릅니다. 암컷들은 사방

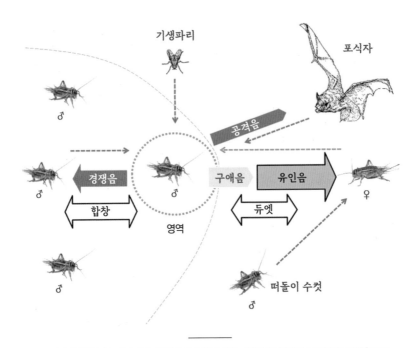

귀뚜라미의 음향통신 메커니즘. 암컷을 유혹하기 위한 유인음은 암컷이 근접하면 구애음으로 바뀐다. 다른 수컷이 접근하면 경쟁음을 내어 싸우거나, 서로 일정한 간격을 유지하며 암컷을 끌어들이기 위해 합창을 부르기도 한다. 일부 암컷이 소리를 내는 종의 경우에는 암수가 듀엣으로 화답하기도 한다. 포식자의 접근에 공격음을 내는 종도 있으며, 소리 신호를 가로채는 기생파리도 있다. 떠돌이 수컷은 울지 않으며 암컷의 방황을 틈타 교미 기회를 가로챈다.

에서 들려오는 수컷 귀뚜라미의 소리를 듣고 마성에 빠진 듯 유혹되어 길을 찾아갑니다. 그렇지만 분명 마음에 드는 소리여야만 암컷은 수컷이 있는 곳으로 이동합니다. 수컷 귀뚜라미들은 자신의 유전적 우수성을 커다란 소리를 통해 전달합니다. 그런데 과학자들은 이 와중에 울지 않는 수컷이 있다는 것을 밝혀냈습니다. 이들은 이른바 떠돌이 수컷으로, 울음소리로는 경쟁이 되지 않음을 스스로 알고, 우수한 수컷을 찾아 방황하는 암컷의 이동 경로 중간에 끼어들어 암컷을 겁탈합니다. 사슴벌레나 장수풍뎅이 중에도 뿔의 크기가 유독 작은 수컷들이 있는데 이들의 번식 전략도 이와 비슷합니다.

수컷이 우는 이유는 같은 종의 암컷을 부르기 위함인데, 엉뚱하게 이 소리를 중간에 도청해서 찾아오는 기생파리(Tachinidae)도 있습니다. 수컷의 몸에 기생파리가 알을 낳으면 부화한 구더기가 수컷 귀뚜라미의 몸을 파먹으며 성장하고 수컷 귀뚜라미는 결국 죽게 됩니다. 곤충의 한살이를 통해 생명현상의 축소판을 볼 수 있는 것이지요.

익숙한 자연의 소리는 향수병을 달래주는 소재가 되기도 합니다. 월간《좋은 생각》에서 외국으로 이민 간 한국 분이 고향이 너무 그리워 친구에게 주변에서 들리는 벌레 소리 같은 것들을 녹음해 보내달라고 부탁했다는 이야기를 읽었습니다. 또 근래 접한 말 중에 '호남 여치, 관북 귀뚜라미'라는 말이 있는데 지방에 따라 다른 풀벌레 소리가 고향의 정취를 느끼게 해준다는 의미를 담고 있지요.

깊어가는 계절과 함께 하는 곤충 소리 듣기는 아파트가 많은 도시에서도 해볼 만한 곤충 수업 프로그램입니다. 그렇지만 어린이들과 이 수업을 해보니 애로사항이 있습니다.

"얘들아, 귀뚜라미 소리 한번 들어보자."

제가 이렇게 주의를 집중시켜도 아이들이 조용한 것은 잠시뿐, 친구들과 금방 다시 수다를 떨기 시작하면 귀뚜라미 소리에 집중하기 쉽지 않습니다. 그러고 보면 사람이야말로 가장 시끄러운 동물인 것 같습니다. 곤충 소리를 녹음하러 다닐 때를 떠올려보면 막상 조용한 곳을 찾기가 쉽지 않았습니다. 오밤중에도 오토바이 엔진 소리, 차 소리는 예사고 비행기 소리도 잘 들립니다. 등산할 때면 라디오를 틀고 다니는 사람들도 많고 생태공원에서도 스피커에서 계속 음악 소리가 나옵니다. 자연 그대로의 소리에 귀 기울이는 사람을 찾기 어려운 것이 현실이지요. 짐작건대 자연의 적막감이 오히려 어떤 불안감을 가져오는 모양입니다. 곤충학자로서 곤충 소리를 제대로 녹음하기 위해 1분 정도만 아무런 잡음이 없으면 좋겠다고 바라지만, 그 짧은 시간을 제대로 갖기가 정말 어렵다는 것을 깨닫곤 합니다.

숲이 만드는 소리, 다양한 소리가 우리 주변에 지천으로 널려 있습니다만 아쉽게도 오늘날 우리는 쉽게 접할 수 없습니다. 우리는 원하는 때, 원하는 소리를 듣는 데 익숙해져 있습니다. 컴퓨터 자판 하나만 두드리면, 스위치 하나만 올리면 온갖 소리를 불러낼 수 있습니다. 하지만 숲이 만드는 소리, 자연이 창조하는 소리는 우리가 원한다고 해서 만들어 낼 수 없습니다. 기다려야 하고 기다릴 줄 알아야만 즐길 수 있습니다. 새가 지저귈 때까지, 비가 올 때까지, 바람이 불 때까지, 그리고 숲이 커갈 때까지 기다릴 줄 알아야만 숲의 소리, 자연의 소리를 즐길 수 있습니다.[8]

과연 사람이 없었던 태초에 지구의 소리는 어땠을까요? 최근

에는 국립공원이나 열대림, 바닷속 등에서 들리는 소리를 장기
간 녹음해 생태계 다양성을 비교, 평가하는 연구가 이루어지고
있습니다. 환경요소로서 소리는 크게 생물음(biophony), 지구음
(geophony), 인공음(anthrophony)으로 구별합니다. 소리는 경관 생
태계를 구성하는 중요한 요소로서 최근 소리 경관(soundscape)에
대한 관심이 커지고 있는 추세입니다. 곤충 소리를 비롯해 자연에
서 들리는 좋은 소리에 귀를 기울이며 우리 주변의 생태계를 느껴
보는 것도 탁월한 생태 수업이 아닐까 합니다.

4부

충문화
산책

화폭에 담긴 곤충

이 세상에 추한 생명체는 없다.
독거미조차도 자신을 아름답다고 생각한다.

— 무니아 칸(시인)

2006년에 5천 원 지폐 신권이 새로 나왔을 때 누리꾼들 사이에서 갑작스레 논쟁이 일어났습니다.

"뒷면에 그려진 곤충은 모기인가? 귀뚜라미인가?"

5천 원권 앞면에는 율곡 이이의 초상화가 그려져 있고 뒷면에는 신사임당의 〈초충도(草蟲圖)〉가 그려져 있는데, 〈초충도〉의 수박 아래에 그려진 곤충이 무엇인지를 놓고 갑론을박 여러 의견이 오갔습니다. 한국조폐공사에서 〈초충도〉의 제목은 '수박과 여치'라고 설명했지만, 생김새가 모기나 깔따구 같다는 의견이 많았습니다. 이윽고 여치 전문가인 제게 인터뷰 요청이 오기에 이르렀습니다.

저는 다음과 같이 대답했습니다.

"그림이 세밀하지 않지만, 긴 더듬이와 배 끝의 산란관을 볼 때 여치가 맞습니다. 모기라면 뾰족한 주둥이가 있어야 하고 깔따구라 하더라도 수박과 어울리지 않습니다. 여치는 〈초충도〉에 자주 등장하는 소재입니다."

신사임당(1504~1551년)은 5만 원권에 초상이 등장하고 5천 원권에는 그가 그린 〈초충도〉가 등장할 만큼 우리나라의 대표적인 여성 화가로 초충도를 그린 서양 여성 화가인 마리아 지빌라 메리안(Maria Sibylla Merian, 1647~1717년)이 독일 지폐에 등장한 것에 비교할 수 있습니다.[1] 사실 풀벌레는 옛 그림에 자주 등장하는 소재입니다. 그림의 소재가 된다는 것은 미적 관심의 대상이라는 의미인데, 초충도를 통해 옛사람들은 자연 속의 이름 없는 풀과 벌레에게도 깊은 관심을 가졌음을 알 수 있습니다.

국립생물자원관에 처음 입사했을 때, 저는 무척추동물연구과에서 근무했습니다. 살아 있는 생물처럼 조직도 변화하고 발전하는 과정을 거치는데 그사이 무척추동물연구과는 사라지고 동물자원과로 이름이 바뀌었고 저는 순환보직에 따라 전시교육과에서 근무하게 되었습니다. 그때 처음으로 담당했던 기획전이 〈옛 그림 속 우리 생물〉 전시회였습니다. 생물을 소재로 한 옛 그림 장르에는 꽃과 새를 주로 그린 화조도(花鳥圖), 물고기와 갑각류를 그린 어해도(魚蟹圖), 큰 동물을 그린 영모도(翎毛圖) 등이 있지만, 저는 제 전공에 따라 곤충이 많이 등장하는 초충도에 관심이 갔습니다.

조선 시대 초충도 화가로는 신사임당 외에 남계우(1811~1888년)

선생이 잘 알려져 있습니다. 조선 후기 화가인 남계우는 오늘날의 세밀화 같은 사실적인 나비 그림을 남겼습니다. 조선 전기만 하더라도 관념화라고 해서 선비의 정신세계를 상상력을 바탕으로 그린 그림이 주를 이루었지만, 조선 후기부터는 청나라와의 교류와 실학사상의 영향으로 실제 사물을 관찰하고 정교하게 묘사한 진경산수가 유행하기 시작했습니다. 당시 실학자들은 '소재를 표현하는 데 있어 정신을 중요시해야 한다'는 이전의 체계에서 '정신이란 형체 안에 있는 것이기 때문에 정확한 외형 묘사가 선행되어야만 정신도 온전히 표현할 수 있다'는 사고로 인식을 전환했습니다.

기획전을 준비하는 과정은 정선(1676~1759년), 김익주(1684~미상), 심사정(1707~1769년), 김홍도(1745~미상), 신명연(1808~1886년) 등 우리 자연을 그린 화가들의 멋진 작품을 감상할 수 있는 소중한 기회였습니다. 〈옛 그림 속 우리 생물〉 기획전은 국립중앙박물관의 협조로 옛 그림을 영인본으로 제작하고 실물 표본을 함께 전시해 관람객들이 직접 비교해보는 전시회로 호평을 얻었습니다.

옛 그림을 보면 곤충학자로서 흥미로운 점이 꽤 많습니다. 첫째, 지금은 보기 힘든 곤충까지 그려져 있다는 것입니다. 가령 신사임당의 〈초충도〉에 나오는 소똥구리와 남계우의 〈군접도〉에 나오는 붉은점모시나비 등은 현재 멸종위기종으로 지정되어 있습니다. 옛 그림의 소재라는 것은 과거에는 주변에서 쉽게 볼 수 있는 곤충이었다는 사실을 증명합니다. 왕붉은점모시나비(*Parnassius nomion*)는 현재 북한에서만 볼 수 있으며, 남계우의 그림에 등장하는 남방공작나비(*Junonia almana*)는 남방계 열대종으로 석주명 선생이 훗날 남쪽 지방에서 이 나비를 채집해 남계우의 그림이 실물을 직접 보고 그린 것을 입증하기도 했습니다.

둘째, 그림을 읽는 법이 따로 있다는 점입니다.[2] 동양화에서 그림에 담긴 소재들은 많은 상징성을 담고 있는데, 자주 그려지는 소재의 경우 분명한 의미가 있습니다. 예를 들면 고양이와 나비를 함께 그린 작품인 묘접도(猫蝶圖)에서 고양이와 나비는 건강과 장수를 의미합니다. '고양이 묘' 자는 '칠십 노인 모(耄)' 자, '나비 접' 자는 '팔십 노인 질(耋)' 자와 중국어 발음이 같습니다. 즉, 70~80세까지 건강하고 장수하라는 뜻을 담은 그림인 것이지요. 동음이의어를 활용한 상징입니다. 옛사람들의 소망은 지금과 크게 다르지 않아 출세, 입신양명과 자손 번창, 무병장수 등으로 요약할 수 있습니다. 옛 그림에서 자주 그려졌던 곤충은 나비, 여치, 딱정벌레 같은 종류들입니다. 초충도에 등장하는 생물들과 그 숨은 뜻은 표에 더욱 구체적으로 정리했습니다.

셋째, 작품에 등장하는 생물의 생태는 오늘날의 과학 지식으로 재해석할 필요가 있다는 점입니다. 가령 김홍도의 〈하화청정(荷花蜻蜓)〉이라는 작품에는 붉은 연꽃 위에 빨간색 잠자리와 파란색 잠자리 한 쌍이 어울린 모습이 묘사되어 있습니다. 이전 작품 해설에서는 두 잠자리가 마치 암수인 것으로 생각해 짝짓기를 위해 공중잡이 한다고 설명했지만, 이 둘은 실은 서로 종이 다른 잠자리입니다. 빨간 것은 고추잠자리(Crocothemis servilia), 파란 것은 밀잠자리(Orthetrum albistylum)로 볼 수 있습니다. 즉, 수컷 잠자리들이 물가의 좋은 번식지를 차지하기 위해 서로 다투는 장면인 것이지요. 신

초충도에 등장하는 생물과 그 의미[3]

구분	종류	의미
곤충	여치, 베짱이	출세, 벼슬, 베를 짜는 여자
	나나니, 벌	부모 닮은 자식, 변화와 발전
	나비	팔십 노인, 기쁨, 사랑, 부부 화합
	매미	선비, 신선, 문신, 고결, 불멸, 부활
	메뚜기, 방아깨비	자손 번창
	사마귀	인내
	딱정벌레(갑충)	과거급제, 남자
식물	가지	자손 번창
	구절초	단계에 따른 성장과 발전
	국화	안거, 불로장생, 무병장수, 인내, 기상
	닭의장풀	축하
	도라지	경사스러운 일
	맨드라미	입신양명, 출세, 벼슬, 관직
	모란	부귀영화, 재복, 번영, 안락, 벽사
	봉숭아	벽사
	접시꽃, 닥풀	벼슬길의 승승장구, 승진
	산딸기	다산
	색비름	나이 들어 더 젊어지세요
	석류	자손 번창, 다산, 부귀다남, 풍요, 벽사
	수박, 오이, 참외(덩굴식물)	자손 번창, 다남, 젊음 유지
	여뀌	학업을 마침, 벼슬을 떠나 편히 쉼
	연	연달아 급제, 재생, 다자다복
	원추리	득남, 벽사
	제비꽃	마음먹은 대로 되세요
	파초	신선, 기사회생, 높은 벼슬
	패랭이	축수, 기원

▲ 김홍도의 〈하화청정〉
　(간송미술관 소장)

◀ 신사임당의
　〈양귀비와 풀거미〉
　(강릉오죽헌시립박물관
　소장)

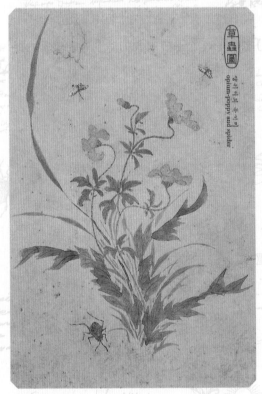

사임당의 〈양귀비와 풀거미〉라는 작품에서 풀거미는 거미가 아니고 산맴돌이거저리(*Plesiophthalmus davidis*)라는 딱정벌레입니다. 다리 수만 세어도 거미가 아니라는 점은 분명하지요. 산맴돌이거저리는 죽은 나무에서 흔히 볼 수 있는 곤충으로 예전이라면 나무집에서 흔히 보았을 곤충입니다. 그림의 원작자는 제목을 붙이지 않았지만, 후대 미술사학자나 학예사들이 작품 관리를 위해 제목을 붙이다 그릇된 해설을 한 것으로 보입니다. 이런 것들을 발견할 때면, 옛 그림을 해설할 때 생물의 특성을 묘사한 부분은 생물학자들의 의견이 필요할 것 같다는 생각이 들곤 합니다.

그렇다면 서양화의 경우는 어떨까요? 과거 분류학 문헌을 살펴보면 정밀한 삽화가 돋보이는 도판을 만나는 일이 종종 있습니다. 저자 자신이 뛰어난 아티스트인 경우도 있지만, 전문 삽화가를 고용해 그리기도 했기 때문입니다. 그런데 의외로 우리나라 초충도 화가나 중국의 치바이스(齊白石)처럼 유명 화가를 찾기는 쉽지 않습니다. 메리안 외에 벨기에의 얀 반 케셀(Jan van Kessel) 정도가 전문 삽화가로 알려져 있지요. 아마도 동양에서는 정신세계의 표현으로 예술의 영역에서 초충도를 그렸지만, 서양에서는 같은 대상을 그리더라도 과학의 영역에서 객관적이고 정교한 그림을 기술적으로 발전시킨 것으로 보입니다.

몇 년 전 네덜란드 화가 빈센트 반 고흐(Vincent van Gogh)가 그린 곤충 그림을 보았습니다. 고흐는 관찰력이 뛰어나 어린 시절부터 곤충을 잘 알고 꼼꼼하게 분류하기도 했다고 합니다. 작품 해설에서 그가 그린 그림 속 곤충이 해골박각시(Death's head hawkmoth)라는 설명을 읽었는데, 반 고흐의 삶을 통해 짐작할 수 있듯이 그는 아마 죽음을 예견하면서 해골박각시를 그렸을 것입니다.

미술과 자연의 가장 근본적인 공통분모는 삶과 죽음의 신비에서 담당하는 역할이다. 아주 찬란하게 살아 있는 담쟁이덩굴이 나무에 죽음을 가져오는 것처럼 회화도 캔버스에 생명을 포착함으로써 대상을 영원한 죽음이라는 순간에 고정시킨다. "어제 나는 박각시라고 부르는 아주 크고 희귀한 나방을 그렸어. 아주 놀랍고 매우 아름다운 색채를 가진 나방이야. 이 나방을 그리기 위해서는 죽여야 했어. 아주 아름다웠기 때문에 나방을 죽이는 것은 애석한 일이었단다." 　　　　　　　　　　　　　　— 편지 592[4]

그렇지만 실제로 고흐가 그린, 날개에 눈알 무늬가 박힌 곤충은 유럽에서 가장 큰 나방인 공작산누에나방(*Saturnia pyri*)이며, 해골박각시(*Acherontia atropos*)라고 부르는 종은 등판 한가운데 해골 무늬가 있습니다. 참고로 서양에서 죽음을 예견하는 곤충으로는 일명 '사번충(Death watch beetle, *Xestobium rufovillosum*)'이라고 불리는 딱정벌레가 있습니다. 이 딱정벌레는 나무속을 갉아먹으며 두드리는 소리를 내는데, 이 소리가 들리면 누군가 죽는다고 믿었습니다. 이를테면 환자가 누워 있는 침대 밑에서 괴상한 소리가 난다면 불길한 징조로 생각했겠지요. 다시 해골박각시 이야기로 돌아오면 이 곤충은 1991년 영화 〈양들의 침묵〉 포스터에 등장한 곤충이기도 합니다. 영화 포스터를 보면 해골박각시의 등판에 사진작가 필립

빈센트 반 고흐의 〈해골박각시〉(반 고흐 미술관 소장). 작품명은 '해골박각시'라고 붙여졌으나 실은 공작산누에나방을 그린 것이다. 오른쪽 사진은 해골박각시를 닮은 탈박각시의 모습이다.

홀스만(Philippe Halsman)의 1951년 작품 〈달리의 해골〉을 합성했는데, 이 그림은 자세히 보면 일곱 명의 여자 누드가 형상화되어 있습니다. 범죄 수사 영화의 상징성을 나타낸 작품으로 인상적입니다. 우리나라에도 해골박각시와 닮은 탈박각시(*Acherontia styx medusa*)가 살고 있습니다.

자연주의 화가들이 그린 곤충을 소재로 한 작품을 만나면 곤충 전공자로서 반가운 마음에 더욱 자세히 들여다보게 됩니다. 화가가 그림을 그리기 위해 얼마나 자세히 관찰했을까 하는 점이 우선 눈에 들어오지요. 작품을 감상하는 여러분들도 화가의 시선으로 회화 속에 담긴 곤충들의 모습을 눈여겨본다면, 작품 속 숨은 재미와 메시지를 발견할 수 있을 것입니다. 곤충 화가의 독백을 잠깐 소개하며 이번 장을 마치겠습니다.

놀랍게도 이곳저곳마다 다양한 곤충들이 많이 서식하고 있었다. 나는 서서히 관찰하기 시작했다. 풀 사이에 줄을 만들어 먹이를 기다리는 무당거미, 사마귀의 당당하고 날카로운 눈매로 자신의 먹이와 본인을 노려보는 모습, 교미하는 풀무치들의 모습 등을 볼 수 있었다. 여기서 나는 생명체들의 신비한 모습을 보면서 이들이 단순한 생물도감의 학습 재료가 아닌 것을 느꼈다. 이것은 바로 작은 우주 공간이었다. 불과 서너 평 안 되는 작은 공간에도 이처럼 많은 생명체들이 나름대로 삶을 영위하며 종족 번식을 하려고 애쓰고 있었다. 이것이 우리들의 삶의 이야기며 인생철학이 아니던가. 천하보다 작은 생명체 하나가 소중하다는 말처럼 사고하고 보는 자연은 우리에게 시사해주는 점이 크다 하겠다. (중략) 곤충들은 인간과 똑같은 것이 아닌가. 우주법칙에 따라 종자끼리 교미하여 종족 번식과 함께 자기들 나름대로 삶을 영위해가고 있다. 어찌 보면 곤충들은 인간에게 많은 점을 시사해준다. 번식을 위하여 먹을 만큼만 확보하며 자연순리적인 삶에 비해 인간들은 이기적 부와 분에 넘치는 욕심과 사치를 하지 않는가.[5]

한중일 삼국의
초충 문화 비교

모든 생명은 어떤 부분도 서로 소홀하지 않게 사슬로 연결되어 있다.
이 작은 존재들의 어떤 행동이 종종
공익의 질적인 성공 또는 실패를 좌우한다.

— 존 헨리 컴스톡(곤충학자)

중국 베이징에서 유학 중인 한국 학생으로부터 이메일 한 통을 받았습니다.

'중국에 와보니 많은 사람들이 여치를 키우고 있고 여치를 키우는 벌레집(충롱)이 하나의 전통문화로 굉장히 발달해 있는데, 한국에는 이런 문화가 없나요?'

메일에 첨부된 파일은 충롱(蟲籠) 위에 앉아 더듬이를 핥는 북경여치(*Gampsocleis gratiosa*) 사진이었습니다. 이 여치는 1987년 아카데미상 9관왕 수상작인 영화 〈마지막 황제〉에도 등장할 만큼 중국의 대표적인 애완곤충입니다. 초충도에도 자주 등장하고, 울음소리 때문에 '괵괵(蟈蟈)' 또는 '괵아(蟈兒)'라고도 불립니다. '관아(官衙)'와 독음이 비슷하여 벼슬길에 오르기를 축원하는 상징성이 있습니다. 저는 메일에 이렇게 답장했습니다.

'우리나라도 예전부터 여름이면 보릿대로 만든 여치집을 처마 밑에 매달아 두고 여치 울음소리를 감상하던 문화가 있었습니다.'

그러나 사실 오늘날 전통 여치집은 민속촌 같은 곳에나 가야 볼 수 있을 뿐이지요.

2011년 중국의 진징바오(金呑宝) 박사가 근무하는 상하이과학기술관을 방문하게 되었습니다. 진 박사는 한국에도 몇 차례 방문한 적 있는 여성 메뚜기 학자로 저와는 이미 오래전부터 이메일을 통해 알고 지낸 사이입니다. 진 박사는 중국 곤충 시장에서 상업용으로 거래되는 메뚜기목 30여 종의 목록을 발표한 바 있습니다.[6] 일정을 마칠 무렵, 진 박사의 추천으로 중국의 명물인 명충(鳴蟲) 시장에 들를 기회가 생겼습니다. 진 박사의 글과 문화곤충학의 소개로 중국의 명충 시장은 세계적으로 유명해져 이방인의 관심을 끌기에 충분했습니다. 더구나 한국에서는 기껏해야 사슴벌레, 장수풍뎅이 정도만 애완곤충으로 여겨지는데, 중국에서는 여치, 귀뚜라미 등 메뚜기 종류가 더 많은 사랑을 받는다고 하니 메뚜기 연구자로서 현장에 직접 가본다는 사실에 두근거렸습니다. 진 박사님은 저에게 명충 시장까지 가는 데 도움을 줄 운전기사를 붙여주었습니다. 차에 오르자 라디오를 켠 것도 아닌데 차 안에서 낯선 소리가 계속 들려왔습니다.

"괵괵괵괵, 괵괵괵괵…."

잠시 멈췄다 다시 들리고 또 멈췄다가 다시 들리는 소리가 무엇인지 귀 기울이다 보니 자연스레 운전석으로 시선이 향했습니다. 분재를 놓아 아담한 정원처럼 꾸며진 앞좌석의 통 속에서 커다란 여치 한 마리가 울고 있었습니다. 북경여치였습니다! 점심 식사를 위해 식당에 내릴 때 운전기사는 여치집을 흰 천으로 정성스레 덮었습니다. 과열된 차 안에서 여치가 스트레스를 받지 않도록 하는 배려입니다.

　　여러 가지 중국요리가 순서대로 나오는 사이, 기사는 와이셔츠 주머니에서 작은 나무 상자 하나를 꺼내 보여주었습니다. 충롱이었습니다. 열어봐도 괜찮은지 허락을 구하고 미닫이 뚜껑을 열자, 작은 금빛종다리(*Natula pallidula*) 한 쌍이 모습을 드러냈습니다. 금빛종다리는 울음소리를 잘 내는 풀벌레로 중국에서 많이 기르는 곤충입니다. 중국인들은 충롱을 주머니에 넣고 다니면서 라디오처럼 수시로 풀벌레 생음악을 감상한다고 합니다.

　　드디어 도착한 명충 시장의 첫인상은 관상어나 애완동물을 사고팔던 우리나라 청계천 시장과 비슷했습니다. 큰 거리에서 작은 골목 안으로 들어가자 더욱 많은 상점들이 즐비했고 가게들마다 꺼내놓은 각양각색의 충롱과 마주쳤습니다. 작은 통마다 우는 벌레들이 한 마리씩 들어가 저마다 울음소리를 내고 있었습니다. 여치 한 마리는 보통 10~15원(한화 2천 원), 귀뚜라미는 5~10원(한화 1천 원) 정도였습니다.

　　현대식 충롱은 단단한 종이나 플라스틱으로 찍어낸 형태이지만, 당나라 때부터 내려오는 전통 방식으로 만든 충롱은 박 속을 파

차 안의 여치 정원

운전기사가 보여준 충롱

내 제작합니다. 새김 장식이 있는 나무 뚜껑 안에는 스프링 코일 마개가 하나 더 들어 있었는데, 여치를 넣고 꺼낼 때 더듬이가 끼지 않도록 방지하는 역할을 합니다. 도자기로 만든 납작한 사육통도 보았는데, 싸움 귀뚜라미(鬪蟀)를 넣는 용도였습니다. 저는 호기심에 충롱을 종류별로 몇 가지를 샀습니다.

시장에서 말로만 듣던 중국 귀뚜라미 싸움대회인 투솔을 볼 수 있을까 내심 기대했지만, 당시는 11월이라 거의 볼 수 없었습니다 (투솔의 전성기는 풀벌레의 활동이 왕성한 8~9월입니다). 마침 귀뚜라미를 조련하고 있는 사람이 있어 어깨너머로 살짝 구경하려던 찰나, 방해가 되는지 뚜껑을 닫았습니다. 그러고는 돈을 내면 보여준다고 하더군요. 과연 중국 상인답다는 생각이 들었습니다. 중국은 문화대혁명을 통해 많은 전통과 구습을 버렸지만, 귀뚜라미 싸움대회는 여전히 살아남아 중국 서민들 사이에서 오랫동안 하나의 오락거리로 자리 잡아 전해오고 있습니다.

중국 역사를 살펴보면 곤충에 대한 관심은 황실에서 유래했습니다. 누에에서 비단 뽑는 비법을 처음 발견한 것도, 가을철 베갯머리에서 풀벌레 소리를 들으며 외로움을 달랬던 것도 왕족이었습니다. 아무래도 먹고살기 바쁜 서민보다 삶의 여유가 있는 왕족들이 작은 생물인 곤충에게까지 관심을 둘 수 있었을 것입니다. 우리를 명충 시장까지 안내해준 나이 지긋한 기사님도 충롱을 꺼내 보여줄 때 '나는 벌레 소리를 감상할 줄 아는 여유 있는 사람이다' 하고 말하는 듯한 인상을 받았습니다. 중국 고위층의 곤충 문화 가운데 귀뚜라미 싸움대회는 내기 도박과 연계된 하나의 오락거리로 서민층

중국 명충 시장에서 판매 중인 다양한 충롱

한국민속촌에서 만난 여치집

까지 널리 퍼지게 된 것으로 보입니다.

　2011년 회원으로 활동 중인 일본 메뚜기학회로부터 《명충문화지(鳴〈虫文化誌)》라는 책과 함께 한 통의 편지를 받았습니다.[7] 학회의 원로인 카노(加納康嗣) 선생이 출판한 책에 일본의 미술관과 골동품 가게에서 전시 중인 조선 시대 충롱을 참고 사진으로 실었는데, 진짜 한국산인지 의견을 묻는 편지였습니다. 대나무와 옹기로 만든 세 가지 각기 다른 모양의 사진 속 충롱은 제가 중국 명충 시장에서 마주친 것과 매우 닮았습니다. 그래서 저는 '한국에서 제작된 것은 아닐 것이다'라는 답변과 함께 민속촌에서 직접 촬영한 여치집 사진을 자료로 보냈습니다.

　일본은 중국과 마찬가지로 풀벌레 소리를 감상하거나 사고파는 문화가 상당히 오래되었는데, 에도시대(1603~1868년)에 곤충 시장에서 충롱을 파는 상인 모습이 옛 그림으로 전해집니다. 또한 전국 각지의 벌레 소리를 감상하기 좋은 명소가 대대로 전해오고 있습니다.

　우리나라의 풀벌레 문화는 중국이나 일본에 비해 미술과 전통 공예품, 기록에 뚜렷한 흔적이 남아 있지 않습니다. 옛 그림 기획전을 준비하면서 우리나라 초충도를 많이 살펴보았는데, 풀벌레가 그림 소재로 쓰이긴 했지만 일본이나 중국처럼 사람과 곤충이 함께 등장하거나 충롱을 묘사한 그림은 찾지 못했습니다. 다만 고려의 문인 이규보의 《동국이상국집》 중 〈금롱 속의 귀뚜라미〉 같은 작품과 일제강점기에 조선의 여치 기르는 풍습 등을 언급한 기록 정도가 남아 있습니다.

귀뚜라미는 자연에서 우는 소리가 좋아   蟋蟀偏宜砌底聽

금롱에서 무슨 별다른 울음 나올쏜가   金籠那有別般鳴

질탕한 풍류 인간에까지 새어 나와   風流漏洩人間世

궁중의 베개 맡 소리를 흉내 내었네   儂作宮中一枕聲

《유사(遺事)》에 "매년 가을이 되면 궁중의 비첩(婢妾)들이 조그만 금롱 속에 귀뚜라미를 잡아넣어 베개 맡에 두고 밤마다 그 우는 소리를 들었으므로 서민의 집에서도 다 이를 흉내 내었다" 했다.

— 이규보, 《동국이상국집》 제4권

역사적으로 풀벌레 문화가 가장 융성했던 시절은 중국 당나라 (618~907년) 때입니다. 요즘은 미국 유학을 많이 가지만, 당시 유학생이나 승려들은 중국 당나라로 문물을 공부하러 갔고 인적 교류를 통해 중국 문화는 한국과 일본으로 전파되었습니다. 풀벌레 문화는 한중일 삼국에서 모두 비슷한 시기에 유행했으나, 우리나라에서는 잠시 명맥이 이어졌을 뿐 크게 발달하지 못한 채 사그라든 것으로 생각됩니다. 혹시라도 우리 옛 그림 중에 우리나라의 풀벌레 문화를 확인할 수 있는 자료를 보신다면 언제라도 제보해주시기 바랍니다.

같은 곤충, 다른 이름

세상이 끝났다고 생각했을 때
애벌레는 나비로 변했다.

— 작자 미상

　남북 분단 이후, 북한에 대한 현장 조사가 불가능하여 한반도 곤충을 이해하는 데 절반이 누락된 채로 연구를 하다 보니 항상 부족하고 아쉬운 마음이 들곤 합니다. 그동안 남북관계를 둘러싼 정치적 상황에 따라 생물학자들도 북한 방문 계획을 세웠다가 물거품이 되는 일들이 반복되곤 했습니다.

　현재로서 북한의 곤충을 파악할 수 있는 방법에는 몇 가지가 있습니다. 첫째는 북한을 자유롭게 오가는 이로부터 간접적으로 곤충을 얻는 방법입니다. 북한과 가까운 중국 단둥(丹東)에 곤충상이 있는데, 대학원 시절 학교 연구실로 해마다 단둥 곤충상의 편지가 도착하곤 했습니다. 북한 어디에서 좋은 곤충이 나왔으니 구매하라는 것이지요. 가끔 장수하늘소도 사라고 연락이 옵니다. 그런데 첨부된 사진을 보면 도저히 북한에서 살 것 같지 않은 종들도 섞여 있습니다. 지도교수님께서는 중국의 곤충상과는 접촉하지 않는 것이 좋다고 얘기하셨지요. 물론 믿을 만한 출처로부터 제공받은 표본은 연구에 큰 도움이 됩니다. 국립생물자원관에서도 조총련계 곤충학자로부터 북한에서 직접 채집한 표본을 구매한 적이 있습니다. 일본에서 체계적인 훈련을 받은 전공자라 표본 데이터를 신뢰할 수 있었습니다.

둘째는 헝가리 자연사박물관의 사례처럼 과거 공산국가를 방문해 소장 표본을 확인하는 방법입니다. 국립생물자원관에서는 폴란드, 불가리아, 러시아 등을 방문하여 남북 분단 전에 반출된 표본이나 소장 중인 북한 표본을 확인하는 작업을 이어왔습니다. 붉은 혁명 이후 1960~70년대 사회주의국가들 간에는 협력 체계가 구성되어 상호 방문이 가능한 교류 프로그램이 있었다고 합니다. 동유럽에서는 자연과학 분야 연구자들이 이 교류 프로그램을 통해 미답 지역인 북한으로 건너가 자연 탐사 활동을 벌였고, 북한에서는 사회과학 분야 연구자들이 유럽의 정치 현장을 견학했다고 합니다.

1900년대 초기, 조선박물학회와 동물학의 개척기를 이끌었던 원홍구(1888~1970년), 조복성(1905~1971년), 석주명(1908~1950년), 이승모(1923~2008년) 선생 역시 이북 출신 학자들입니다. 분단 이후 북한의 자체적 연구 성과가 어느 정도 진척이 있는지 궁금했던 저는 국회도서관 자료실에서 북한의 곤충에 대한 자료를 찾아보았습니다. 분명 북한에도 곤충 연구자가 있긴 했지만, 상호 교류를 하지 못하기에 이름만 눈여겨봐둘 뿐 더 이상의 발전상을 알아내기에는 한계가 있었지요.

다만 북한 논문들을 살펴보면서 북한 기초과학의 전반적인 분위기는 머릿속으로 그릴 수 있었습니다. 북한에서 쓰인 논문들의 첫머리에는 대개 김일성, 김정일, 김정은 3대 수령의 교시가 적혀 있는데 교시의 내용을 보면 북한에서도 기초과학을 중시한다는 걸 알 수 있습니다.

우리나라의 자연환경을 과학적으로 조사하는 것은 매우 중요합니다. 우리나라 자연환경에 대한 과학적 자료에 따라 리용할 수 있는 온갖 조건들을 인민경제 건설에 리용하며 자연부원 개발 사업을 널리 하여야만 우리의 인민경제를 비약적으로 발전시킬 수 있습니다.

— 《김일성 전집 제14권》, 487쪽

기초과학 부문들을 발전시켜야 나라의 과학기술 수준을 빨리 높일 수 있고 인민경제 여러 분야에서 나서는 과학기술적 문제들을 원만히 풀 수 있으며 과학기술을 주체성 있게 발전시켜나갈 수 있습니다.

— 김정일, 〈2015, 생물학〉

과학연구 부문에서 주체공업, 사회주의 자립경제의 위력을 강화하고 인민생활을 향상시키는 데서 나서는 과학기술적 문제들을 우선적으로 해결하며 최첨단의 새로운 경지를 개척하기 위한 연구사업을 심화시켜야 합니다.

— 김정은, 〈2016, 생물학〉

또한 북한에서는 러시아나 중국, 일본 측 자료는 참고하지만, 미국이나 영어권 자료, 남한 자료는 거의 인용하지 않는다는 사실도 발견했습니다. 남북 분단 전 우리 학자의 논문을 참고한 정도입니다.[8] 세계화 시대에 이것을 주체적이라고 표현할 수 있을지 저는 의문입니다. 북한의 학계는 여전히 우물 안 개구리 같다는 생각을 갖게 하는 대목입니다.

남북이 갈라진 지 어언 70년. 그동안 남한 사람들도 생각이 많이 바뀌었습니다. 가령 생물상 연구도 남한으로 한정하거나, 우리나라의 가장 높은 산은 백두산이 아닌 한라산으로 해야 한다는 일부 의견도 있다고 합니다. 그렇지만 대한민국 헌법 제3조는 엄연히 '대한민국의 영토는 한반도와 그 부속 도서로 한다'라고 정의하고 있으며, 한반도는 생물지리학적으로 구북구계(Palaearctic Region)에 속해 있어 생물상에 대한 연구는 남북한이 함께 하는 것이 당연합니다.

남북한은 오랫동안 교류가 없었기 때문에 같은 언어로 출발했으나, 현재는 생물 이름에서도 많은 차이점이 생겼습니다. 박해철 박사님은 남북한 나비 이름의 비교를 통해 문화적 특성의 유래를 고찰한 바 있습니다.[9] 북한의 나비 이름은 다음과 같은 특성이 있습니다.

① 왕권 시대적 요소의 배격: 대왕, 왕, 왕자 등이 붙은 이름이 없다.

② 종교 또는 미신적 요소의 배격: 상제, 선녀, 신선, 지옥, 부처 등이 붙은 이름이 없다.

③ 사회계급이나 부르주아적 느낌의 어휘 배격: 각시, 기생, 사랑, 멋쟁이, 가락지, 시골 처녀, 도시 처녀, 돈 등이 붙은 이름이 없다.

④ 인명의 배격: 조복성, 석주명 등 곤충 학자명이 붙은 이름이 없다.

⑤ 친숙한 어휘의 차이: 예를 들어 '희롱'은 남한에서는 부정적인 의미이나 북한에서는 장난하며 논다는 좋은 의미다.

⑥ 왜색의 극복 부족: 남북한 모두 일본식 한자명을 그대로 번역한 이름이 존재한다.

우리는 흔히 나비와 나방의 차이점을 구분하지만, 나방은 남한에서만 쓰는 말이며, 북한에서는 낮나비(나비)와 밤나비(나방)로 구별합니다. 북한 생물에 대한 남한 과학자들의 관심과 문제의식으로 통일에 대비한 전문용어의 비교 연구가 곤충 분야에서 이루어졌습니다.[10] 그중에서 뚜렷한 차이가 느껴지는 몇 가지를 표로 정리해 보았습니다.

북한에서는 우리가 흔히 알고 있는 '길앞잡이'라는 곤충 이름에서 '앞잡이'라는 부정적인 뉘앙스를 대신해 '당나귀'라고 표현했고, 무당벌레 역시 무당이라는 미신적 요소를 배제해 '점벌레'라고 한

남북한 곤충 이름의 차이

목명	남한	북한
Dermaptera	집게벌레목	가위벌레목
Thysanoptera	총채벌레목	듯무지목
Psocoptera	다듬이벌레목	문각씨목
Trichoptera	날도래목	풀미기목
Plecoptera	강도래목	돌미기목

과명	남한	북한
Tridactylidae	좁쌀메뚜기과	벼룩메뚜기과
Carabidae	딱정벌레과	방구퉁이과
Cicindelidae	길앞잡이과	길당나귀과
Cleridae	개미붙이과	뻐꾹벌레과
Dytiscidae	물방개과	기름도치과
Nitidulidae	밑빠진벌레과	빨개과
Coccinellidae	무당벌레과	점벌레과
Chrysomelidae	잎벌레과	돼지벌레과
Ichneumonidae	맵시벌과	애기벌과
Vespidae	말벌과	왕퉁이과
Pompilidae	대모벌과	길벌과
Tipulidae	각다귀과	왕모기과
Sphingidae	박각시과	박나비과
Noctuidae	밤나방과	밤나비과
Hesperiidae	팔랑나비과	희롱나비과
Lycaenidae	부전나비과	숫돌나비과

점이 눈에 띕니다. 어느 정도 사투리처럼 이해되는 부분도 있고 도무지 뜻을 알기 힘든 경우도 있지요. 1941년 쓰인 변영로의 시 〈곤충구제(昆虫九題)〉에는 자벌레, 딱정벌레, 반딧불이, 말똥구리, 불나비, 오줌깨기, 베짱이, 문각씨, 소금쟁이 등 아홉 개의 곤충이 등장합니다. 여기서 '문각씨'는 남한에서는 전혀 사용하지 않는 곤충 이름이지만, 시 속에 그 생태가 잘 드러나 있습니다.

누구의 죽은 넋이 문각씨(門閣氏)로 태어나서
추야장(秋夜長) 긴 긴 밤에 남의 심사 흔드는다
밤중만 도드락 소래에 잠 못 이뤄 하노라

남한에서 문각씨(문각시)를 부르는 말은 '다듬이벌레'입니다. 옛날 한옥의 문풍지에는 다듬이벌레가 많이 살았지요. 야생에서는 나무껍질에 붙어 살거나 집에서는 낡은 책 속을 기어 다니기도 해서 흔히 '책벌레(book lice)'라고도 부르던 곤충입니다. 다듬이벌레는 번식기에 배를 바닥에 두들겨 소리를 내는데, 북한에서는 이를 '문에 붙은 귀신'의 소리로 여긴 듯하고, 남한에서는 풀 먹인 옷감을 두들기는 다듬잇방망이 소리로 여긴 것이지요.

이외에도 북한의 곤충 이름을 살피다 보면 흰개미번티기, 돌드레번티기, 사마귀번티기 등 '-번티기'라는 접미어가 붙은 이름이 눈에 자주 띕니다. 번티기는 '튀기'에 해당하는 북한어인데, 서로 다른 두 종 사이에 태어난 혼혈, 잡종(hybrid)을 가리키는 말입니다. 남한에서는 앞에서 열거한 곤충을 각각 흰개미붙이, 하늘소붙이,

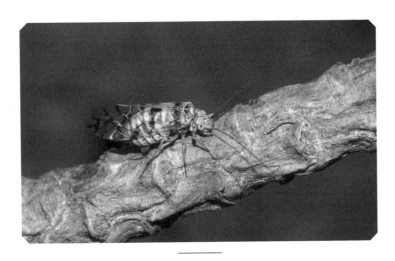

다듬이벌레(문각씨)의 일종

사마귀붙이라고 부릅니다. 남한에서는 혼혈인을 낮잡아 부르는 '튀기'라는 말 대신 '-붙이'라는 말을 붙여서 '원래의 것과 닮았지만 다른 것'이라는 의미로 사용하고 있습니다. 남북한에서 접두어 '거짓-', '어리-', 접미어 '-아재비', '-사촌'도 이와 같은 뜻입니다.

　북한어에는 우리말 원형이 잘 남아 있고 오히려 곤충의 특성을 잘 살린 경우도 있어 함께 살펴보면 말 멋 문화를 살리는 데 도움이 되리라고 생각합니다. 해방 이후 조선생물학회에서 우리나라 생물 이름을 처음 정리할 때 이북 출신의 학자들이 사상 논쟁을 피하기 위해 일부러 북한명과 차이가 뚜렷한 남한명을 표준어로 삼았다는 야사가 있습니다. 한반도 번영을 내다보면 남북한 생물 이름의 통일은 앞으로 꼭 극복해야 할 문제라고 생각됩니다.

　북한과 남한은 기후와 지리적 차이로 인해 서식하는 곤충들도 조금씩 차이가 있습니다. 북한의 곤충은 대륙성 기후의 영향으로 유럽에서 동아시아까지 널리 분포하는 종, 아무르(흑룡강) 지방을 중심으로 독자적으로 진화한 극동 고유종들이 분포하고 있습니다. 한편 남한에서는 새로운 미기록종으로 발견되는 곤충들의 기원이 동남아 열대지방에 분포하는 경우가 많아 북한과 달리 동양열대구(Oriental Region)의 영향을 많이 받고 있음을 알 수 있습니다.

북한의 곤충을 몇 가지 소개하자면, 북한의 곤충학자가 신종으로 발표한 온수평좀잠자리(*Sympetrum onsupyongensis*), 보천보좀잠자리(*Sympetrum pochonboensis*) 같은 고유종들도 있고, 북한의 천연기념물로 지정된 노랑홍모시범나비(*Parnassius eversmanni*, 황모시나비), 연지노랑나비(*Colias heos*, 연주노랑나비) 두 종이 잘 알려져 있습니다. 모두 백두산과 개마고원 등 동북지방의 고지대에 분포하는 종들입니다.

현재까지 알려진 북한의 곤충 종수는 7,377종으로 남한의 18,638종에 비해 월등히 적은데,[11] 아무래도 연구 인력의 차이 때문에 벌어진 격차로 생각됩니다. 북한의 논문을 참고하여 추측해보건대 김일성종합대학교 내에 생물학부가 있지만, 곤충 분류학자는 극소수일 것으로 생각됩니다. 반면 남한에는 국립자연사박물관이 없는 데 반해, 북한에는 전시 기능이 뚜렷한 평양자연사박물관이 있습니다.

여러 차례에 걸친 동유럽 국가의 탐사 결과로 북한의 곤충상이 많이 알려지지 않았을까 생각할 수 있지만, 여전히 북한의 곤충상이 덜 밝혀졌다고 평가하는 이유는 외국 과학자들이 방북했을 때 북한 당국이 이들을 철저히 통제하여 유명 관광지나 사적지 등 허가받은 장소에 국한하여 조사를 벌이게 했다는 한계점이 있기 때문입니다. 부디 정치적인 상황을 떠나 남북한 생물종의 보존과 연구를 위해 학자들 간의 교류가 자유롭게 이뤄질 날을 꿈꿔봅니다.

유적과 사찰에서 만난
곤충들

곤충은 냉혈일 뿐만 아니라, 초록이나 노란 피를 흘리며 단단한 눈과
등에 뇌가 있다. 그러나 그들은 우리 삶의 동지로 다수를 이루기에
나는 그들로부터 일종의 동반자적 관계를 발견한다.

— 애니 딜라드(작가)

2010년, 가족과 경주 여행을 다녀왔습니다. 직업도 직업이고 자
연환경이나 문화·역사 쪽에 관심이 많다 보니 새로운 곳에 여행
가면 그 지역의 박물관, 전시관, 동물원, 식물원, 유적지와 공원 같
은 곳을 많이 찾는 편입니다.

경주 여행에서 저는 뉴스에서 본 원성왕릉(괘릉)에 들러보고 싶
었습니다. 보도에 따르면 원성왕릉의 석인(石人)이 쓰고 있는 의관
에 곤충 문양이 새겨져 있다고 했습니다. 기대감을 갖고 찾아간 왕
릉은 사람들이 별로 찾지 않아 한적했습니다. 과연 무덤 앞에는 사
람 모양 석상들이 서 있었습니다. 눈이 깊고 코가 크며 수염이 덥수

벌 문양이 새겨진 의관을 쓰고 있는 경주 원성왕릉 조각상

룩한 형상은 한눈에 보아도 서역인(아랍인) 같아 보였습니다. 실크로드를 따라서 신라 땅까지 온 서역인을 보고 신라인들은 이들의 낯선 용모에 충격을 받지 않았을까요? 저는 석상의 모자에 곤충 문양이 새겨져 있다 하여 해당 조각상을 찾아 가까이 살펴보았습니다. 그런데 아쉽게도 이끼가 끼고 풍화작용이 심해 문양을 맨눈으로 알아보기는 어려웠습니다. 뉴스에 따르면 과거에는 조각상에 새겨진 곤충을 매미라고 해설했는데 국립문화재연구소에서 최신 3D 스캔 기술로 분석한 결과, 매미가 아니라 벌이라고 밝혀냈습니다. 예로부터 매미는 문관(文官)을, 벌은 무관(武官)을 상징했습니다. 그로부터 추정해보건대 아마 조각상의 주인공인 그 서역인은 단순한

무역상이 아니라 무장한 군대의 일원이 아니었을까 싶습니다(서역인이 아니라 금강역사라는 주장도 있습니다).

곤충 수업 중에 매미를 발견하면 저는 문인을 상징하는 매미의 오덕(五德)을 얘기하곤 합니다. 유교 시대에 매미는 정치인이 닮아야 할 다섯 가지 덕목인 '문청렴검신(文淸廉儉信)'을 갖춘 곤충으로 여겨졌습니다. 그 유래는 중국 진나라 시인 육운(陸雲)의 〈늦가을 매미 노래(寒蟬賦)〉에서 비롯했습니다.

머리 모양이 선비가 갓끈을 쓴 모양과 닮았다.

頭上有緌則其文也

오직 맑은 이슬만 먹고 산다.

含氣飲露則其淸也

사람이 먹는 곡식을 먹지 않아 염치가 있다.

黍稷不享則其廉也

거처할 집이 없이 검소하다.

處不巢居則其儉也

때가 되면 나타났다 때가 되면 사라져 믿을 만하다.

應候守常則其信也

같은 맥락에서 조선 시대에 궁중 회의를 할 때 조정 대신들은 익선관(翼蟬冠)을 썼는데, 익선관은 한자 뜻 그대로 '매미(蟬)의 날개(翼) 모양을 본 딴 모자(冠)'입니다. 곤충 수업 시간에 제 설명을 듣고는 어떤 분께서 "정치인을 닮아 무척 시끄럽기도 합니다"라고 말해 다들 웃음보가 터지기도 했지요. 다산 정약용 선생이 남긴 글 중 더위를 식히는 여덟 가지 방법으로 제시한 〈동쪽 숲에서 매미 소리를 듣다(東林聽蟬)〉 편에서도 매미가 등장합니다. 오늘날 매미 소리는 소음 공해처럼 여겨지지만, 옛사람들은 매미 소리를 들으며 무더위를 식혔습니다.

자줏빛 놀 붉은 이슬 맑은 새벽하늘에

紫霞紅露曙光天

적막한 숲속에서 첫 매미 소리 들리니

萬寂林中第一蟬

괴로운 지경 다 지나라 이 세계가 아니요

苦境都過非世界

둔한 마음 맑게 초탈해 바로 신선이로세

鈍根淸脫卽神仙

묘한 곡조 높이 날려라 허공을 능가하는 듯

高飄妙唱凌虛步

다시 애사를 잡아라 바다에 둥둥 뜬 배인 듯

旋搤哀絲汎墍船

석양에 이르러선 그 소리 더욱 듣기 좋아

聽到夕陽聲更好

와상 옮겨 늙은 홰나무 근처로 가고자 하네

移床欲近老槐邊

저는 경주에 들른 김에 황남대총의 유명한 비단벌레(玉蟲) 마구 장식도 보러 갔습니다. 진품은 수장고에 들어가 있어 가품을 보았는데, 비단벌레의 화려한 딱지날개는 신라의 금동문화와 무척 잘 어울리는 소재라고 생각되었습니다. 딱정벌레의 딱지날개는 오랜 세월이 흘러도 변치 않는 무척 견고한 소재로, 화석이나 지층 속에 그대로 남아 있어 유적 발굴 과정에서 자주 발견되는 편입니다. 일본 호류사(法隆寺)의 옥충주자(玉虫厨子)를 비롯해 여러 문화권에서 비단벌레를 화려한 장신구로 사용한 예가 있습니다.

국립문화재연구소에서 조선 제21대 왕 영조의 딸이자 사도세자의 누나인 화협옹주의 무덤에서 개미 화장품을 발굴했다는 뉴스가 보도되기도 했습니다. 화장품 단지에서 나온 부스러기는 황개미(*Lasius flavus*)의 몸체였는데, 개미는 개미산을 만들므로 피부 치료제로 사용했을 가능성이 있습니다. 이처럼 역사 속에 남겨진 곤충 이야기는 무척 흥미롭습니다.

그런 점에서 사극이나 역사 다큐멘터리에 단골 소재로 등장하는 주초위왕(走肖爲王) 고사를 실제로 실험한 연구는 무척 흥미롭습니다.[12] 주초위왕의 고사는 조선 중종 재위 기간 중 벌어진 기묘사화에 얽힌 유명한 이야기인데, '달릴 주(走)'와 '닮을 초(肖)' 자가 합쳐진 '조(趙)' 씨 성을 가진 인물(조광조)이 왕이 된다는 사자성어가 궁궐 내 나뭇잎에 쓰여 있었고 이로 인해 조광조가 반역을 꾀했다는 모함을 받게 되었다는 이야기입니다.

이 이야기가 과학적 근거가 있는지 확인하기 위해 실제로 2015년 서울 관악산에서 40종의 식물에 꿀물로 왕(王) 자를 쓴 뒤 곤충이

멸종위기종 I급이자 천연기념물 제496호인 비단벌레

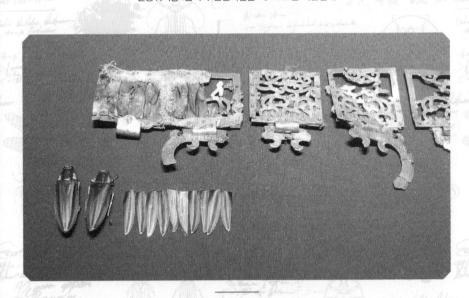

비단벌레 마구장식(국립경주박물관 소장)

글자 모양 그대로 갉아먹어 나뭇잎에 글씨를 새기는지 알아보는 실험을 했습니다. 결과적으로 어떤 잎사귀에서도 '왕' 자가 발견되지 않았습니다. 꿀물이 발라진 대로 곤충이 글자처럼 갉아먹지 않은 것이지요. 실제로 곤충이 먹이를 먹는 방식은 핥아먹거나 빨아먹거나 갉아먹거나 하는 등 특정한 방법으로 한정되어 있습니다.

즉, 꿀을 핥아먹는 곤충이 잎사귀까지 갉아먹는다는 가정은 곤충의 생태를 잘 모르던 옛사람들이 지어낸 이야기, 요즘 말로 하면 가짜뉴스였다는 것이 과학적으로 증명된 것이지요. 기묘사화는 음력 11월에 일어났는데 이 시기는 곤충의 활동이 왕성한 시기와도 맞지 않습니다.

곤충 조사를 다니다 보면 사찰에 들를 때가 많습니다. 우리나라 주요 명산의 명당 자리에는 보통 절들이 많이 건립되었습니다. 진관사, 흥국사, 보광사, 용문사, 상원사, 월정사, 희방사, 쌍계사, 백양사, 선운사, 대흥사, 관음사 등 저는 전국의 산으로 곤충 채집을 다니는 동안 방방곡곡의 사찰들도 많이 방문했지요. 어느 절에 가든지 곤충학자인 제 눈에는 연꽃 문양 문창살의 나비 문양 경첩이 제일 먼저 들어옵니다. 간혹 사찰에서도 진기한 곤충을 발견할 때가 있는데 사진 촬영은 별문제가 되지 않지만, 포충망을 들고 다닐 때는 항상 조심스럽습니다. 살생을 금하는 곳이기 때문이지요.

당나라 삼장법사 의정이 쓴 '호명방생의법(護命放生儀法)'에는 '비구가 일상생활에서 사용하는 물은 녹수낭(漉水囊)으로 걸러 밑바닥에 걸린 작은 벌레들을 한 그릇에 모아 하천이나 연못에 띄워

전남 장성 백양사의 사찰 문. 나비 문양 경첩이 눈에 띤다.

살려준다'라는 구절이 있다. 또한 보살들이 경계해야 될 열 가지 사항을 일러 놓은 '범망경 십중대계(梵忘經 十重大誡)'에도 생명이 있는 모든 것을 죽이지 말라는 내용이 있다. 이런 불살생(不殺生) 정신이 지켜지기 때문에 우리 주변에서 흔히 보기 어려운 곤충을 사찰 주변에서는 잘 볼 수 있다. 특히 사찰의 일주문에서부터 법당에 이르는 길은 곤충들의 전시장 같은 곳이다. 계곡에서 흐르는 물소리가 들려오고 풀내음이 진하게 풍겨오는 곳에 곤충들이 몰려 있는 경우가 많아 조금만 관심을 기울이면 숨겨져 있던 수많은 작은 생명들이 저마다 바삐 움직이고 있는 것을 볼 수 있다.[13]

언젠가는 한 사찰의 처마 밑에 커다란 벌집이 매달린 모습을 보았습니다. 벌 쏘임 사건이 뉴스에 자주 나온 이후로 시민들이 119에 신고를 하면 바로바로 벌집을 제거해주기 때문에 요즘에는 인가 주변에서 벌집을 만나기 쉽지 않습니다. 저는 걱정스러운 마음에 스님에게 여쭤보았습니다.

"스님, 벌집을 그대로 두면 위험하지 않습니까?"

스님의 답변이 인상적이었습니다.

"쟤들도 먹고 살아야지요. 어느 정도 떨어져 있으면 아무렇지도 않습니다."

사찰 경내에서는 잘 알려지지 않은 곤충들의 생태에서 비롯된 자연현상이 신비한 조짐으로 여겨지는 일들이 생기기도 합니다. 오래전 강원도 양양의 동해사에서 감로법우(甘露法雨)가 내렸다는 뉴스가 보도된 적이 있습니다.

동해사 법비 강림은 10월 12일 시작되어 24시간 밤낮을 가리지 않고 40일간 계속되고 있다.

법우(법비)는 마른하늘에 내리는 비를 말합니다. 방송사에서는 법우의 정체를 밝히기 위해 불상 위로 떨어지는 빗물의 모습을 촬영하고 대학 연구실에 성분 분석을 의뢰했습니다. 실험 결과, 법우라고 생각한 것은 식물성 물질이라는 것이 밝혀졌습니다. 그러나 곤충학자인 저는 '카메라를 더 가까이 클로즈업 했다면 나무 잎사귀 뒷면에 무리 지어 앉아 있는 끝검은말매미충(*Bothrogonia*

잎사귀 뒷면에 붙어 즙을 빨면서 배설하는 끝검은말매미충

ferruginea)을 발견했을 텐데' 하고 생각했습니다. 비로 보였던 것은
끝검은말매미충의 액체 배설물입니다. 끝검은말매미충은 겨울을
앞두고 월동하기 위해서 많은 에너지를 비축해야 하는데, 식물의
즙을 먹고 몸속에 농축하는 과정에서 끝검은말매미충이 배설한 오
줌이 비가 쏟아져 내리는 듯 보였던 겁니다.

　　우담바라의 전설도 비슷한 맥락에서 볼 수 있습니다. 오래전 과
천 청계사에서 3천 년에 한 번 핀다는 전설의 꽃 우담바라가 발견
되어 뉴스에 나왔습니다. 우담화(優曇華, *Ficus racemosa*)는 원래 인
도의 덩굴식물로 불경에 그 모습을 그린 그림이 전해지는데, 사실
뉴스에 등장한 자루 끝에 둥근 열매가 맺힌 우담화는 꽃이 아니라
풀잠자리의 알입니다. 풀잠자리는 가는 실 끝에 둥근 알을 매달아

듬성듬성 붙여놓는 습성이 있습니다. 자료 화면에서 우담바라가 불상의 얼굴이나 경찰차의 사이드미러에 붙은 장면이 나오기도 했는데요. 풀잠자리는 불빛에 이끌리는 습성 때문에 가정집에 들어와 형광등 아래에 알을 놓기도 하고 아파트 엘리베이터 안에서도 흔히 관찰됩니다. 불상과 사이드미러에 붙은 것도 그와 같은 습성 때문입니다. 풀잠자리는 부화한 유충이 진딧물을 잡아먹고 살기 때문에 주변에 화단이나 식물이 있으면 흔히 볼 수 있는 곤충입니다. 인도 불교에서 우담바라는 상서로운 존재지만, 한국에는 우담바라 같은 생물이 없으므로 비슷하게 생긴 풀잠자리 알이 우담바라의 대체물이 된 것이지요.

옛 선조들은 자연현상을 관찰할 때 당시의 지식 수준과 사고 체계로 이를 해석하려고 노력했습니다. 그 연장선에서 곤충의 출현에 대해서도 나름의 의미와 가치를 부여했습니다. 예로부터 인간과 곤충은 서로 무관한 존재가 아니었습니다. 오래전부터 인간과 곤충이 서로에게 영향을 미치며 공존 공생하는 관계를 이루며 살아왔음을 오늘날의 우리가 기억하면 좋겠습니다.

파피용의 만찬

나비가 말했다.
"그저 사는 것만으로 충분하지 않아.
햇살, 자유, 그리고 작은 꽃이 있어야 해."
— 한스 크리스티안 안데르센(동화 작가)

가족 여행으로 괌에 갔을 때 들른 현지 마트에서 한 가지 상품이 눈에 띄었습니다. 겉포장에 귀뚜라미 그림이 그려져 있는 제품이었는데 자세히 살펴보니 식용 귀뚜라미 과자였습니다. 말린 귀뚜라미에 몇 가지 식품 첨가제를 가미한 것으로 치즈맛, 양파맛, 소금 간만 한 것 이렇게 세 가지 종류가 있었습니다. 식용과 사료용으로 익숙한 거저리 유충 과자도 있었는데, 포장지에 적힌 'Original Worm Snax(정통 벌레 과자)'라는 문구가 눈에 띄었습니다. 곤충 식품 전시회 같은 곳에서 곤충으로 만든 제품을 본 적이 있어도 먹어 본 적은 없었는데, 그때는 곤충학자의 호기심이 발동해 종류별로 사서 맛보기로 했습니다.

"먹을 수 있겠어?"

"그럼!"

딸아이도 망설임 없이 귀뚜라미 과자를 씹어 먹어보고는 고소하다고 했습니다. 곤충 생김새가 적나라하게 보인다는 점을 제외하면 맛은 괜찮았습니다. 우리나라에서는 기껏해야 벌레 모양을 한 꿈틀이 젤리 정도가 마트에 있을 뿐인데 해외에 나가보니 가까운 슈퍼에서도 먹거리 곤충을 팔고 있었습니다.

〈정글의 법칙〉 같은 TV 프로그램을 보면 곤충을 먹는 것을 특별한 원시 체험으로 묘사하곤 합니다. 그러나 사실 우리나라에서도 예전부터 번데기나 벼메뚜기 같은 곤충을 먹곤 했습니다. 번데기는 양잠업이 국가 산업으로 번창했을 때 실을 뽑고 남은 고치 속의 누에 번데기를 단백질 보충원으로 먹던 것이 지금까지도 이어져서 간식처럼 식용하는 벌레입니다. 벼메뚜기는 사람이 먹는 벼를 똑같이 먹기 때문에 안전하다고 생각해 거리낌 없이 식용했지요. 이외에도 나이 지긋한 어른들의 얘기를 들어보면 예전에는 다양한 곤충을 먹었다고 합니다.

여름에 물가에서 고기를 잡을 때 물고기와 함께 잡히는 물방개는 구워 먹으면 맛있다고 해서 '쌀방개'라고 부르기도 했습니다(반면 물땡땡이는 맛이 없어서 '똥방개'라고 불렀지요). 쐐기의 성충인 노랑쐐기나방(*Monema flavescen*)은 나뭇가지 사이에 달걀 모양의 월동 고치를 만드는데, 이것을 따서 구워 먹으면 상당히 고소하다고 합니다. 봉자반(蜂子飯)은 말벌의 애벌레를 밥을 지을 때 넣은 것으로 노

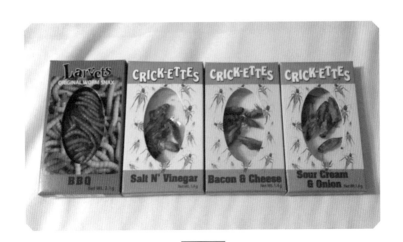

곤충 스낵

봉방(露蜂房)이라고 불리는 말벌집 속에서 채취합니다.《동의보감》에 등장하는 우리나라 전통 식약용 곤충 종류만 해도 90가지가 넘습니다.

곤충 식용의 역사는 전 세계적으로도 매우 오래되었음이 증명되었습니다. 원시인류의 배설물 화석 속에서도 벌레 껍질이 발견되었기 때문입니다. 먹거리가 아쉬울 때 곤충은 분명 훌륭한 단백질원이었음이 틀림없습니다. 그렇지만 농업과 축산업이 발전하여 영양이 넘쳐나는 요즘엔 작은 곤충은 특이한 간식 정도에 불과합니다. 사실 생태계 먹이피라미드에서 상위 포식자는 바로 밑단의 피식자를 먹는 것이 영양 섭취의 효율 면에서 가장 이상적입니다. 만일 그보다 더 하단에 있는 먹이를 먹게 될 경우, 효율이 떨어져 같은 에너지를 얻으려면 그만큼 더 많이 먹어야 합니다. 사람은 먹이

피라미드의 꼭대기에 있고 잡식성으로 무엇이든 먹을 수 있다는 특성이 있지만, 역설적으로 무엇을 먹어야 하는지, 안심하고 먹을 수 있을지 끊임없는 선택의 고민과 불안감에 시달려야 합니다.[14] 그래서 곤충을 먹는 것을 두고서도 고민에 빠지는 것 같습니다.

1973년에 개봉된 스티브 맥퀸 주연의 영화 〈파피용〉은 곤충과 관련된 부분이 많은 영화입니다. 우선 제목인 '파피용(Papillon)'은 프랑스어로 '나비'를 뜻합니다. 주인공은 자유를 상징하는 나비 문신을 가슴에 새기고 있는데, 강제 노역할 때 나비 상인에게 탈출을 거래하다 도로 붙잡힙니다. 독방에 갇힌 파피용이 먹을 게 없어 기어 다니는 바퀴벌레를 붙잡아 산 채로 먹는 장면은 정말 충격적이었습니다(파피용이 감옥에 갇힌 죄목이 시간을 낭비한 죄라는 점도 충격이었지요).

사계절 내내 곤충이 발생하고 활동하는 열대와 아열대 지방에서는 오늘날에도 곤충을 여전히 식품으로 많이 섭취합니다. 연중 내내 쉽게 대량 증식할 수 있어 산업화하기 수월하기 때문입니다. 아시아권에서는 동남아시아 국가와 중국 등에서 곤충 식용 문화가 발달했는데, 해당 권역의 국가들을 여행하다 보면 전통 시장에서 곤충 요리를 쉽게 만날 수 있습니다. 반면에 서양 국가를 포함한 중온대 지방에서는 곤충 식용을 많이 하지 않습니다. 환경과 음식 문화의 차이 때문입니다. 사실 농경 사회에서 곤충은 농사의 골칫거리나 위협 요소로 여겨졌지 먹을 것으로 간주되지 않았습니다. 쌀과 고기를 주식으로 하는 농경 문화권에서는 곤충 식용을 하찮거나 저급하게 취급하는 경향이 있습니다. 2013년 개봉한 영화 〈설국열

차)에서 바퀴를 갈아서 만든 에너지 바를 하층민 식품으로 등장시킨 것도 같은 이유일 것입니다.

곤충 식용을 수용하는 문화권 안에서도 세부적인 시각의 차이가 있는 것이 재미있습니다. 가령 아프리카 우간다 사람은 흰개미와 메뚜기는 먹지만, 야자벌레는 먹지 않는다고 합니다. 그뿐만이 아닙니다.

인도네시아에서는 매미를 먹는 이리얀 자야 사람들이 잠자리를 먹는 발리 사람들을 비웃었다. 잠자리에는 살이 없다면서 말이다. 중국에서는 벌레를 싫어하는 상하이 사람들이 물방개를 먹는 남방 사람들 이야기에 오만상을 찌푸렸다. 한편 상하이에서 한 시간 떨어진 쑤저우 사람들은 흔히 누에 번데기를 먹는다. 또한 남방 사람들은 전갈을 먹는 것에 대해 의견이 갈린다. 전갈이 약으로 좋다고는 인정하지만 말이다.[15]

이처럼 무엇을 먹느냐 먹지 않느냐의 문제는 금기(taboo) 현상과도 관련이 있습니다. 가령《구약성경》의 〈레위기〉에는 먹어야 할 것과 먹지 말아야 할 것을 율법으로 정해놓았는데, 이 율법에 따라 유대인들은 돼지고기를 먹지 않습니다. 메뚜기와 귀뚜라미처럼 뛰는 것은 먹을 수 있지만, 바닥을 기는 곤충은 먹지 않는다는 조항도 있습니다. 힌두교에서는 소를 먹지 않으며, 불교에서는 고기와 오신채(냄새와 자극이 강한 다섯 가지 야채)를 금합니다(원래 불교에서는 금기시하는 음식이 없었으나, 수행을 중시하는 한국 선종의 영향으로 음식에 대한 금기가 생겼습니다). 이들 종교에서 왜 그런 음식을 먹지 않는지 생각해보면 곤충 식용도 일종의 신념 체계와 비슷함을 알 수 있습니다. 바다에 사는 새우나 육지에 사는 메뚜기나 영양의 측면에서 보면 별반 차이가 없지만, 바닷가에 사는 사람들에게는 새우가 일상적인 음식이며 논 근처에 사는 사람들에게는 메뚜기가 먹거리인 것처럼 식습관은 자신이 속한 자연환경과 문화의 영향을 크게 받습니다.

'여름 진객' 매미가 먹거리로 싹쓸이 당하고 있다.

2019년 여름, 인터넷 뉴스에 이런 보도가 실렸습니다. 충북 청주 수곡동에서 중국인들로 보이는 외국인들이 밤만 되면 공원 등 녹지대를 돌아다니며 매미 애벌레를 보이는 대로 잡아간다는 제보였습니다. 알고 보니 외국인들이 식용을 목적으로 매미 채집을 했던 것이고 자연보호를 위해 매미를 못 잡게 해달라는 민원이 들어왔던 것이지요. 그러나 매미는 법으로 지정된 멸종위기종 곤충이 아니라 매미 채집을 법률적으로 막을 방도는 없습니다. 오늘날 우리에게는 매미를 먹는 것이 조금 생소할 수 있지만, 《동의보감》에도 매미는 약재로 언급되고 있고 매미 껍질은 선퇴(蟬退), 선태(蟬蛻) 또는 선각(蟬殼)이라는 이름으로 재래시장에서 팔리고 있습니다. 매미를 보호하자는 주장을 조금 더 깊숙이 들여다보면 사실 외국인과 이들의 식문화에 대한 차별 의식이 저변에 깔려 있음을 발견하게 됩니다.

유엔이 정한 미래식품 곤충!

홈쇼핑 등에서 이런 문구도 접해보셨을 것 같습니다. 실제로 환경문제와 함께 곤충식이 다시 대두되는 추세입니다. 소득 수준이 올라가면서 육고기의 수요는 전 세계적으로 늘고 있는데, 이를 위한 축산업은 사실 막대한 환경문제를 일으키는 산업입니다. 목초지 형성으로 인한 환경 파괴(사막화), 가축 배설물 처리의 문제부터 지구온난화(가축의 방귀)와 공장식 축산으로 인한 동물복지의 문제 등은 모두 육식에서 비롯된 문제들이지요. 그래서 단백질 공급원의 대안으로 떠오른 것이 식용 곤충의 개발입니다.

과거 축산업에서는 누에와 꿀벌(양봉)만이 곤충 중에서 유일하게 가축의 범주에 속했습니다. 서양의 경우, 스페인 바르셀로나 인근에서 발견된 동굴벽화에는 기원전 약 8천 년 전 벌꿀(석청)을 따는 사람 그림이 남겨져 있습니다. 이것이 오늘날 양봉의 기원이 되는 인류 활동에 대한 가장 오랜 증거로 알려져 있을 정도로 꿀벌은 오래전부터 인류에게 가축의 범주로 인식된 곤충이었습니다.

곤충 사육 농가가 점점 늘면서 축산업의 범위에 사육 곤충을 더 포함시키자는 농림축산식품부의 의견이 있었습니다. 이후 환경부와 의견을 길게 주고받은 끝에 2019년 〈축산법〉 개정으로 곤충 14종(갈색거저리, 누에, 흰점박이꽃무지, 애반딧불이, 늦반딧불이, 장수풍뎅이, 넓적사슴벌레, 톱사슴벌레, 호박벌, 머리뿔가위벌, 방울벌레, 왕귀뚜라미, 여치, 왕지네)이 드디어 미니 가축(mini-livestock)에 속하게 되었습니다. 곤충 농가도 〈축산법〉의 보호를 받게 된 것이지요.

메뚜기 사육 붐에 대한 1980년대 신문 기사

제 전공이 메뚜기라고 소개하면 주위에서 보이는 여러 반응 중 하나는 이렇습니다.

"아, 그거 어렸을 때 많이 먹어봤는데…."

농촌진흥청에서 식용 곤충 산업을 권장하면서 많은 이들이 메뚜기 사육에 관심을 갖는 것 같습니다. 그래서 저도 이와 관련해 몇몇 분들과 미팅을 한 적이 있습니다. 대량 사육을 위해서는 적합한 시설과 먹이 공급 등이 안정적으로 이루어져야 하고 무엇보다 판로가 확보되어야 합니다. 오래전에 스크랩해둔 신문 기사를 찾아보니 우리나라에 잠시 메뚜기 사육 붐이 일었던 적이 있는데, 당시에도 기사의 요점은 '유통·소비 단계에서 적정한 판로가 확보되어야 하지 무작정 뛰어들 일은 아니다'였습니다. 고소득 곤충 사육 농가가 늘고 있다는 뉴스를 본 분들은 다들 저한테 이렇게 권합니다.

"책만 보고 있을 게 아니라 곤충 키워서 팔아야 하는 거 아니에요?"

하지만 저에겐 저의 역할이 있는 것이겠지요.

고소애(갈색거저리 애벌레), 꽃뱅이(흰점박이꽃무지 애벌레), 누에그라(누에 추출 자연강장제) 같은 농촌진흥청에서 개발한 식약용 곤충은 잘 알려져 있으니, 저는 이쯤에서 파피용이 식사할 때 곁들였을 반주를 잠시 짚어보겠습니다. 양주 중에 데킬라는 곤충으로 만든 술로 유명합니다. 데킬라는 멕시코 데킬라 지방에서 생산되는 술로 용설란을 증류하여 만든 메즈칼의 일종입니다(데킬라는 메즈칼 중에서 고급주로 고급 용설란을 써서 2~3번 증류하여 소량 생산하는 술입니다). 용설란은 알로에와 비슷한 식물인데, 이 용설란으로 술을 만든 후 용설란을 먹고 사는 팔랑나비(*Aegiale besperiaris*) 애벌레를 마지막 단계에서 넣는다고 합니다. 스페인어로 벌레를 '구사노(gusano)'라고 하는데, 애벌레를 넣은 술병 겉면에는 'con gusano(with worm)'라고 적혀 있습니다. 어떤 경우에는 두세 마리씩 넣기도 합니다.

데킬라에 나비 애벌레를 넣게 된 유래에 관해서는 여러 설이 있습니다. 첫째, 과거 술의 농도를 정확히 측정하지 못했던 시절에 주위에서 쉽게 구할 수 있는 애벌레를 넣어 만일 썩지 않고 잘 보관되면 술이 충분한 알코올 농도로 만들어진 것으로 확인했다는 설(삼투압 현상으로 알코올 농도가 약하면 애벌레 몸이 늘어나거나 썩고, 농도가 높으면 반대로 애벌레가 수축됨), 둘째, 용설란 처리 과정에서 실수로 들

타이완 곤충 가게에서 팔던 말벌주

어간 애벌레가 결과적으로 술의 맛을 향상시킨다는 것을 발견하고 벌레를 넣기 시작했다는 설, 셋째, 일종의 정력 강장제 또는 남성 마초 의식의 하나로 시작되었다는 설(이 경우에는 술병을 마지막에 비운 사람이 벌레를 먹는 권리까지 얻음), 넷째, 완전히 상업적 유인책으로 시작되었다는 설 등이 있습니다.[16]

멕시코에 데킬라가 있다면, 우리나라를 비롯한 아시아에는 말벌주가 있습니다. 타이완의 곤충 가게에서 장수말벌(*Vespa mandarinia*)을 술에 담가 '호두봉주(虎頭蜂酒)'라고 이름 붙여서 파는 것을 본 적이 있습니다. 우리나라 시골의 전통 음식점에 가도 말벌주를 파는 경우를 심심찮게 목격합니다. 말벌을 산 채로 술에 담그면 죽을 때 알코올 속에 독을 뿜게 되는데, 과연 이것이 어디에 좋을지는 의문입니다. 독을 소량으로 잘 쓰면 약이 되기도 한다지만, 아직까지 말벌주는 식품의약품안전처로부터 안전 식품으로 검증받지 않았으므로 민간에서 좋다고 함부로 마실 일은 아닙니다.

유엔식량농업기구에서는 식용 곤충의 장점을 다음 세 가지 측면에서 들고 있는데, 편견만 극복한다면 곤충의 식품으로서의 가능성이 매우 큽니다.

1. 건강: 영양소가 풍부하여 육류를 대체할 단백질 공급원으로 기능할 수 있으며 종에 따라 단백질, 불포화지방, 칼슘, 아연 등의 함유량이 높다. 이미 많은 지역과 국가에서 식용으로서의 안정성 및 효용성을 인정받고 있다.

2. 환경: 가축에 비해 현저히 적은 온실가스를 배출하고 사육에 수반되는 각종 토지 및 시설 등의 의존도가 매우 낮다. 유기물을 먹이원으로 이용할 수 있어 자원순환적인 측면의 강점이 있다.

3. 경제사회: 저자본과 비교적 어렵지 않은 기술 수준으로 시작할 수 있어 농가 소득 향상에 도움이 되고 초소형 가축으로 도농의 구분 없이 사육이 가능하다.

전 세계적으로 미래의 단백질원으로 인공 고기와 함께 식용 곤충이 중요하게 부각하고 있습니다. 이에 따라 각 국가에서도 식용 곤충 기술 개발과 사육 농가 지원, 식품으로서 안정성 평가와 식품 원료 승인 등과 같은 정책을 함께 펼쳐나가고 있는 중입니다. 나라마다 식용 가능한 곤충의 종류가 다르고 사람들의 입맛은 점점 새로운 것을 찾는 경향이 있으니, 미래의 식용 곤충 시장은 더 많이 확장될 것으로 전망합니다. 앞으로 우리도 모르는 사이 곤충 성분이 가미된 식재료들이 상품 진열대에 점점 더 많이 올라와 있을 것 같습니다(이미 한국에도 곤충 요리 전문 레스토랑이 있습니다).

네가 왜 거기서 나와

곤충에게 삶은 어렵다.
그리고 쥐에게도 재미가 있다고 생각하지 마시길.

— 우디 앨런(영화감독)

곤충을 먹거리로 간주하고 먹으면 괜찮은데, 음식 속에 원치 않는 곤충이 들어가 있으면 그야말로 끔찍한 기분이 됩니다. 해마다 식품에서 곤충 이물질이 발견되어 이슈화되는 일이 종종 벌어집니다. 식품을 구매한 소비자가 이의를 제기한 이후에 문제가 원만히 해결되지 않으면 제조사나 구청에서 식품에서 발견된 곤충이 무엇인지, 어떤 과정에서 검출된 것인지 곤충학자의 의견을 묻는 일이 종종 있습니다. 2015년 한 구청 위생환경과에서 전화가 왔습니다.

"이거 무슨 곤충인지 알 수 있을까요?"

자초지종을 들어보니 유명 햄버거 매장의 감자튀김에서 벌레가 나와 민원이 들어온 것이었습니다. 현미경으로 자세히 관찰해보니 이미 기름에 튀겨지고 다리가 끊어져 온전치 못한 상태의 시료를 받았기 때문에 정확히 확신하기가 어려웠지만, 흑다리긴노린재(*Paromius exiguus*)로 판단되어 결과를 알려준 일이 있었지요.

곤충의 몸이 온전하면 형태적 특징을 관찰할 수 있어 어떤 곤충인지 결론을 내릴 수 있는데, 대개 조리 과정에서 끼어드는 경우가 많아 표본의 훼손이 심합니다. 날개나 다리, 머리 조각이 분해된 상태인 것이지요. 그래도 자주 보던 곤충은 적은 단서만으로도 대강의 소속을 파악할 수 있습니다. 문제는 언제, 어떤 과정에서 곤충이 식품 속에 들어갔는지 밝혀내는 것인데, 만일 식품 제조 과정에서 들어갔다면 생산 관리 부분을 재점검해야 하지만 소비자가 구매한 후 개봉 상태로 두었거나 보관을 잘못해 집에 사는 곤충이 들어간 경우라면 제조사는 책임을 면하게 되지요.

당연한 말이지만 식품 제조 과정에서 위생 관리를 소홀히 하면 곤충이 식품에 들어가기 쉽습니다. 특히 시골의 외딴 공장에서 야간작업을 할 때 밝은 불을 켜두면 작은 곤충이 날아와 식품 속에 빠지곤 합니다. 단무지 공장에서 초파리가 대량 발생한 일, 된장 공장에서 발생한 곤충을 반밑빠진벌레(*Carpophilus hemipterus*)로 동정한 일도 있습니다. 식품이 아니지만 화장품 케이스에서 곤충의 몸통과 날개로 보이는 찌꺼기가 검출되어 미국선녀벌레(*Metcalfa pruinosa*)와 꼬마노랑먼지벌레속(*Acupalpus*)으로 동정한 일도 있습니다. 얼마 전 뉴스에서는 유명 제조사의 기저귀와 생리대에서 나방 애벌레와 번데기가 발생한 일이 크게 보도되기도 했습니다.

가정에서 소비자가 과자, 라면 등 건조식품에서 곤충을 발견했을 때는 일단 제품을 잘못 보관하지 않았는지 살펴봐야 합니다. 또한 육안으로 식품 속에 들어간 곤충이 무엇인지 확인해볼 필요가 있습니다. 대개 가주성(家住性, 사람이 사는 집 안에 사는 성질)으로 문제를 일으키는 곤충은 전 세계 어디에나 사는 보통 종입니다. 곤충 이물 발견 사건은 큰 민원으로 확대되지 않는 편이지만, 제조사에서는 철저한 품질관리를 위해 노력해야 합니다. 대개의 경우 소비자에게 새 제품으로 보상하고 마무리하는 방식을 취하기 십상인데 이런 부분은 다시 고려해야 할 것 같습니다.

한편 식품에 들어간 곤충을 의도치 않게 먹을 수 있으니 주의해야 합니다. 가령 식탁 위에 며칠 동안 올려둔 바나나에 초파리가 몇 마리 날아다닌다면 이미 바나나에 알이나 애벌레가 생겼을 수도 있습니다. 이런 경우를 대비해 미국식품의약국(FDA)에서는 식품 중 곤충이 나올 수 있는 용인 한도를 지정하기도 했습니다. 이 정도 곤충은 먹는 것에서 나올 수 있으나 문제가 없다, 안전하다는 뜻입니다.[17]

한편 음식에 들어간 벌레가 풍미를 좋게 만들어 오히려 그것이 상품화되기도 합니다. 세계 10대 혐오식품 중 하나인 이탈리아 사르데냐 지방의 구더기 치즈인 카수 마르주(Casu Marzu)도 그중 하나입니다. 구더기 치즈는 우연히 치즈에 발생한 치즈팔랑파리(*Piophila casei*) 구더기를 같이 먹었더니 오히려 풍미가 좋다는 것이 발견되어 개발된 전통 식품입니다. 아직 먹어보진 못했지만, 강한 암모니아 냄새가 중독성이 있다고 하니 아마도 우리나라의 삭힌

식품 내 곤충의 용인 한도(FDA 기준)

식품명	용인 한도
냉동 브로콜리	100그램당 60마리의 진딧물
초콜릿	100그램당 60개의 곤충 미세 조각
감귤 주스 캔	250밀리리터당 5마리의 초파리나 파리의 알, 또는 1마리의 구더기
커피 콩(녹색)	평균 10퍼센트의 곤충 피해
홉(Hop)	10그램당 평균 2,500마리 진딧물
마카로니	225그램당 225개의 곤충 조각
토마토소스, 피자, 기타 소스	100그램당 평균 30개의 파리 알, 또는 2마리의 구더기

홍어와 맛이 비슷하지 않을까 싶습니다.

가구 속에서 곤충이 나오는 이야기도 TV 프로그램에 종종 방송되는 단골 소재입니다. 어느 날 문득 조용한 방 한구석에서 이상한 소리가 들려 소리의 정체를 밝혀달라는 제보가 접수됩니다. 그러면 방송사에서는 그 집을 방문해 소리가 나는 나무 소파나 침대, 아이의 목재 장난감 등을 비파괴 엑스레이 촬영을 합니다. 이윽고 정체를 알 수 없던 소리는 목재 속에 사는 곤충이 내는 소리였다는 것이 밝혀지지요. 이들은 대개 하늘솟과(Cerambycidae)의 유충입니다. 저도 이와 같은 일로 가구회사로부터 전화를 받았습니다. 방송을 통해 가구 속에 벌레가 있다는 사실을 확인한 소비자가 구매한 침대를 물어달라고 손해배상을 요청해왔는데 어떻게 해야 할지 자문을 구하는 연락이었습니다. 이런 경우 뭐라고 딱 잘라 말하기 어려운 것이 가구회사에서 벌레가 목재에 들어간 것을 미리 알고도 침대를 만든 것이 아니기 때문입니다.

목재를 생산할 때 여러 단계의 방충 처리를 하는데도 불구하고 곤충의 알이나 애벌레가 오랫동안 휴면 상태로 있다가 뒤늦게 조건이 맞으면 가구 안에서 부화해 성장하는 경우도 있기 때문입니다. 따라서 이것을 어떤 단계에서 누가 잘못했다고 책임을 추궁하기가 어려운 것이지요. 세상에서 가장 오래 산 곤충으로 알려진 비단벌레(*Buprestis aurulenta*)는 가구를 만든 지 51년 만에 밖으로 탈출해서 곤충 기네스에 오르기도 했습니다.[18] 또 40년 만에 마호가니 책상에서 나온 하늘소(*Eburia quadrigeminata*)도 있습니다.

비슷한 일로 해군해양의료원에서도 전화가 왔습니다.

"선생님, 강의실 의자에서 자꾸 이상한 곤충이 나옵니다. 어떻게 해야 할지…."

군의관이 보낸 사진을 보니, 나무 의자 뒤편의 숭숭 뚫린 구멍에서 작은 딱정벌레가 계속 나오고 있었습니다. 사진을 보니 그 곤충은 유충 시절 나무속을 파먹고 자라는 천공성 개나무좀과(Bostrychidae)의 곤충이었습니다. 의자에 구멍이 많이 뚫리면 지지력이 약해져 안전사고의 우려가 있습니다. 저는 강의실을 당분간 폐쇄하고 살충 성분으로 훈연 처리를 할 것을 권고했습니다. 가구에서 자꾸 톱밥 가루가 떨어지면 그 속에 유충이 살고 있다가 언젠가 밖으로 성충이 기어 나올 수 있기 때문입니다.

미국의 인기 범죄 수사 드라마 〈CSI 과학수사대〉의 첫 번째 시리즈에 등장한 길 그리섬 반장은 법곤충학자입니다. 그가 피해자의 사망 시간을 추정하기 위해 사람과 비슷한 체중의 돼지 사체를 이용해 실험하는 장면을 드라마를 보신 분들이라면 기억하실 겁니다. 여기서 잠깐, 퀴즈를 하나 내겠습니다. 시체에 가장 먼저 다가가는 곤충은 무엇일까요? 정답은 파리입니다. 후각이 예민하고 잘 날아다니는 파리는 가장 먼저 시체 위에 날아와 알을 낳습니다. 반대로 가장 마지막에 다가가는 곤충은 뼈나 가죽을 먹는 수시렁이입니다. 이렇게 곤충들의 생태를 활용하면 피해자의 사망 시간을 짐작하는 등 범죄 수사에 큰 도움이 됩니다.

사실 법의학에 곤충이 이용된 역사는 매우 오래되었습니다. 1247년 중국 송나라의 송자(宋慈)가 저술한 《세원집록(洗寃集錄)》에 최초의 사례가 기록되어 있습니다. 한 마을에서 농부가 죽는 살인 사건이 일어났는데, 마을 현령이 사람들의 낫을 모두 가져오게 했습니다. 현령은 유독 어떤 낫에 파리가 많이 앉은 것을 보고 누구의 낫인지 밝혀 그가 낫으로 동료를 살해했음을 자백하게 했습니다.[19] 물로 피를 씻어서 사람의 눈에는 핏기가 전혀 보이지 않더라도 파리는 예민한 후각으로 피 냄새가 배어 있는 낫을 구분할 줄 알았던 것입니다.

사체의 부패 과정에서 생기는 구더기와 여러 가지 곤충은 오늘날 법의학의 단서로 활용되고 있습니다. 우리나라에서도 실종되었던 개구리 소년의 해골에서 검출된 파리 번데기 껍질과 세월호의 선주였던 유병언 회장의 시체에서 발견된 구더기로 사망일을 추정한 바 있습니다. 이처럼 식품이나 가구 등에 끼어든 곤충은 문제가 되기도 하지만, 사체에서 발견된 곤충은 범죄 사건을 해결하는 아주 중요한 열쇠로 작용하기도 합니다. '네가 왜 거기서 나와' 하며 얼굴을 찌푸리게도 되지만, 동시에 유레카를 외칠 수도 있는 것이지요.

5 부

'곤피아'를
꿈꾸며

곤충 괴담

당신은 자신을 변화시킬 수 있지만,
곤충은 그보다 더 잘할 수 있다.

— 작자 미상

꼽등이는 살충제를 뿌려도 죽지 않는다.
꼽등이 배에서 연가시가 나와 사람에게 전염된다.

2010년 초등학생들을 중심으로 느닷없이 꼽등이 괴담이 퍼졌습니다. 춘천의 한 아파트에서 꼽등이가 출몰했다는 기사가 보도된후, 너도나도 꼽등이를 보았다며 꼽등이에 대한 자신들의 신념(?)을 인터넷을 통해 전파한 것 같습니다. 괴담이 퍼지기 전까지 사실많은 이들이 꼽등이와 귀뚜라미도 잘 구별하지 못했습니다. 제 지도교수님도 옛날 TV 광고에서 오디오 제품을 선전하는데, 울지도 않는 꼽등이를 우는 곤충 귀뚜라미로 오인해 등장시켰다는 얘기를 들려주신 적이 있습니다. 괴담 속에서 꼽등이는 끔찍한 혐오 곤충의 대명사로 등장해 한번 도약하면 사람 키 높이만큼 뛰어올라 깜짝 놀라게 하고 잘 죽지 않는 생명체처럼 묘사되었습니다.

꼽등이는 메뚜기목 꼽등잇과(Rhaphidophoridae)에 속하는 곤충으로 우리나라에 6종이 알려져 있습니다. 야외의 어두운 숲속이나 동굴 안에 무리 지어 서식하지만, 사람이 사는 집 안에도 들어오기도 해서 흔히 귀뚜라미라고 부르는 일이 많은 곤충입니다. 영어로는 'cave cricket', 'camel cricket'이라 하는데 등이 굽어 있는 형태에서 비롯된 이름입니다.

꼽등이는 야간에 활동하는 잡식성 청소부 곤충으로 특별한 질병을 옮기거나 농작물에 피해를 입히지 않기 때문에 해충은 아니지만, 집 안에 나타나 펄쩍 뛰어다니므로 사람에게 혐오감을 일으키는 불쾌 곤충(nuisance)으로 간주됩니다. 꼽등이는 과거부터 사람과 친숙한 곤충이며 특별한 환경 변화로 인해 개체수가 많아진 것은 아닙니다. 다만 당시에 초등학생들을 중심으로 하나의 생활 에피소드로 확대 재생산되어 괴담 수준으로 빠르게 퍼진 것뿐이지요.

프랑스 남부의 한 동굴에서 기원전 2만 년 전 들소 뼈가 발굴되었는데, 흥미롭게도 거기에는 원시인류가 그린 꼽등이류(Troglophilus) 그림이 새겨져 있었습니다.[1] 꼽등이는 옛날부터 지금까지 전 세계 어디서나 어둡고 습한 곳, 동굴이나 지하실 같은 곳에 서식하며 사람과 함께 살고 있는 중입니다. 꼽등이는 영화 〈기생충〉에서도 등장하는데 반지하 셋방살이하는 빈곤층을 나타내는 소재로 쓰였습

밤에 주로 활동하는 꼽등이

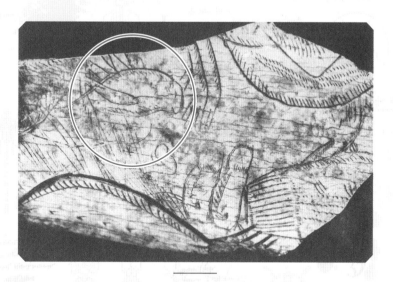

프랑스 동굴에서 발견된 꼽등이류 그림은 세계에서 가장 오래된 곤충 그림으로 알려졌다.

니다.

국립생물자원관에서는 꼽등이가 살충제에 죽지 않는다는 괴담이 사실인지 확인해달라는 방송국의 요청으로 간단한 실험을 진행했습니다. 시중에서 판매 중인 세 가지 종류의 살충제를 꼽등이에게 적용해보는 실험이었습니다. 보통 약국에서 판매하는 살충제에는 뿌리는 것과 바르는 것이 있습니다. 뿌리는 살충제는 다시 파리·모기가 주 대상인 것과 바퀴·개미가 주 대상인 것으로 구별되는데 꼽등이에게는 어떤 제품이 살충 효과가 있었을까요?

실험 결과, 관찰 상자 안의 꼽등이는 괴담의 내용과 달리 어떤 살충제를 살포하건 간에 시간이 흐르면 다 죽었지만, 살충 효과가 나타나는 시간에는 약간 차이가 있었습니다. 가장 효과가 빨랐던 제품은 꼽등이와 비슷한 형태인 바퀴·개미에게 뿌리는 살충제였습니다. 보통 곤충이 살충제를 맞으면 바로 죽는 것이 아니라 여기저기 뛰어다니다가 결국 구석에서 죽습니다. 바르는 살충제 역시 몸에 묻은 살충 성분을 꼽등이가 먹고 난 뒤에 천천히 살충 효과가 나타나므로 꼽등이가 높이 튀어 올라 위협한다는 괴담은 곤충이 살충제를 맞고 천천히 죽는 과정을 이해하지 못해서 생긴 소문에 불과했습니다.

당시 꼽등이 열풍을 타고 힙합 스타일의 '곱등이(우리말 된소리화로 현재는 꼽등이로 불림) 송'이 만들어지기도 했는데요.[2] 가사 내용이 꼽등이를 미워하는 사람들에게 곤충 꼽등이의 입장을 변호하는 것 같아 곤충학자의 시선에서 굉장히 신선했습니다. 저도 곤충 수업을 진행할 때 가끔 이 노래를 틀어줍니다.

꼽등이 괴담과 더불어 사람들의 이목을 끈 또 다른 괴담의 주인 공은 연가시입니다. 그전까지 연가시에 대해 잘 모르던 사람들에게 꼽등이가 죽을 때 배 속에서 기생충 연가시가 나온다, 연가시는 꼽 등이를 물로 유인하여 빠져 죽게 만든다, 하는 이야기가 굉장히 인 상적으로 다가갔던 모양입니다. 사실 연가시(*Gordius*)는 꼽등이뿐 만 아니라 사마귀, 메뚜기, 여치 등 다양한 곤충의 몸속에서 살아가 는 기생충으로 유선형동물(Nematomorpha)의 일종입니다. 수 마이 크로미터 단위의 미소한 연가시 알이 섞여 있는 물을 잘못 마셔 감 염된 곤충은 몸속에서 연가시가 성장함에 따라 서서히 내부 영양분 을 빼앗기는데, 연가시는 한살이의 완성을 위해 곤충의 몸을 빠져 나와 반드시 물로 다시 돌아가야 합니다. 그래서 숙주를 조정해 이 상 행동을 일으키고 물로 뛰어들게 만드는 것으로 알려졌습니다.

보통의 곤충이라면 천적의 눈에 띄지 않기 위해 조심성 있게 행 동하지만, 연가시에 감염된 곤충은 주의력을 잃고 오히려 대낮에 큰길에 나온다거나 사람 앞에 나서는 등 과감한 행동을 합니다. 그 리고 숙주가 물에 빠져 죽어갈 때 연가시는 비로소 숙주의 배 속에 서 천천히 빠져나오고 숙주는 마침내 죽음에 이르고 맙니다. 그러 한 연가시 특성이 상당한 공포를 자아내지요. 2012년에 개봉한 영 화 〈연가시〉는 이런 연가시의 특성에 상상력을 더해 만든 공포영화 입니다. 물론 연가시가 사람의 행동을 조종하지는 않습니다. 기생 충의 경우, 대부분 숙주 특이성이 있어서 연가시는 곤충만을 숙주 로 삼으며 사람에게 아무런 영향을 주지 않습니다. 다만 드물게 사 람 몸에서도 연가시가 검출된 사례가 있는데, 우연한 계기로 소화

기관에서 발견된 일이 있습니다.

연가시를 흔히 '철사벌레'라고도 부르는데, 숙주로부터 빠져나온 연가시가 물속에서 번식을 위해 서로 뭉쳐 있는 모습이 길고 뻣뻣한 철사가 엉켜 있는 모양과 비슷해서 붙여진 별칭입니다. 뭉친 연가시를 죽 펼치면 30센티미터에 이르기도 합니다. 연가시는 꼽등이 몸속에만 있는 것이 아니며 기생률도 그렇게 높지 않습니다. 그동안 저도 수백 마리 이상의 꼽등이를 채집해보았지만, 겨우 한두 번 정도 꼽등이 몸에서 빠져나오는 연가시를 보았을 뿐입니다.

여기서 잠깐, 퀴즈를 하나 내보겠습니다. 연가시가 사는 물은 몇 급수일까요? 기생충이라고 하니 사람들은 연가시가 더러운 물에서 산다고 오해하지만, 연가시는 1급수의 맑은 물에 삽니다. 그러므로 산에서 맑은 계곡물이라고 해서 그냥 벌컥벌컥 마시는 일은 삼가야 합니다.

꼽등이와 연가시 이야기에 솔깃해하는 대중심리를 보고 생각났던 책의 구절이 있습니다. 오랫동안 자연 수업을 맡아온 일본의 모리구치 선생이 세상에서 가장 미움받는 생물 바퀴벌레에 얽힌 이야기를 흥미진진하게 풀어놓은 내용입니다.[3]

"수업 시간에 곤충에 대한 것만은 하지 말아 주세요." 어느 여중생은 내 첫 수업에서 이렇게 못을 박았다. '아, 그렇다면 나 혼자만 유별나게 곤충을 좋아하는 거였구나. 보통 학생들은 곤충을 싫어하는구나.' 나는 이렇게 생각했다. 그래서 혼자서는 변함없이 곤충을 쫓아다니면서도 수업 시간에는 곤충에 대해 일절 이야기하지 않았다. 그런데 어느 순간부터 의아한 생각이 들기 시작했다. 보통 학생들은 분명 곤충을 좋아하지 않는다. 교실 안에 벌 한 마리만 들어와도 교실이 소란스러워지니 말이다. 그러면서도 학생들은 곤충 이야기가 나오면 솔깃해서 듣는다는 것을 알게 되었다. 그것도 예쁜 곤충이 아니라 무섭거나 징그러운 곤충일수록 학생들의 호기심은 더 커진다. 예를 들어 벌에 대해 이야기할 때 아이들은 무서워하면서도 이야기에 귀를 기울인다. 말로는 징그럽다고 하면서도 사진을 보여주면 그것을 보려고 앞다투어 몰려든다. 나는 학생들이야말로 '흥미로운 생물'이라는 것을 점차 느끼게 되었다.

이처럼 사람들은 징그러운 곤충 이야기에 솔깃해하면서도 두려워하는 경향이 있는 것 같습니다. 공포영화의 무서운 장면을 쳐다보기 무서워서 손으로 눈을 모두 가렸지만, 손가락 사이로 실눈을 뜨고 보고 싶어 하는 심리와 비슷합니다. 곤충 괴담이 만들어지고 퍼지는 이유겠지요. 이때 정확한 사실을 모르면 상상력을 동원해 이야기를 각색하게 되는데, 실상을 제대로 모를수록 공포를 느꼈던 이야기가 더 확대 재생산되는 것 같습니다. 각 분야의 전문가들이 시민들을 대상으로 궁금한 점이나 잘못 알고 있는 부분을 적극적으로 해명해주는 역할을 해야 하는 이유입니다.

똥벌레에서 금벌레가 된
소똥구리

나비가 될 거라고 말하는
애벌레는 없다.

— 벅민스터 풀러(건축가)

　　강원도 설악산으로 곤충 조사를 갔을 때 일입니다. 마침 조사 구역이 대청봉 코스라 천천히 등산하며 곤충을 찾아보았습니다. 그런데 그 길은 워낙 등반 코스로 유명해 산을 오르기는 좋을지 몰라도 곤충을 찾기는 매우 어려웠습니다. 특히 지도교수님의 전공 분야인 풍뎅이상과를 조사해야 하는데, 날씨가 안 좋아 아무리 눈을 씻고 찾아보아도 딱정벌레처럼 생긴 곤충은 발견하기 힘들었습니다. 더구나 해당 코스는 설악산 정상부로 오르는 최단 거리 등산로로 가파르고 경사가 심해 고된 시간이 이어졌습니다. 결국 지쳐서 산길에 잠시 앉아 쉴 때였습니다. 문득 길 가장자리에 떨어진 휴지

덩어리가 눈에 띄었습니다.

'그렇지, 분충(糞蟲)을 찾자!'

저는 휴대한 장 핀셋으로 휴지 더미를 뒤집으며 '조금 더 파 보자, 조금 더 파보자' 하면서 탐색을 이어갔습니다. 아니나 다를 까. 인분 밑에 숨어 있던 풍뎅이가 저의 기대를 저버리지 않고 나 타났습니다. 보라색 광택이 번쩍거리는 보라금풍뎅이(*Phelotrupes auratus*)였습니다. '야호!' 풍뎅이를 발견하자 이내 기운이 다시 솟 았습니다.

'그래, 이 방법밖에 없다.'

저는 등산로를 오르며 휴지의 흔적을 찾았습니다. 그 일에 집중 해서 그랬는지 몰라도 사람들이 볼일을 보고 남긴 휴지 더미는 최 소 5~10미터에 한 번씩 어김없이 발견되었습니다! 어떤 것은 오래 되어 흙과 함께 썩어가는 것도 있었지만, 얼마 되지 않은 흔적도 많 았습니다. 사람들이 산에서 그렇게 볼일을 많이 보는 줄은 몰랐습 니다. 물론 저 역시 급하면 어쩔 수 없었던 기억들이 있긴 하지만, 등산객으로 넘치는 설악산이 그럴 줄은 몰랐습니다.

문득 학창 시절 선생님이 들려준 이야기가 떠올랐습니다. 6·25 전쟁 때 미군이 산에서 전투를 벌이는데, 총탄을 피해 이리 굴렀다 저리 굴렀다 할 때마다 도처에 있는 변 때문에 제대로 싸울 수 없었 다는 황당 유머입니다. 다행인 것은 휴지를 뒤집어볼 때마다 금풍 뎅이나 똥풍뎅이 혹은 반날개 등과 같은 딱정벌레가 계속 발견되어 나름대로 보고서에 들어갈 목록을 완성할 수 있었다는 겁니다.

보라금풍뎅이는 멋진 생김새와 달리 똥을 먹는 풍뎅이, 즉 분충입니다. 보라금풍뎅이를 처음 본 것은 강원도 인제 점봉산에서 발견한 사람들이 남긴 흔적(?)에서입니다. 양구 대암산 비무장지대를 조사할 때는 초소 옆에서 군인들이 남긴 흔적에서도 보라금풍뎅이를 발견했습니다. 인분을 먹는 보라금풍뎅이는 분충이긴 하지만, 멋진 금속광택이 있어 금충(金蟲)이라고 표현하기도 합니다. 한자에서 풍뎅이류를 '금귀자(金龜子)'라고 부르는 것도 이런 느낌을 표현한 것입니다. 수집가들에게 인기가 높은 남미의 '보석풍뎅이'의 이름에서나 미국의 추리소설 작가 에드가 앨런 포(Edgar Allan Poe)의 소설 제목인 《황금벌레(Gold bug)》에도 풍뎅이의 이런 특징이 잘 드러나 있습니다.

분충을 찾아 헤매던 그해 설악산에서 저는 진짜 금충을 만났습니다. 올라가는 길에서는 전혀 보지 못했다가 내려오는 길에 큰자색호랑꽃무지(Osmoderma caeleste)를 두 마리나 발견했지요. 이 곤충은 현재 우리나라 멸종위기종 II급으로 지정되어 있는 희귀종입니다. 그러나 녀석은 안타깝게도 누군가에게 밟혀 죽은 상태였습니다. 분명 똥벌레와 금벌레를 구별하지 못하는, 아니 구별할 필요가 없는 등산객이 바퀴벌레쯤으로 여기고 밟아 뭉갠 것입니다. 멸종위기 곤충을 보호하려면 멸종위기 곤충이 무엇인지 알아야 하는데, 대중들의 곤충에 대한 인식은 아직도 갈 길이 멉니다. 적절한 교육이 절실한 상황이지요. 환경부에서 지정한 멸종위기종 곤충은 I급 6종, II급 20종으로 모두 26종입니다.[4] 대개 크고 화려한 나비와 딱정벌레가 많습니다. 어떤 종인지 구별할 수 있으면 좋지만, 그렇지 못하다면 무슨 곤충이든 함부로 잡을 일은 아닙니다.

똥을 굴리는 보라금풍뎅이

남한에서는 1970년대에 이미 멸종한 소똥구리

소똥구리 한 마리에 백만 원 현상 수배!

2017년 똥벌레가 금벌레가 된 대대적인 일이 벌어졌습니다. 위와 같은 헤드라인을 단 뉴스가 보도되자 국립생물자원관에도 엄청난 전화와 민원이 빗발쳤습니다. 자신이 발견한 것이 소똥구리가 맞는지 확인해달라, 소똥구리를 찾았는데 진짜 백만 원을 주느냐하는 민원이 휴일에도 이어졌지요. 사실 기사의 핵심은 우리나라에서 처음 문을 열게 된 멸종위기종복원센터를 홍보하는 것이었는데 말입니다. 경북 영양에 개원한 멸종위기종복원센터는 우리나라 멸종위기종을 연구하고 보전하고 복원시키는 프로젝트를 담당하는, 국립생태원 산하의 신생 연구기관입니다. 소똥구리 복원 사업은 멸종위기종복원센터에서 실시한 최초의 시범 사업이었습니다. 신문 기사에서 소똥구리 한 마리에 백만 원이라고 가격이 매겨져 보도된 것은 나름의 근거가 있긴 합니다.

소똥구리(*Gymnopleurus mopsus*)는 이름도 익숙하고 사람들이 누구나 아는 곤충으로 자연에 흔할 것 같지만, 우리나라에서는 1970년을 기준으로 자취를 감추고 말았습니다. 그래서 황새, 따오기, 여우 등과 마찬가지로 살아 있는 종을 외국에서 들여오는 계획이 수립되었습니다. 그리하여 아직 야생 소똥구리가 살아 있는 몽골로부터 소똥구리를 들여오기 위한 용역이 발주되었는데, 50마리를 들이는 데 5천만 원의 비용이 든 것을 두고 한 마리에 백만 원이라는 가격이 산정된 것이지요. 그리고 그 헤드라인만 보고 사람들은 소똥구리를 잡으면 백만 원을 받는다고 오해한 것이었습니다.

이런 실상과는 별개로 제가 일하는 국립생물자원관으로 계속 문의 전화가 끊이지 않았습니다. 우리 동네에는 아직 소똥구리가 많다, 축사에서 친환경으로 소를 키우는데 내가 발견한 것이 진짜 소똥구리가 맞다, 하는 내용의 제보가 하루에도 몇 건씩 이어졌지요. 휴대폰으로 사진을 받으면 일일이 확인하고 답변하는 일이 계속되었습니다. 만약 이렇게 해서라도 진짜 소똥구리가 발견된다면 그것은 그동안 멸종위기종을 찾으려는 노력이 부족했다는 뜻이고, 정보를 제공해주신 분께 감사를 드려야 할 일이었습니다. 그러나 대개는 보라금풍뎅이였습니다. 이 종은 멸종위기종이 아닙니다. 비슷한 종류로 뿔소똥구리(*Copris ochus*), 애기뿔소똥구리(*Copris tripartitus*), 긴다리소똥구리(*Sisyphus schaefferi*) 등이 제보되었지만, 이것들도 복원 대상종은 아니었습니다.

어쨌든 이 일을 계기로 많은 분들께서 예전에는 주위에서 어렵지 않게 볼 수 있었던 소똥구리가 멸종했다는 사실에 적잖은 충격을 받은 것 같습니다. 그리고 소똥에 산다고 다 소똥구리가 아니라는 점, 멸종위기종을 복원하기 위해서는 결국 국민과 연구기관이 함께 노력해야 한다는 점도 깨달으신 것 같았습니다. 뉴스 보도 때문에 민원에 시달려야 했지만, 덕분에 그만큼 멸종위기종 복원에 대한 관심이 높아지고 인식 전환이 이루어졌다는 사실에 그때의 일들이 결코 귀찮지만은 않았습니다.

소똥구리는 고대 이집트에서 신으로 숭배할 만큼 서양 문화에서도 많이 등장하는데, 태양의 신 케프리(Khepri)는 소똥구리 머리를 하고 있습니다. 동물을 숭배하는 애니미즘의 영향으로 피라미드

소똥구리의 신 케프리 도안

무덤 안에서 실제 여러 동물을 향유를 뿌리고 흰 천으로 싼 부장품이 발견되기도 합니다. 기원전 1,700년경 니후엘호오텝 왕가의 전당 천장화에 소똥구리 도안이 처음 등장한 이후 의복, 목걸이, 장신구 디자인 등 다방면으로 많이 사용되었음이 밝혀졌습니다. 소똥구리에는 자연현상의 법칙인 삼라만상의 의미가 담겨 있습니다.[5]

1. 우주의 신: 아침부터 저녁까지 둥근 공을 굴리는 모습은 천체 운행을 상징.

2. 태양의 신: 머리 앞쪽이 방사형으로 돌출한 것은 태양광 모양이며, 6개의 다리는 각각 5마디로 이루어져 총 30개, 즉 양력의 의미.

3. 달의 신: 땅속에 모습을 감추었다가 28일 만에 등장하는 것은 음력의 의미.

4. 조물주(창조주): 사라졌다가 다시 나타남, 소똥에서 자연 발생하므로 무에서 유를 스스로 창조함을 의미.

5. 다산: 자손을 많이 낳으므로 여인들이 먹기도 함.

소똥구리 복원 사업과 관련해서 크게 아쉬움으로 남은 기억은 태안반도 신두리 해안사구에 살던 우리나라 마지막 왕소똥구리(*Scarabaeus typhon*)에 대한 일입니다.[6] 왕소똥구리는 소똥구리보다 크기가 더 크고 똥을 굴리는 모습이 인상적인 종이지만, 석연찮게 멸종위기종에서 해제되었습니다. 김정환 소장님이 1997년 태안 신두리 해안사구에서 생존 집단을 발견한 이후 KBS에서 자연 다큐멘터리도 제작되었는데, 그 이후로 전혀 관찰되지 않았지요. 2001년 문화재청에서 해안사구의 지질 형성 과정과 경관의 중요성을 이유로 신두리 해안사구를 천연기념물 제431호로 지정했는데, 천연기념물을 보존한다고 소 방목을 금지시킨 것이 그 이유였습니다. 소가 살지 않게 되니 왕소똥구리가 모습을 감춘 것은 당연한 일일 수밖에요. 문화재의 보존도 중요한 일이지만, 다소 경직된 문화보존정책이 생태의 보존에는 좋지 않은 결과로 이어진 일이라 큰 아쉬움이 듭니다.

이후 뒤늦게 환경단체와 태안시청에서 관심을 보이며 태안 신두리 해안사구 지역을 소똥구리 마을로 지정하기 위한 대책을 수립한다고 해서 저는 지도교수님과 신두리를 찾았습니다. 그러나 왕소똥구리가 자취를 이미 감춘 단계에서 신선한 소똥을 갖다주어도 시원찮은데, 축사에서 퍼온 똥을 여기저기 널브러뜨려놓고 왕소똥구리가 돌아오길 기다리는 모습은 '소 잃고 외양간 고친다'는 속담과 정확히 일치하는 모습이었습니다. 곤충학자로서 알게 모르게 이런 식으로 사라지는 곤충이 더 이상 없기를, 우리 땅에서 사라져가는 곤충들에게 많은 이들이 관심을 갖기를 바랍니다. 곤충 동호인들은 아직도 우리나라 어딘가에 소똥구리나 왕소똥구리가 남아 있지 않을까 하는 희망을 갖고 있습니다.

사람도 먹이사슬의 일부다

곤충은 자연의 재활용 역할의 주역이다.
자연은 사체를 신속하게 다양한 유기체로 전환하며
그 기본 구성 요소로 줄이는 데 전념한다.

— 리 고프(법의곤충학자)

옛 속담에 자주 등장할 만큼 우리 조상들의 일상과 가까웠으나 요즘에는 많이 없어진 곤충이 있습니다. 바로 빈대와 벼룩입니다. 이들 곤충은 예전처럼 흔하지는 않지만, 그렇다고 아주 박멸된 곤충은 아닙니다. 이번 장에서는 사람의 몸을 먹거리로 삼는 이, 빈대와 벼룩 등 기생충 삼총사의 이야기를 해보겠습니다.

대학 시절 동물분류학 수업 시간에 위생곤충학을 전공한 노용태 교수님께서는 이런 얘기를 하신 적이 있습니다. 어느 날 외국 원서를 보다가 'Korea'라는 글자가 눈에 들어와 반가운 마음에 자세히 읽어보니, '이를 연구하려면 한국에 가라'는 얘기가 적혀 있었답니다. 오래전 우리 선조들은 조선 시대에는 '신체발부 수지부모 불감훼상'이라고 해서 머리를 길게 길렀고, 신식 문화가 들어온 다음에도 머리 깎는 날이 머리 감는 날이었다고 합니다. 당연히 위생 상태가 썩 좋지 않고, 이가 자라기에 너무 좋은 환경이었을 테지요. 〈대한뉴스〉 같은 자료 화면에서 한국전쟁 중에 미군들이 이를 없애기 위해 길게 줄을 선 사람들 머리 위로 하얀 DDT 가루를 뿌리는 장면을 보신 기억이 있을 겁니다.

저와 친한 곤충 동호인 중에 어린이집 원장님이 계신데, 하루는 저에게 특별한 표본을 주시겠다고 해서 받아보니 '이' 표본이었습니다. 요즘에는 보기 힘든 곤충인데 어디서 났느냐고 여쭤보니 원장님께서는 꼬치꼬치 묻지는 말라고 하셨습니다. 확답은 없었지만 짚이는 데가 있었지요. 그즈음 뉴스에서 어린이집 원아의 위생 상태를 점검한 통계가 보도된 것을 본 기억이 났기 때문입니다. 이는 전염성이 강한데 공동생활을 하는 어린이집이나 유치원 등에서 누군가에게 이가 생겼을 경우, 그 사람과 머리를 맞대고 낮잠을 자거나 베개, 모자 등을 공유하다 보면 이가 옮을 수 있습니다.

한 가지 재미있는 사실은 이는 24시간 동안 흡혈하지 못하면 죽는다는 것입니다. 그래서 머리카락에 꼭 붙어서 수시로 흡혈하므로 가려움증을 일으킵니다. 예전에 TV 프로그램 〈순간포착 세상에 이런 일이〉에 국립보건원(현 질병관리청)에서 이를 연구하는 박사님이 출연하신 적이 있습니다. 이는 조금만 굶어도 생존하지 못하므로 휴대용 철망에 머리카락 뭉치를 넣어 그 속에서 이를 키우면서 자기 종아리에 고무 밴드로 묶고 다니는 박사님이 출연하셨지요. 이가 언제든지 자신의 피를 빨 수 있도록 배려를 한 것인데, 자기 일에 최선을 다하는 곤충학자의 일상은 대단한 것 같습니다.

홀아비 생활 3년이면 이가 서말,
과부 생활 3년이면 깨(금)가 서말

노년에 혼자 사는 남녀를 비교한 속담에도 이가 등장합니다. 예나 지금이나 혼자 사는 남자와 여자의 노년은 차이가 많은 것 같습니다. 사람의 몸에 기생하는 이만 해도 세 가지 종류가 있습니다. 머리에 사는 머릿니(*Pediculus humanus capitis*), 몸과 옷에 사는 몸니(옷니, *Pediculus humanus humanus*), 그리고 사면발니(*Pthirus pubis*)가 그것입니다. 이 셋은 모두 사람에게만 기생하며, 다른 동물의 몸에서는 살지 못합니다. 인간과 비슷한 유인원인 침팬지나 오랑우탄의 몸에 두어도 피를 빨지 않을 만큼 인간 기생에 특화된 종이지요. 이는 사람과 함께 진화해온 곤충입니다.

특히 사람이 옷을 입게 되는 시점부터 머릿니와 몸니의 두 아종(subspecies, 형태적, 생태적인 약간의 차이가 있지만, 서로 교배가 가능한 종 이하 계급)으로 나뉘게 되었다는 사실은 무척 흥미롭습니다. 머릿니는 병을 옮기지 않지만, 몸니는 세계대전 중에 병사들 사이에서 발진티푸스를 옮긴 것으로 유명합니다. 이가 붙은 의복을 세탁기로 빨면 어떨까요? 실험에 따르면 이는 숨 쉬는 기문을 막고 장시간 견디므로 보통 찬물 세탁만으로는 없애기 힘듭니다.

사면발니는 사람의 음모에서만 살아가는 기생충입니다. 군 복무 중 휴가를 다녀와서 사면발니에 걸린 병사는 격리되어 요즘 말로 '브라질리언 왁싱'을 당하고 살충제 소독 후 격리 조치가 취해졌습니다. 사면발니에 물리면 빨갛게 반점이 남지만, 별다른 병원균을 옮기지는 않습니다. 사면발니에 감염되면 흔히 성병에 걸린 것으로 간주하지만 전염성은 없는 기생충이지요.

빈대 잡으려다 초가삼간 다 태운다.

우리 속담에는 '빈대(Cimex lectularius)'도 자주 등장합니다. 대학 시절 동기들 사이에서 얻어먹기만 하는 친구를 빈대라고 부를 만큼 우리의 일상에서도 자주 호출되는 곤충이지만, 저도 최근에서야 살아 있는 빈대를 보았습니다. 우리나라의 빈대는 1970년대 새마을운동 시기, 초가집을 없애고 마을길을 넓히고 주택 개량사업을 하는 과정에서 거의 사라졌습니다. 공중보건학의 승리라고나 할까요? 일설에는 빈대가 일산화탄소에 약하다, 연탄 보일러를 때면서 사라졌다, 하는 얘기가 있는데, 그 많던 빈대가 갑자기 다 어디로 사라졌는지 원인은 잘 알려져 있지 않습니다.

빈대에 물리면 엄청 가렵다고 합니다. 곤충학자로서 저는 가능한 한 곤충으로 인한 피해도 직접 겪어보는 게 좋다고 생각해서 오래된 옛집이나 해외의 낡은 숙소에 묵게 되면 꼭 빈대를 찾아보곤 했습니다. 빈대는 영어로 'bed-bug'라고 부를 만큼 침대 주변과 매트리스, 벽 뒤의 숨을 만한 곳 등에 서식하는데 그곳들에 얼룩이 있다면 피를 빨고 난 빈대가 배설한 자국입니다.

제가 빈대에 물린 적은 없지만, 헝가리 출장을 갔을 때 한인 민박집에서 만난 한국 청년과 얘기하면서 빈대의 흔적을 만났습니다. 곤충학자라고 저희를 소개하자 청년은 헝가리로 오는 동안 침대열차에서 잤는데, 벌레에 물려 온몸이 가렵다고 호소했습니다. 증상을 보자고 했더니 한쪽 팔 전체를 보여주는데, 마치 두드러기가 난 것처럼 붉은 반점이 잔뜩 나 있었습니다. 빈대에 물렸을 때 보이는 전형적인 증상이었습니다.

24시간 피를 빨지 못하면 죽는 이와 달리 빈대는 최대 1년까지 피를 빨지 못해도 죽지 않는다고 합니다. 대신 허물을 벗기 위해서는 반드시 1회의 흡혈을 해야 하는데, 그만큼 피를 빨 기회가 왔을 때 빈대는 자기 생의 마지막이라고 생각하고 흡혈을 합니다. 빈대는 자는 사람에게 다가가 조금씩 계속 피를 빨고 배설물을 배출하면서 먹은 내용물을 농축시킵니다. 그 과정에서 사람이 뒤척이면 잠시 몸에서 떨어졌다가 다시 접근해 피를 뺍니다. 이렇다 보니 여기저기 물린 자국이 계속 생깁니다. 또 불결한 침대 밑에는 여러 마리의 빈대가 단체로 숨어 있을 확률이 높습니다. 다행인 것은 빈대는 흡혈을 해서 가려움증을 일으키지만, 몸니나 벼룩처럼 특별한 질병을 옮기지는 않는 것으로 알려져 있습니다.

뉴욕의 고급 호텔에 투숙한 손님이 빈대에 물리는 사고가 생겨 손해배상 청구 소송을 했다는 뉴스를 보았습니다. 유럽과 미국의 빈대는 DDT 저항성이 생겨 계속 문제를 일으킵니다.[7] 사실 빈대는 사람의 피만 빨아먹지는 않습니다. 오늘날의 빈대는 본디 동굴에 살던 박쥐에게 기생하던 원시 빈대가 동굴에 살던 인류의 조상에게 옮겨와 기생하게 된 것입니다. 그렇기 때문에 사람의 피를 빨지 못하더라도 사람 집에 숨어 사는 다른 온혈동물, 이를테면 쥐나 비둘기 같은 소형 동물의 피를 빨면서 살 수 있습니다.

최근에 조복성 교수의 글을 읽다가 빈대가 우리나라에 오래전부터 살던 곤충이 아님을 알게 되었습니다. 아마도 일제강점기 무렵 혹은 그 이전부터라도 외국과의 물자 교환이 활발해진 시기에 들어온 일시적 침입종이었을 가능성이 커 보였습니다.

벼룩의 간을 내어 먹겠다.

벼룩도 낯짝이 있다.

뛰어야 벼룩.

우리 속담에는 '벼룩'도 자주 등장합니다. 흔히 잡다한 물건을 파는 곳 또는 구인시장을 벼룩시장이라고도 부르지요. 굉장히 작고 잡스러운 존재를 칭할 때 벼룩을 자주 예로 들곤 합니다. 벼룩은 이나 빈대와는 완전히 다른 곤충입니다. 이는 다듬이목(Psocodea), 빈대는 노린재목(Hemiptera)에 속해서 불완전변태를 거쳐 어린 유충 때부터 흡혈을 하지만, 벼룩은 벼룩목(Siphonaptera)에 속하는 완전변태 곤충입니다. 따라서 유충일 때는 구더기 모양으로 집 안 먼지를 먹고 살다가 성충이 된 후에 흡혈합니다. 생김새도 이와 빈대와는 다릅니다. 이와 빈대는 위에서 납작하게 눌린 모양이지만, 벼룩은 좌우 양쪽으로 눌린 모양입니다. 체형 자체가 동물의 빽빽한 털 사이를 비집고 다니기에 알맞게 생겼습니다. 특히 쥐벼룩

(*Xenopsylla*)은 한때 유럽 인구의 1/3을 감소시킨 흑사병의 원인으로 잘 알려져 있습니다.

흑사병의 원인을 잘 몰랐을 때 사람들은 항구에 새로운 배가 들어오면서 이 병이 함께 온다고 짐작했습니다. 그래서 배가 들어오면 바로 하선하지 못하게 하고 40일 동안 경과를 지켜본 후 입항을 허가했습니다. 17세기 유럽에서 사용되기 시작한 '검역(quarantine)'이라는 용어는 여기에서 유래된 것입니다(이탈리아어로 '40'을 뜻하는 단어는 'quaranta'입니다).

배가 항구에 정박하면 닻에 묶어놓은 밧줄을 타고 가장 먼저 밀항하는 생물이 있으니 바로 쥐입니다. 쥐벼룩이 쥐를 흡혈하는 과정에서 흑사병의 원인인 페스트균(*Yersinia pestis*)을 갖게 되는데, 이 균은 특이하게 벼룩의 식도를 막아 더 허기지도록 만들어 벼룩이 여기저기 뛰어다니며 흡혈 활동을 하도록 부추깁니다. 페스트균을 보유한 벼룩에게 사람이 물리면 감염되어 신체 말단의 혈액순환이 안 되므로 몸 전체가 검게 변합니다. 흑사병은 현재 백신이 개발되어 빨리 처방받으면 안전하지만, 쥐가 많은 나라를 여행할 때는 좀 더 주의가 필요합니다.

벼룩도 사람의 피만 빨지는 않습니다. 사람벼룩(*Pulex irritans*)이라는 종이 따로 있지만, 다른 동물의 피를 흡혈할 수 있습니다. 쥐벼룩도 사람 피를 흡혈합니다. 낡은 집에 묵게 될 때 이런 기생충의 존재 가능성에 대한 위생 점검이 필요합니다. 벼룩의 경우 번데기 상태로 오랫동안 휴면 상태에 있다가 갑자기 집 안에 인기척이 생기면 진동이 촉발한 자극으로 우화하여 일제히 돌아다닐 수 있기 때문입니다. 즉, 벼룩이 없던 집에 갑자기 벼룩이 생길 수 있는 것이지요.

제2차 세계대전에서 일본군이 벼룩을 이용한 생물무기를 개발한 것은 공공연한 사실입니다. 731 부대에서 쥐벼룩을 대량 사육하여 만주국에 도자기 폭탄으로 투하하여 대량 살포하는 이른바 '핑판 프로젝트(Pingfan project)'를 계획한 문건이 발견되었지요. 서양인들은 예전부터 벼룩에 대한 호기심이 많았는지 벼룩을 길들인 벼룩 서커스가 있었고, 영국 자연사박물관을 운영한 로스차일드 가문의 찰스(Charles Rothschild)와 그의 딸 미리엄(Miriam Rothschild)은 벼룩 연구자로도 유명합니다. 수에즈 운하를 구매하고 이스라엘 독립에 큰 자금을 댈 만큼 세계적인 부호이자 은행가라서 그런 연구도 가능했겠지요. 서양 부호들이 자신의 여유와 한가로움을 자랑하는 트로피 문화였다고나 할까요? 이들은 사냥한 포유류에 붙어 있는 전 세계 벼룩을 모으는 데 전념했습니다.

생태계에서 이제 사람을 위협하는 다른 생명체는 더 이상 없는 것 같습니다. 사자나 호랑이 같은 알파 포식자는 외딴 자연보호구역에서 격리된 생활을 하고 있고, 사람 몸에 살던 기생충들도 공중보건학의 발달로 설 자리가 없어져가고 있지요. 위생곤충학의 역사에서 곤충이 질병을 매개할 수 있다는 사실을 밝혀낸 것은 그리 오래전 일이 아닙니다. 우리나라도 구한말 서양 의술이 전파되고 나서야 질병과 위생 상태의 관계에 대해 눈뜨게 되었고, 미군정 시대와 새마을운동 시대를 거치면서 환경 관리 상태가 점차 개선되었습니다. 오늘날 질병관리청 매개체분석과에서는 주요 위생해충, 특히 모기와 진드기를 중심으로 한 질병의 확산 방지에 신경을 쓰고 있으며 새로운 매개충의 피해에 대비해 다른 곤충 전공자들과도 협력 체계를 갖추어 나가고 있는 중입니다. 기생충의 역사는 곧 공중보건학의 역사임을 새삼 깨닫습니다.

갈색여치의 습격

꿀의 혈통은 꿀벌과 관련이 없으며,
클로버는 언제나 꿀벌에게 귀족적이다.

— 에밀리 디킨슨(시인)

갈색여치 떼 과수원 초토화

충부 영동지역 비상, 고온 건조한 탓인 듯

여치 연구를 시작했을 당시만 해도 이 녀석이 뉴스의 주인공으로 등장할 만큼 잠재력이 있는 존재인지는 전혀 짐작하지 못했습니다. 전국 어디서나 볼 수 있을 만큼 표본도 흔하고 그저 분류학적으로 한반도에 서식하는 것으로 알려진 두 종이 과연 동일한 종인지 여부에 대한 의문이 있었을 뿐이었습니다. 그런데 2006년 충북 영동 지방에서 처음 발견된 갈색여치의 대발생은 이후 몇 년간 계속 방송에 등장할 만큼 파괴력 있는 돌발해충(시기나 장소에 한정되지 않고 갑작스레 발생해 농작물이나 산림에 피해를 주는 해충) 사건으로 주목을 끌었습니다.

이에 따라 갈색여치에 대한 각종 연구가 급속히 진행되어 최근까지 이어졌고 저도 여치 전문가로서 KBS 〈환경스페셜〉 '갈색여치의 습격' 편에 출연하게 되었습니다. 〈환경스페셜〉 팀과 충북 영동에 갔을 때의 상황은 뉴스 보도로 접한 것 이상으로 무척 심각해 보였습니다. 가장 피해가 심했던 비탄리 마을의 경우에는 갈색여치 사체가 길 여기저기에 나뒹굴고 있었습니다. 어떤 포도밭 과수원에서는 모든 포도 잎사귀 위에 갈색여치가 한 마리씩 앉아 있어 정말 놀라운 수준의 개체군 밀도를 보여주었습니다.

다행히 신속한 방제 작업으로 살충 효과를 거두었지만, 갈색여치가 한 입 두 입 깨문 포도와 복숭아 등은 상품 가치가 떨어져 주민들의 한숨을 자아내게 했지요. 피해가 컸던 과수원 지형은 일종의 분지 형태로 보였는데, 분지의 가장자리를 둘러싼 야산 활엽수림은 갈색여치가 산란하는 주요 번식지로 추정되었고 부화한 유충이 성충으로 자라면서 먹을 것이 풍족한 과수원 지역으로 이동했던 것으로 판단되었습니다.

그렇다면 평화롭던 마을에 어떤 까닭으로 갈색여치가 대발생하게 되었을까요? 대체로 사람들은 이 곤충이 외래종이 아니냐는 의문을 품는 것 같았습니다. 그렇지만 갈색여치속(*Paratlanticus*)은 극동아시아의 고유속입니다. 러시아 우수리 지방에서 1926년 처음 발표된 갈색여치(*P. ussuriensis*)는 한국에서는 1931년 백두산에

갈색여치 조사 모습

서 처음 보고되었습니다. 두 번째 종인 팔공여치(*P. palgongensis*)는 1971년 대구 팔공산에서 처음 보고된 것으로 갈색여치와 다른 신종으로 기재되었지만, 이승모 선생은 두 종을 동종이명으로 간주했습니다. 저도 이 두 종 사이에서 구별할 만한 뚜렷한 차이를 느끼지 못해 갈색여치 한 종으로 논문을 정리했습니다. 한편 일본 동경과학관의 야마사키(山崎柄根) 박사는 1986년 대마도에서 발견된 종을 쓰시마갈색여치(*P. tsushimensis*)라는 신종으로 발표했는데, 이승모 선생은 이 종 역시 갈색여치와 같다는 의견을 제시한 바 있습니다.

요약하면 갈색여치속은 한반도를 중심으로 북에서부터 남으로 '갈색여치–팔공여치–쓰시마여치'라는 종으로 보고된 생물지리학적 관련성이 있었습니다. 주요한 차이가 있다면 남쪽으로 가면서 대형화한다는 것이었지요. 서로 매우 비슷하지만, 변화가 진행되고 있는 1~3종으로 이루어진 그룹이라고 볼 수 있는 것이지요. 우리가 사는 한반도는 남북으로 긴 지형이라서 식생과 기후대가 위도를 따라 서서히 달라집니다. 여기서 살아가는 여치 무리 역시 한반도 생태계의 변화에 적응한 것이겠지요.

그러나 최근 기후변화에 따른 지리정보시스템(GIS) 분석을 통한 갈색여치의 생태 연구 결과, 그리고 집단 유전자 분석을 통해 드러난 한반도 내 갈색여치 개체군 간의 유전적 거리는 예상보다 먼 것으로 나타나 과연 갈색여치는 한 종인지 하는 의구심을 갖게 되었습니다. 현재로서는 동서남북을 기준으로 형태적으로 구분하기 어려운, 그렇지만 유전적으로 차이가 나는 4개의 갈색여치 집단이 존재하고 있는 것으로 생각됩니다.

그런데 왜 하필 충북 지방에서 대규모 발생을 했는지 의문이 듭니다. 생각해보면 곤충이 살기에는 그보다 아래쪽인 남쪽 지방이 더 따뜻할 텐데 말이지요. 이 경우 남부 지방 개체군이 중부 지방으로 북상하여 새로운 서식처로 삼은 것은 아닐까 하고 추측이 가능합니다. 지구온난화에 따른 기후변화 시나리오에 따르면 남방계 종들이 북상하면서 새로운 종들로 변화하는데 한반도 전체를 두고 볼 때 종 다양성은 낮아져 생태계가 단조로워짐으로 인해서 해충 문제가 더 많이 발생할 수 있다는 결론입니다. 과거에 토박이 곤충으로 평화롭게 살던 갈색여치는 서서히 환경 변화를 겪으며 습성도 변하고 있는 중인 것이지요.

갈색여치를 관찰하면서 낮 동안 구석에 무리 지어 숨어 있는 모습을 보니 마치 꼽등이가 연상됐습니다. 보통 여치라면 성질이 사나워 여러 마리가 한데 몰려 있는 일이 없는데, 어떻게 싸우지 않고 함께 모여 있을까 하는 의문이 생겼습니다. 또 한 가지 연상되는 종은 북미 대륙의 무리 짓는 해충으로 유명한 몰몬 크리켓(*Anabrus simplex*)이었습니다. 여칫과 곤충 중에는 농작물 해충은 매우 드문 편인데, 일찍이 미국에 처음 정착한 몰몬교 주민들이 이 곤충 때문에 농작물에 큰 피해를 입어 '몰몬 크리켓(Mormon Cricket)'이라는 이름을 갖게 되었습니다(그때 주민들의 기도에 응답하듯 어디선가 갈매기 떼가 날아와 여치 떼를 먹어 치웠는데, 이 때문에 미국 유타주 솔트레이크시티에는 신에 대한 감사의 의미를 담은 갈매기상이 세워져 있습니다). 세월이 더 오래 지난다면 언젠가 한반도의 갈색여치가 북미의 몰몬 크리켓처럼 무리 지어 이동하며 농작물을 갉아먹는 현상이 생길지도 모르는 일입니다.

최근 신문이나 TV에서 곤충 뉴스가 자주 보입니다. 10여 년 전쯤을 회상하면 그때는 주로 여름철 매미 소음, 가을철 잠자리 떼 정도가 곤충 뉴스의 단골 소재였는데, 요즘은 언급되는 곤충 종류가 다양하게 변하고 있습니다. 어딘가에 특정 곤충이 대발생할 경우, 기후변화에 따른 환경 재앙은 아닌지 하는 염려가 커졌기 때문인 듯합니다.

그러면 이쯤에서 최근 뉴스에 자주 등장했던 곤충 몇 가지를 스케치해보겠습니다.

동양하루살이(*Ephemera orientalis*)

전남 광양시(2008년), 남양주(2010년, 2017년), 강남구 압구정동(2013년)에서 등장했다. 질병을 옮기거나 사람을 무는 위생 해충이 아니지만, 인근 상가 불빛에 무리 지어 날아들어 생활의 불편을 초래했다. 하루살이는 물속에서 수년간 유충으로 생활하다가 성충이 되면 물 밖으로 나와 대발생하는데, 입이 없어 먹지 않으므로 성충 수명은 짧다. 전문가들은 한강 중심으로 이루어진 수질 개선이 하루살이가 많아지게 한 원인으로 보고 있다.

나무곰팡이혹파리(*Asynapta groverae*)

신축 아파트의 실내에 대발생한 곤충으로 전국적으로 인천(2008년), 파주·남양주(2011년), 김포(2012년), 여수(2014년), 거제(2015년), 울산 동구(2016년), 울산 북구(2017년), 화성(2018년) 등에서 피해 보

불빛을 보고 날아온 동양하루살이

고가 있었다. 동남아 등지에서 수입된 파티클 보드로 만들어진 아파트 주방 가구와 붙박이장에서 발생했다. 목재에 발생한 곰팡이 균사를 먹고 사는 균식성 혹파리다. 인도(1971년), 중국(2004년)에서 발생이 알려진 바 있으며, 한국에는 2018년 국내 미기록종으로 발표됐다. 실내 환경에서만 서식이 확인되었고 자연생태계 서식 여부는 불확실한데, 최근 친환경주택 건립이 늘어남에 따라 화학약품 사용을 자제한 목재 생산 방식 문제 또는 가구 제작 및 설치 단계에서의 관리 문제가 원인으로 추정된다.

홍딱지바수염반날개(*Aleochara curtula*)

2017년부터 포항, 거창, 울진, 영덕, 순천, 하동 등지에서 보고되었으며 주로 태백산, 지리산, 경주, 덕유산 등 국립공원 지역과 피서지에서 관광객과 주민들에게 피해를 일으켰다. 6~10밀리미터 정도의 작은 곤충이지만, 음식점이나 인가에 떼 지어 날아들고 버려진 쓰레기 더미에서 대량 발생해 사람을 물기도 한다. 유럽, 아시아 북부, 북미, 한국 전역에 널리 분포하는 보통종이다. 성충은 파리 구더기를 잡아먹고 유충은 파리 번데기에 기생하는 포식성 곤충이다. 7~8월에 집중적으로 발생하고 살충제에 잘 죽지 않는다. 발생 지역에서는 긴팔 옷을 입어 물림을 방지하고 유인 물질 및 끈끈이 트랩을 활용한 물리적 방제를 하는 것이 효과적이다. 철저한 음식물 쓰레기 관리로 파리 떼 발생을 근원적으로 막는 것이 중요하다.

하늘소(*Neocerambyx raddei*)

서울 도봉구, 강북구(2018년)에서 발생해 뉴스에 등장했다. 인근 북한산 국립공원의 산림에서 발생한 하늘소가 야간 불빛을 따라 도심까지 날아온 것으로 추정하는데, 방송에서 특히 하늘소가 많이 나타난 곳으로 보도한 인형 뽑기방은 밤늦게까지 밝은 조명을 켜둔 상태였다. 대형 곤충이지만, 멸종위기종 장수하늘소는 아니고 보통 하늘소로 과거에 '미끈이하늘소', '참나무하늘소'라고 불린 적이 있다. 하늘소는 참나무가 많은 전국 야산에 나타나는 산림해충으로 수세가 기울어가는 참나무, 밤나무에 알을 낳고 유충은 나무속을 파먹고 자란다. 다 자라기까지 2~3년이 소요되므로 몇 년에 한 번씩 주기적으로 대발생할 수 있는

도시에 나타난 하늘소(서울 우이동에서 촬영)

데, 최근 경기도 인근에 참나무시들음병에 걸린 참나무가 많아
진 것이 원인으로 추정된다.

매미나방(*Lymantria dispar*)

충북 단양, 경기도 양주(2019년)에서 대발생했다. 산림이나 과수
해충으로 오래전부터 알려져왔으며 때때로 대발생한다. 유충
은 봄에 부화, 낮에 나무줄기에 잠복해 있다가 야간에 잎을 갉
아 먹는데, 벚나무, 매화나무, 참나무, 버드나무 등 각종 활엽수
와 소나무 등 침엽수의 잎도 가해한다. 초여름에 번데기가 된다.
한국, 중국, 일본, 유럽, 북미 등 전 세계에 분포하고 성충은 7~8
월에 연 1회 발생한다. 암컷은 지상 1~6미터 높이의 나무줄기에

매미나방과 알집

난괴를 만들어 월동한다. 사람에게 직접적인 피해를 주는 일은 드물지만, 날개의 비늘이 피부에 닿거나 호흡기에 알레르기 반응을 일으킬 수 있다.

집파리(*Musca domestica*)

세종시 장군면(2019년)에서 대발생했다. 최초 발생지는 밤나무 농장인데, 이후 인근 음식점과 팬션 등 건물에 날아들어 민원을 유발했다. 집파리는 범세계종으로 야생에서는 거의 발견되지 않고 주로 민가 주변에서 가축 분뇨, 음식물 쓰레기, 기타 부패 유기물을 먹고 산다. 알에서 성충이 되기까지 약 2~3주가 걸리며(최적 조건 시 10일) 암컷 한 마리가 약 500개의 알을 낳을 수 있고 성충은 약 한 달간 생존한다. 온대지방에서는 1년 동안 10~12세대까지 번식이 가능하다. 밤나무 농장에서 음식물 쓰레기를 활용한 액체 비료를 처음 뿌리고 약 2개월 후부터 집파리가 발생했는데, 경사지 일부에 비료가 고여 주변 집파리를 유인한 것이 원인으로 추정된다.

앞에서 살펴보았듯이 불과 몇 년 사이 다양한 곤충들이 다양한 양상의 피해를 일으켜 뉴스에 등장했습니다. 그렇다면 이런 곤충의 대발생 현상은 최근의 기후변화 문제 때문만일까요? 사실 제가 초등학생 때 보던 과학 잡지에도 기상이변 같은 주제의 기사는 늘 있었습니다. 지구는 항상 계속 변하는 중입니다.

'나비효과'라는 말이 있습니다. 기상학자 에드워드 로렌츠(Edward Lorenz)가 제안한 말로 '중국 북경에서 나비가 날갯짓을 하면 미국 뉴욕에 태풍이 분다'는 광고로 더욱 유명해진 개념입니다. 초기값의 미묘한 차이가 크게 증폭되어 엉뚱한 결과를 나타내는 것을 가리키는 말로 카오스 이론의 토대가 되었는데, 눈에 보이는 현상의 이면에서 여러 작은 현상들이 서로 연관되어 영향을 주고받으며 최종 결과가 나타남을 표현한 말이기도 합니다.

곤충의 대량 발생에도 보이지 않는 여러 요인들이 상호작용하기 때문에 단순히 한 가지 영향으로 해석하기 어렵습니다. 갑작스럽게 대발생하면 외래종이 아닌가 하는 의문을 가장 많이 품는데, 사실 외래종뿐만 아니라 원래부터 한반도에 살던 자생 곤충도 여건이 갖춰지면 얼마든지 대발생할 가능성이 있습니다. 곤충에게는 기하급수적으로 증가하는 능력이 있기 때문입니다. 생물의 번식에는 두 가지 대조적인 전략이 있습니다. 적게 낳는 대신 돌봄에 힘을 쏟아 후손의 생존율을 높이는 K-전략(질적 선택)과 많이 낳지만 돌보지 않는 r-전략(양적 선택)이지요. 곤충은 후자에 속하는 대표적인 생물입니다. 조복성 교수의 다음과 같은 계산법이 흥미롭습니다.[8]

파리는 봄부터 가을까지 굉장히 번식한다. 겨울 동안에 천장에 붙어 있던 한 마리의 암컷이 그해에 얼마나 번식을 하나 살펴보자. 한 마리의 암컷은 평균 120개의 알을 낳는다. 그 절반 60개가 암놈으로 나온다고 생각하면 그다음 대에는 7,200마리의 파리가 나오게 될 것이다. 그의 반수 3,600마리의 암컷이 알을 낳으면 일 년 동안 보통 아홉 번 번식을 하는고로 그 숫자는 다음과 같이 될 것이다.

1대째			1마리
2대째			120마리(반수를 암컷으로)
3대째	60×120	$=$	7,200마리
4대째	$3,600 \times 120$	$=$	432,000마리
5대째	$216,000 \times 120$	$=$	25,920,000마리
6대째	$12,960,000 \times 120$	$=$	1,555,200,000마리
7대째	$777,600,000 \times 120$	$=$	93,312,000,000마리
8대째	$46,656,000,000 \times 120$	$=$	5,598,720,000,000마리
9대째	$2,799,360,000,000 \times 120$	$=$	335,923,200,000,000마리

그러나 파리는 다른 곤충이나 동물에게 잡혀 먹히기도 하고 병이 들어 죽기도 하는고로 이와 같은 큰 숫자는 되지 않을 것으로 되 하여튼 무섭게 번식하는 것이라는 것을 잘 알 수가 있다.

곤충학자로서 한반도의 환경 변화를 실감하면서 생태계의 균형 상태가 깨진 것은 아닐까 하는 사람들의 염려와 변화된 환경에 적응하여 살아남기 위해 곤충 역시 적극적으로 변화하고 있는 모습을 모두 목격하는 중입니다. 과거에는 주로 산림과 농경지 중심의 생태계 해충들이 발생했지만, 앞으로 문제를 일으키는 종은 도심지와 인공 생태계 중심으로 다양하게 바뀌지 않을까 예상합니다.

역사 속 곤충의 대발생

벌레는 지구를 물려받지 않을 것이다.
그들은 지금 그것을 소유하고 있으니까.
평화를 위해서라면 집주인과 화해하는 것이 나을 것이다.

— 토마스 아이스너(곤충학자)

초등학생 시절 처음 만나 아직까지 제 뇌리에 남아 있는 곤충이 있습니다. 한참을 걸어야 했던 통학 길, 가로수로 심은 버즘나무(플라타너스)에는 나방 애벌레가 무척 많았는데, 나무 기둥을 발로 차면 나무에서 애벌레들이 우수수 떨어지는 모습이 마치 '벌레 비'가 내리는 것만 같았지요. 당시에는 흰 털이 덮인 애벌레를 '송충이'라고 불렀습니다. 흔히 털벌레를 가리켜 송충이라고 부르지만, 엄밀하게 말하면 솔잎을 먹는 솔나방(*Dendrolimus spectabilis*)의 애벌레가 송충(松蟲)입니다. 이 곤충이 1960년대 용산 미군기지로부터 번져나간 외래종 미국흰불나방(*Hyphantria cunea*)의 애벌레라는 사실은

솔잎을 먹고 사는 송충이(솔나방의 애벌레)

나중에서야 알게 되었지요.

저의 부모님 세대는 1970년대 즈음까지 학교에서 송충이 잡기를 많이 했다는 얘기를 하십니다. 단체로 산에 가서 송충이를 나무젓가락으로 잡아 깡통에 담아와 흙구덩이에 던져 휘발유로 불을 붙여 태워서 없앴다고 합니다. 그 시절 자료 사진을 검색해보면 쥐 잡기와 함께 송충이 잡기와 관련된 흑백 사진을 많이 볼 수 있습니다. 송충이는 《고려사》에도 자주 등장할 만큼 우리 민족과는 오래전부터 관계를 맺어온 곤충입니다. 고려 말 공민왕 때 송충이 피해가 심했다고 전해지는데, 이를 나라가 망할 징조로 보았다고 합니다.

과거 우리 조상들은 자연 이상 현상을 재앙 또는 재이(災異, 재앙이 되는 괴이한 일)로 보고 이를 정치적·사회적 의미로 해석하려 했습니다.[9] 그래서 충해가 심하면 나라에서 제사를 올린 기록들이 사료에 남아 있습니다.

송충이와 관련해 전해져오는 설화 중 흥미로운 것은 조선 정조 대왕의 이야기입니다. 아버지 사도세자의 능에 송충이 피해가 심하자 더는 참을 수 없었던 정조는 가장 큰 송충이를 잡아 "네 놈이 송충이 대장이렷다. 그런데 어찌 철없이 비명으로 돌아가신 아버지를 섬기는 능을 보호하는 소나무를 해칠 수 있느냐? 이것은 이 땅을 사는 생명으로서 불충이 아니냐? 사형을 내려서 너의 무리가 더 이상 소나무를 망치지 못하게 하리라" 하고 꿀꺽 삼켜버렸다고 합니다. 이후 송충이 피해가 줄어들었다는 얘기가 전해집니다.[10] 이는 원래 중국 당태종 설화에서 유래한 이야기로 이후에도 비슷한 이야기들이 재생산되었다고 합니다.

옛사람들이 곤충에 이름을 붙이고 별도의 기록을 남긴 것은 두 가지 측면에서 생각해볼 수 있습니다. 첫째는 쓸모가 있고 중요한 곤충이었기 때문이고, 둘째는 피해를 일으키는 해로운 곤충이었기 때문입니다.[11]

한국에서 전통적으로 쓸모가 큰 것으로 여겨진 대표적인 곤충은 누에와 꿀벌입니다. 《환단고기(桓檀古記)》에 따르면 양잠업의 기원인 누에치기가 고조선 시기부터 있었다고 합니다. 그러나 이 사료는 현재 학계에서 위서(僞書)로 판단합니다. 그렇다면 정사로서 우리나라 역사상 최초의 곤충(벌레) 기록은 무엇일까요? 학계에서는 《삼국사기》 제10권 〈헌덕왕(憲德王)〉 편에 실린 것을 최초의 기록으로 보고 있습니다.

15년 봄 정월 5일

十五年春正月五日

서원경에 하늘에서 벌레가 떨어졌다.

西原京有蟲從天而墮

9일에는 희고 검고 붉은 세 가지 벌레가

九月有白黑赤三種蟲

눈밭을 기어 다니다가 햇볕이 나자 사라졌다.

冒雪能行 見陽而止

이 기록에 남겨진, 음력 정월에 눈밭을 기어 다닌 희고 검고 붉은 벌레가 무엇인지 현재로서 상상하기는 어렵습니다. 벌레가 아닐 수도 있고, 단지 어떤 상징을 나타낸 글일 수도 있습니다. 동양에서 '생물'이라는 말은 예전에도 존재했지만, 생물을 각각 동물과 식물로 구별한 것은 근래의 일입니다. 벌레를 의미하는 '충(蟲)'은 과거에 오늘날의 동물과 거의 유사한 동의어 개념으로 쓰였습니다. 이쯤에서 조선 시대 실학자 유희가 저술한《물명고(物名攷)》에 나타난 생물의 분류 체계를 잠시 살펴보겠습니다.[12]

1. 유정류(有情類): 동물, 감정(느낌)이 있는 종류

　우충(羽蟲): 날짐승, 조류

　수족(獸族): 털이 난 네발짐승, 포유류

　모충(毛蟲): 발굽이 있는 짐승

　수족(水族): 물속에 사는 수생 동물

라충(贏蟲): 발톱을 지닌 짐승

인충(鱗蟲): 비늘이 있는 어류와 파충류

개충(介蟲): 물속에 사는 동물 중 껍데기가 있는 것

곤충(昆蟲): 한해살이 작은 벌레

2. 무정류(無情類): 식물, 감정이나 지각이 없는 종류, 풀과 나무

앞의 내용에 따르면 우리 조상들은 오늘날 우리가 알고 있는 생물 분류의 체계와는 다르지만, 각각의 특징을 바탕으로 생물을 종류별로 묶고자 시도했음을 알 수 있습니다. 상동(相同, 모양이 다르지만 기원은 같은 것)과 상사(相似, 기원이 다르지만 모양은 닮은 것)의 개념이 발달하기 이전부터 이런 분류의 역사가 동서양에 모두 존재했습니다.

우리나라 옛 사료 중 농서류(農書類, 농업 중심의 백과사전)나 유서류(類書類, 주제별 백과사전)에서는 곤충의 이름과 함께 방제법이나 이용법 등 전통 지식을 담고 있던 데 반해,《삼국사기》,《고려사》,《조선왕조실록》 등 역사서류에서 언급되는 곤충들은 주로 눈에 띄는 피해를 일으키는 것들이 많습니다.

사관들은 곤충이 대발생하는 현상을 기록할 만한 가치가 있는 역사적 사건으로 판단했을 것입니다. 국사편찬위원회에서 구축한 한국사 데이터베이스를 검색하면 다양한 충(蟲)의 기록을 원문이나 해설편으로 살펴볼 수 있습니다. 특히《조선왕조실록》은 당대의 사건을 편년체(역사적 사실을 연월일 순으로 기록)로 기록하고 있어 정확성과 사실성이 높은 기록물로 평가받아 곤충 연구에도 큰 도움이

됩니다. 역사 기록물에 등장하는 벌레는 크게 황충(蝗蟲), 송충(松蟲), 명충(螟蟲), 그 밖의 곤충으로 구분하지만, 이 책에서는 곤충학의 특징을 적용해 몇 가지만 살펴보겠습니다.

우선 옛 사료에는 완전변태류인 나비목(Lepidoptera)의 대발생 기록이 많습니다. 《광해군일기》의 광해군 9년(1617년) 7월 20일 조목에는 이런 기록이 남아 있습니다.

> 함경도 갑산부(甲山府)에 흰나비가 떼를 지어서 동북쪽에서 날아와 남쪽을 향해 날아갔다. 긴 뱀의 형상과 같았으며, 아주 많아서 하늘을 가리운 채 날아갔는데, 3일 동안이나 그치지 않았다. 또 북청부(北靑府)에서 흰나비가 떼를 지어 북쪽에서 날아와 남쪽 바닷가를 향해 날아갔는데, 연 이틀 동안 하늘을 가리운 채 날아갔다.

흰나비는 《조선왕조실록》에 10번이나 등장합니다. 한민족의 의식 속에서 흰나비는 다소 불길하고 안 좋은 징조로 여겨졌기에 그것이 떼로 나타났다는 사실은 큰 걱정과 염려를 불러일으켰습니다. 이를 해결하기 위해서 해괴제(나라에 괴이한 현상이 발생했을 때 이를 물리치기 위해 지내는 제사)를 지냈다고 합니다. 사료에 등장하는 이 흰나비에 대해 석주명 선생은 《조선나비 이야기》에서 줄흰나비(*Pieris napi*)라는 해석을 내놓은 바 있는데, 오늘날에는 왜 이런 현상을 볼 수 없는 것인지, 조선 시대 북쪽 지방에 국한하여 벌어진 일인 것인지 궁금하기만 합니다.

나비목의 애벌레는 씹어 먹는 입을 가지고 있어 육안으로 뚜렷하게 보이는 식엽 피해를 남기는 곤충입니다. 일전에 조선 선비들의 옛글에서 동물에 관한 기록을 발췌하여 정리한《조선동물기》라는 책에서 실학자 이익이《성호사설》에 남긴, 밤나무 잎을 갉아먹는 벌레(蟲食栗葉)에 대한 기록을 보았습니다.

최근에 밤나무 잎을 갉아먹는 벌레가 생겨서 나무가 많이 말라 죽었다. 이 벌레의 길이는 포백척(옷감을 재는 단위)으로 2촌(약 6센티미터)이 넘는다. 색깔은 푸르고 털은 희며 벌레 종류 가운데는 매우 크다.《고려사》〈권경준(고려 후기 문신)전〉에 "지금 밤나무 잎을 갉아먹는 벌레에는 두 종류가 있다. 밤이란 북쪽 지방에서 나는 과실이므로 벌레가 그 잎을 갉아먹기 시작한다면 북쪽 지방 산하는 참혹한 변을 당하고 말 것이다"라고 했다. 이 말이 반드시 옳다고 볼 수는 없지만, 큰 재앙이 될 것은 분명하므로 기록해둔다.[13]

《조선동물기》 해설에서는 이를 두고 붉은매미나방(*Lymantria mathura*)의 유충이라고 했지만, 곤충학자인 저는 생각이 달랐습니다. 이 부분을 읽고 제 머릿속에 대번에 떠오른 곤충은 2017년 뉴스에서 강원도 영서 지역을 중심으로 대발생한 밤나무산누에나방(*Caligula japonica*)의 유충이었습니다. 이 나방은 일명 '어스렝이나방'이라고도 부르는데, 밤나무산누에나방의 애벌레가 얼키설키 만든 고치를 '어스렝이'라고 부릅니다. 밤나무산누에나방의 애벌레는

밤나무산누에나방 애벌레

크기가 크고 푸르며 흰 털이 특징인데, 그 모습이 《성호사설》에서
이익이 묘사한 것과 잘 맞아떨어집니다.

　나비 다음으로 옛 사료에 자주 등장하는 곤충은 불완전변태 곤
충인 황충, 즉 메뚜기입니다. 과거 사료에 등장하는 메뚜기 대발생
피해는 이미 여러 곤충학자들이 비교 분석한 내용이 많습니다. 옛
사료에 등장하는 '황(蝗)'이라는 이름은 사실 농작물에 발생하는 여
러 가지 해충을 통칭하는 말로 메뚜기만 한정해서 말하지는 않습니
다. 따라서 오늘날의 개념으로는 곤충의 종류를 정확히 알기 어렵
지요. 만일 떼 짓는 메뚜기(누리), 즉 풀무치를 구분해 찾고자 한다
면 큰 날개로 날아다닌다는 특징으로 묘사된 비황(飛蝗)을 검색해
야 합니다.[14]

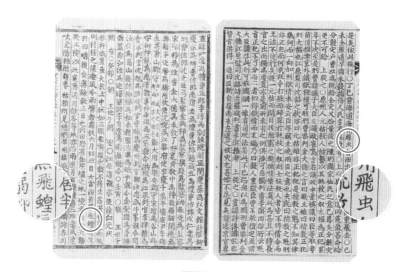

《조선왕조실록》의 비황에 대한 기록

강원도 관찰사가 관내에 재해가 심해 구황 준비를 해야 함을 보
고했다. 6월 3일에 크게 뇌성 치며 비가 내렸는데, 황흑색의 비
황(飛蝗)이 전답에 두루 깔려 남김없이 다 갉아 먹었으므로 며칠
동안에 전야가 불타버린 땅과 같게 되니, 온 경내의 노약자들이
하늘을 쳐다보며 울부짖었다.

— 《선조실록》, 선조 37년(1604년) 6월 24일

황해도 해주에 누리 떼가 서쪽에서 와서 하늘에 꽉 차 있다가 동
쪽을 향해 날아갔다.

— 《인조실록》, 인조 16년(1638년) 8월 27일

발생 시기가 여름이고, 군집형으로 검게 변한 모습, 공중에서 날아와서 먹이를 먹어치우고 다시 날아가는 행동 습성 등 비황, 즉 풀무치의 생물학적인 특징이 제대로 적힌 기록은 《조선왕조실록》에서 1604년과 1638년, 딱 2번 찾을 수 있습니다.[15]

이 외에도 세부 명칭이 표기되지 않은 '충'이나 '황'의 기록이 다수 존재합니다. 피해 양상과 습성, 생김새를 묘사한 기록에 근거해 오늘날 어떤 곤충인지 유추해보면 대부분 이화명나방, 멸강나방, 거세미나방, 땅강아지, 벼멸구, 흰등멸구, 벼물바구미 등 10종 미만의 곤충 등이 옛 사료에 등장합니다.

역사서에서 벌레를 기록한 상세 내용을 살펴보면 ① 단순 발생 보고, ② 구휼(백성에게 식량 지급, 세금 감면, 금주령 선포), ③ 방제(직접 잡거나 포제 시행), ④ 소멸, ⑤ 기타 교훈이나 정책, 예방에 관한 사항을 다루고 있습니다.[16] 이는 오늘날 정부와 국가기관에서 병해충 대유행에 대해 신경을 곤두세우고 각종 대비책을 마련하고 있는 모습과 다르지 않습니다.

유네스코 세계문화유산으로도 등재된 《조선왕조실록》 등 우리의 옛 선조들은 꼼꼼한 기록을 통해 후대인들에게 그 시절의 생활상과 역사적 사실들을 고스란히 전해주었습니다. 덕분에 곤충학자인 저 역시 그 기록들을 토대로 곤충 연구에 단서를 얻을 때가 많습니다. 옛 사료에 남겨진 곤충 이야기를 접할 때면 오늘날의 관점에서 우리 조상들의 인식은 어땠는지 재해석하는 재미가 있습니다.

지킬과 하이드

오늘날 우리의 지속적인 생존을 위해 곤충에게 의존해야 하는 건
상식이 되어버렸다. 꽃가루의 매개자가 없다면
인간의 개체수는 10년도 안 되어 붕괴될 것이다.
— 존 번사이드

　10여 년 전부터 메뚜기 떼 대발생에 관한 세계 뉴스가 심심찮게 보도되고 있습니다. 주로 아프리카나 중앙아시아의 사막 국가가 주요 출몰 지역인데, 빈곤국에서 메뚜기 떼 대발생은 농작물 수확과 식량 문제에 큰 영향을 주기 때문에 유엔식량농업기구(FAO)에서는 이를 예의 주시하고 있습니다. 드넓은 대륙 어디에서 메뚜기가 운집할지 모르기 때문에 사전에 국가 간 정보를 공유하는 시스템을 구축하고 있지요. 그러나 운집한 곳을 인지한다고 하더라도 한번 대발생한 메뚜기 떼가 어디로 날아갈지는 예측하기 어렵습니다.

　《구약성경》에서는 모세가 유대 민족을 이끌고 이집트를 탈출할

때 애굽 땅에 내린 열 가지 재앙 중 세 가지가 곤충 재앙(이, 파리, 메뚜기의 대발생)일 정도로 곤충으로 인한 재난은 그 역사가 오래되었습니다. 특히 여덟 번째 재앙이었던 메뚜기 재앙은 동아프리카와 중동의 사막지대에 오래전부터 있던 자연현상으로 무리 지어 날아다니며 농작물을 해치는 메뚜기 떼는 고대인들에게 강한 인상을 남겼을 것입니다. 기원전 1,500년경 이집트 제18왕조 피라미드에서 발견된《사자의 서(Book of the Dead)》125장에는 사막메뚜기가 그려져 있는데, 상형문자를 해독한 결과, '나는 메뚜기의 땅에 잠들어 있다'라는 뜻이었다고 합니다.[17] 무덤 속에 잠든 군주를 지키는 강력한 군대, 호위무사로 무리 짓는 메뚜기의 이미지를 형상화한 것으로 생각됩니다.

2010년 메뚜기 떼 이야기가 실려 있는 신간을 소개하는 프로그램에 초대된 적이 있습니다. 집단으로 행동하는 곤충들의 생태를 다룬《스마트 스웜》이라는 책이었습니다. 최근 꿀벌이나 개미 같은 사회성 곤충, 집단적으로 행동하는 동물의 동조화(synchrony) 연구를 통해 집단지성(collective intelligence)에 대한 사회적 관심이 높아졌습니다. 곤충들의 집단행동에 대한 독자 분들의 이해를 돕기 위해 해당 책의 방송 대본 일부를 여기에 인용해봅니다.

1. 곤충 무리의 생태와 그들만의 질서에 대해
곤충 중에 무리를 짓는 사회성 곤충들, 이번에 소개할 책에서 예를 들자면 개미와 벌, 흰개미 등은 특수한 집단생활을 영리하게 해나가고 있다. 이들의 생활을 들여다보면 한 마리 한 마리가 조직 내에서 집단의 이익을 위해 자신을 희생하면서까지 유기적으로 질서를 유지하고 있다. 이것을 과학자들은 '초개체'라는 개념으로 설명한다.

2. 조직의 운영법

사회성 곤충이 자신의 집단을 유지하는 것은 기본적으로 혈연집단이기 때문이며, 집단을 위해 자신을 희생하는 것은 결국 자신의 유전자를 후세에까지 남기려고 애쓰는 자연선택의 결과다.

3. 인간 조직과의 차이점

사람의 조직도 원시적인 형태에서 점차 다양한 형태로 발전하고 있는데, 곤충의 조직은 상대적으로 단순하지만, 사람은 다양한 목적의 복층식 조직을 이루고 있다. 인간 사회의 발전 양상에 따라 새로운 질서가 생겨날 때 곤충으로부터 배울 점도 있을 것이다. 이 책에서는 자기조직화, 정보다양성, 간접협동, 적응모방을 영리한 무리의 네 가지 원리로 제시하고 있다.[18]

프로그램 말미에 사회자가 저에게 질문을 던졌습니다.

"선생님, 그렇다면 메뚜기 떼는 날아서 어디로 가는 것인가요?"

"정말로 똑똑한 집단이라면 가장 현명한 선택을 했을 텐데, 안타깝게도 메뚜기 떼의 비행은 불행으로 끝나는 수가 많습니다. 아프리카에서 대발생한 사막메뚜기가 대서양을 건너 아메리카로 향하다 바다에 모두 빠져 죽은 일도 있고, 아메리카 대륙에서 발생한 메뚜기 떼가 공중에서 갈 곳을 잃고 우왕좌왕하다 로키산맥 동토에 떨어져 얼어 죽은 사건도 있습니다. 메뚜기 떼에는 현명한 지도자가 없으며 다수가 가는 방향으로 흘러갈 뿐입니다."

2014년 농촌진흥청 농업해충과 표본실에 들락날락할 때부터 알고 지낸 이관석 박사님으로부터 전화가 왔습니다.

"김 박사, 혹시 이 까만 메뚜기가 뭔지 알아?"

처음에는 단순히 종류를 확인하는 것으로만 생각했는데 메시지에 첨부된 사진을 확인한 순간, 깜짝 놀랐습니다. 우리나라에서 여태껏 본 적이 없는 군집형 풀무치의 사진이었기 때문입니다. 평소 풀무치는 녹색이나 갈색의 보통 메뚜기 색깔이지만, 큰 무리로 집단을 이루어 성장할 경우 스트레스 호르몬인 세로토닌의 영향으로 몸이 검게 변하는 경우가 있습니다. 지킬과 하이드의 예입니다.

"이거 풀무치 유충인데, 어디서 찍은 건가요? 우리나라에 이런 게 있나요?"

자초지종을 물으니 전남 해남에서 들어온 민원인데, 다들 난생처음 보는 메뚜기라고 해서 알아보는 중이라고 했습니다. 그동안 유충부터 성충까지 다양한 풀무치를 보아왔지만, 이런 흑화형 풀무치는 저 역시 문헌에서 참고 자료로만 보던 것이라 놀라웠습니다. 곧이어 뉴스가 전해졌습니다.

전남 해남에 수십억 마리 메뚜기 떼 출몰
해남 메뚜기 떼 농작물 습격해

화면 속에서 엄청나게 많은 풀무치 유충이 무리 지어 뛰어다니는 모습은 정말 놀라웠습니다. 초반에는 외래종이 아니냐 또는 색

平北農作被害

飛蝗大群現出

일제강점기 풀무치 발생 기사(〈동아일보〉 1920년 7월 24일자 기사)

깔이 짙은 두꺼비메뚜기나 등검은메뚜기가 아니냐는 추측성 보도가 나왔습니다. 그렇지만 저와 몇 차례 통화와 인터뷰를 거치며 해당 종은 우리나라에 원래부터 살던 메뚜기과의 풀무치(*Locusta migratoria*)라는 종이고 대발생하는 성질이 있음을 취재한 뒤 언론에서는 정정보도를 내보내기 시작했습니다. 수년 전 갈색여치의 대발생 이후 잠잠하다가 또다시 메뚜기 종류의 하나인 풀무치가 대발생했다는 소식에 잠시 소름이 돋았습니다. 가장 최근의 풀무치 발생 기록은 90여 년 전 평안북도 지방에서의 발생입니다.

"이제 곧 성충이 되면 날개가 생겨 더 멀리 퍼질 수 있으므로 지금 신속하게 방제해야 합니다."

저는 이 사건을 접하고 이와 같은 대책을 제안했습니다. 화면상으로 볼 때 풀무치는 전부 유충 상태여서 걷거나 뛰기만 할 뿐이었습니다. 심각한 다음 단계로 나아가기 전 단계였지요. 다행이라면 다행이었습니다. 이후 풀무치 떼에 친환경 약제가 긴급 살포되었고 개체수가 줄어들어 진정 국면에 들어서게 되었습니다. 갈색여치와 마찬가지로 풀무치에게도 약제의 효과가 비교적 잘 나타납니다. 현장에 직접 가보지 못했지만, 다른 교수님으로부터 작년에 죽은 것으로 보이는 풀무치 성충의 사체를 발견했다는 연락을 받았습니다. 곤충의 수는 기하급수적으로 증가하기에 아마도 그 풀무치 떼들은 그해에 갑자기 생겨난 것이 아니라, 수년 전부터 꾸준히 개체수가 증가했을 것입니다.

풀무치는 노벨문학상을 수상한 펄 벅(Pearl Buck)의 《대지》에 나오는, 하늘을 구름처럼 뒤덮는 메뚜기 떼의 대표종입니다.

남쪽 하늘에 검은 구름처럼 지평선 위에 걸려 있더니 이윽고 부채꼴로 퍼지면서 하늘을 뒤덮었다. 세상이 온통 밤처럼 캄캄해지고 메뚜기들이 서로 부딪치는 소리가 천지를 진동했다. 그들이 내려앉은 곳은 잎사귀를 볼 수 없고 모두 졸지에 황무지로 돌변했다. 아낙네들은 모두 손을 높이 쳐들고 하늘에 도움을 청하는 기도를 올렸고 남정네들은 밭에 불을 지르고 장대를 휘두르며 메뚜기 떼와 싸웠다.

아마도 앞에서 이야기한 풀무치 떼가 모두 살아서 성충이 되었다면 무리 지어 하늘로 날아올랐을 수 있습니다. 농사가 근본이던 시절 3대 재앙으로 홍수, 가뭄 그리고 충해를 꼽았습니다. 그래서 메뚜기는 가장 큰 해충으로 여겨졌습니다. 사람이 먹는 벼를 먹기 때문에 인간의 경쟁자로 생각한 것이지요. 그러다 농약 사용이 일반화되면서 논에서 메뚜기가 사라졌고, 유기농법이 조금씩 되살아나면서 메뚜기를 풀어서 키운 친환경 경작을 마케팅 포인트로 삼은 '메뚜기쌀' 같은 상품도 생겨났습니다. 해남의 풀무치가 발생한 지역도 실은 친환경 간척농지에서 유기농법을 하던 곳이었고 메뚜기가 생기는 것을 장려하던 지역이었습니다. 친환경의 역습이라고나 할까요?

긴급 방제는 성공했지만, 앞으로 같은 현상이 재발하지 않도록 어떻게 대응해야 하는지 질문이 이어졌습니다. 화학적 방제는 신속하고 간단하지만, 생태계에 미칠 영향에 대한 걱정을 불러일으킵니다. 우리나라보다 메뚜기 떼 피해가 심하고 메뚜기 연구자가 수백 명에 달하는 중국의 자료를 참고하면, 닭이나 오리를 풀어서 어린 유충을 잡는 방법, 메뚜기 떼의 집단 산란지를 찾아 겨울에 흙을 갈아엎거나 물대기를 해서 알을 썩게 만드는 물리적 방법도 추천할 수 있습니다. 풀무치는 신대륙을 제외한 구북구 전역, 호주와 뉴질랜드까지 광범위하게 분포하는 메뚜기로 이동성이 매우 큽니다. 광활한 대지가 있는 국가에서는 주기적으로 발생할 수 있고 우리나라의 경우 인적이 드문 섬이나 간척지에서 드물게 대발생할 수 있으니 지속적인 감시가 필요합니다.

2020년 아프리카에서 사막메뚜기(*Schistocerca gregaria*)가 대발생했다는 뉴스가 전해졌습니다. 우선 사막메뚜기가 우리나라까지 올 가능성이 있느냐는 질문이 많았습니다. 당시 한 약사 분은 현재의 코로나 사태를 언급하면서 코로나 때문에 마스크를 갑자기 준비해야 하는 예상치 못한 일이 벌어졌었는데, 사막메뚜기가 우리나라로 날아오면 그때는 어떤 준비를 해야 하느냐고 물어보셨습니다. 저는 메뚜기는 농작물 해충으로 저개발 국가의 식량문제에 대한 피해가 큰 것이지 개별 해충으로 사람에게 직접적인 문제를 일으키지는 않는다, 풀을 먹으니 사람을 물지 않고 살충제에도 잘 죽는 편이다, 그래도 걱정스러우면 집에 포충망 하나쯤 있으면 되지 않겠느냐고 대답해드렸습니다.

거의 지구 반대편이긴 하지만 아프리카에서 발생한 사막메뚜기가 동쪽으로는 인도차이나반도, 서쪽으로는 카리브해까지 도달한 역사가 있습니다. 그렇지만 작은 곤충으로서 이동 거리(시속 10킬로미터)와 한계 수명이 있으므로 중간에 계속 번식하면서 세대가 바뀌지 않는 이상, 아프리카의 사막메뚜기가 한 번에 우리나라까지 오는 일은 어려울 것으로 보입니다. 중국에서 사막메뚜기에 신경을 쓰는 이유는 고비사막과 같은 넓은 사막지대에 정착할 수 있는 가능성을 배제하지 못하기 때문입니다. 우리나라는 이웃 나라 중국의 대처 상황을 잘 봐둘 필요가 있습니다.

히치하이킹 하는 곤충들

나비는 몇 달이 아니라 순간을 세며
그것으로 시간은 충분하다.

— 라빈드라나트 타고르(시인)

베짱이(*Hexacentrus japonicus*)는 남한에는 흔하지만, 북한에서는 귀한 곤충인 모양입니다. 헝가리 자연사박물관에 갔을 때 북한에서 채집된 베짱이 표본을 보았다고 하자, 평양 출신인 이승모 선생님은 이런 얘기를 들려주었습니다.

"예전에는 기차를 타고 채집을 많이 다녔지. 여름에 기차를 타고 남에서 북으로 올라가다 보면 밤중에 기차 불빛에 곤충들이 모여드는데, 어떤 때는 남쪽에서 불빛을 보고 모인 벌레가 그대로 기차에 붙어 있다가 기차가 북쪽까지 가는 바람에 북한에서 채집된 것으로 기록되는 일도 있다."

선생님 말씀을 듣고 새로운 궁금증이 생긴 저는 질문을 드렸습니다.

"우리나라 곤충 목록에 동남아시아에 주로 사는 이상한 종들의 기록이 있는데, 그것은 어떻게 된 것일까요?"

"선박이 항구에 정박하면 환하게 불을 밝히고 있는데, 불빛에 곤충이 모여들게 되고 이윽고 배에 올라탄 곤충은 배의 이동을 따라 세계 여행을 하다가 엉뚱한 나라에서 채집된 것으로 기록되는 수가 있다."

곤충의 무임승차. 그것이 한 분류군의 연구사를 바꿔놓을 수도 있는 것이지요.

우리가 모르는 사이 우리나라에 정착하는 외래 곤충들이 많아지고 있습니다. 2017년 상반기, 외신에서 일본에 새로 상륙한 독개미(붉은불개미, *Solenopsis invicta*) 소식을 연일 보도했습니다. 참고로 '살인개미', '독개미'라는 표현은 국민들의 공포를 불러일으키는 자극적인 이름이라고 여겨져 정부 부처 회의에서 이후 '붉은불개미'로 부를 것으로 용어 통일안이 발표되었습니다. 국립생물자원관은 환경부 소속 연구기관이라 외래 생물 유입과 관련한 역할이 있습니다. 그런 맥락에서 해당 건과 관련하여 시민들의 경각심을 높이고자 기고문을 내자는 내부 의견이 있어 저는 이에 대한 글을 쓰게 되었지요. 해당 글은 〈중앙일보〉 시론에 '독한 해충들, 한국 상륙이 시작됐다'라는 제목으로 실렸는데, 외래 생물에 대한 제 견해가 고스란히 담겨 있어 이 책에 원본을 그대로 싣습니다.

공항 입국장에서 한참 만에 나온 어머니는 울상이셨다. 휴대한 과일을 몽땅 압수당했다고 한다. 해외여행 시 열대과일 반입 금지 안내방송이 나오지만, 많은 이들이 흘려듣는 것 같다. 검역원에 근무하는 동료에게 들으니 매년 공항에서 폐기하는 과일의 양이 엄청나다고 한다. 과일을 금하는 이유는 과수 해충으로 유명한 과실파리가 숨어 있을 가능성 때문이다. 눈에 보이지 않더라도 현지 과일에는 곤충의 알이 잠복해 있을 수 있다. 여름철 식탁에 놓아둔 바나나를 생각해보자. 그 주변에 윙윙거리는 초파리를 한두 마리 보았다면 우리는 이미 바나나와 함께 초파리의 알이나 애벌레를 먹었을 가능성이 높다.

곤충은 크기가 작지만, 번식력이 좋아 적당한 조건이 갖추어지면 급속히 세를 늘린다. 특히 요즘처럼 덥고 습한 날씨는 대다수의 곤충에게 번식하기 매우 좋은 환경 조건을 제공한다. 올해 사무실로 걸려오는 전화 중에 유독 곤충 관련 문의가 많다. 처음 보는 신종 곤충 같다고 동영상도 첨부하고 휴대폰으로 직접 찍은 사진을 보내기도 한다. 그도 그럴 것이 최근 국내에 유입된 외래종(갈색날개매미충)이었기에 매우 낯설어 보였던 모양이다.

우리 주변에 살고 있는 곤충을 유심히 본 적이 있는가? 과연 이 곤충은 원래부터 여기에 살던 토종이 맞을까? 곤충은 도시화, 기후변화, 지구온난화 등 환경문제를 가늠하기 좋은 지표생물이다. 식물에 비해 상대적으로 쉽게 이동하고 빨리 번지는 특성 때문이다. 또한 변온동물로 온도 변화에 민감하다. 매년 뉴스에 자주 등장하는 곤충을 열거해보자. 매미, 하루살이, 깔따구,

갈색여치, 대벌레, 풀무치, 말벌 등 모두가 왜 이 곤충들이 이렇게 많아졌는지 궁금해한다. 그런데 아이러니하게도 오랫동안 우리나라 전국을 조사하러 다닌 곤충학자들이 하는 말은 한결같다. '요즘 참 곤충이 없다.' 예전에 보았던 친숙한 곤충들이 보이지 않는다는 뜻이다. 한 곤충학자는 강원도 깊숙한 산골짜기에서 외래종 꽃매미를 만나 깜짝 놀랐다고 전한다.

알지 못하는 사이 우리 주변의 곤충 종류가 서서히 바뀌고 있다. 외래종 문제는 잘 알려졌다시피, 고유 생태계를 교란하기 때문에 심각하다. 특히 급격한 환경변화를 겪은 지역에서 해충들은 자기 세력을 쉽게 확장할 수 있다. 동남아 열대우림의 깊숙한 곳을 탐사하다가 문득 이런 생각이 들었다. '이 지독한 녹색의 밀림 한가운데 외래종 한 무리가 떨어지게 된다면 과연 적응하여 살아남을 수 있을까?' 아마도 그러기 힘들 것이다. 훼손되지 않은 튼튼한 생태계는 이를 지켜낼 힘을 가지고 있기 때문이다. 만약 우리 자연 생태계가 탄탄한 복원력을 갖고 있다면 외래종 문제는 심각하지 않을 수 있다. 그러나 환경이 척박한 곳에는 어김없이 외래종이 위세를 떨친다.

일본에 남미산 맹독성 불개미가 상륙하여 연일 주요 뉴스로 보도되고 있다. 사람을 직접 가해할 수 있는 독한 녀석이다. 물자왕래, 해외여행이 빈번해지면서 특정 지역에서 문제되던 해충이 전 세계로 퍼질 가능성이 높아지고 있다.

환경부에서는 2011년 외래종 생태계 위해성 관리 기본계획을 수립하고, 세계적인 악성 위해 외래 생물 목록도 정비했다.

여기에는 모기, 말벌, 개미 등과 같은 요주의 곤충도 포함되어 있는데, 일본의 사례처럼 선제적으로 대응하면 유해충의 정착을 사전에 예방할 수 있다. 주변국의 상황을 예의 주시해야 하는 이유는 국외에서 이미 징조가 나타난 경우, 수년 내 국내에서 똑같은 상황이 벌어질 수 있기 때문이다.

곤충의 유입 경로는 다양하다. 멸강나방이나 벼멸구처럼 바람 타고 하늘을 직접 건너오는 경우도 있지만, 공항이나 항만을 통해 비행기, 배 등 수송수단과 수송물자에 무임승차하여 낯선 땅에 처음 발 디디는 사례가 적지 않다. 항구에 방치된 적재화물, 항만도시 생태계에 대한 감시를 높여야 하는 이유이다. 농림축산식품부에서는 이러한 비의도적 유입을 막고자 방역 활동과 수입물 위험분석 절차를 거치고 있다. 최근 애완곤충에 대한 수요가 늘면서 외래 곤충 수입에 대한 민원이 많아지고 있다. 이국적인 생물을 곁에 두고 싶은 심정이야 이해하지만, 어둠의 경로로 국내에 들어와 퍼지는 경우 생태계에 어떤 영향을 줄지 예측하기 어렵다. 외래해충은 질병을 매개하거나 농작물, 과수에 심각한 경제적 피해를 끼칠 수도 있다. 국민들의 경각심을 높이고 도입에는 많은 신경을 써야만 한다.

앞으로 또 어떤 곤충들이 뉴스에 등장하게 될까? 아열대성 낯선 곤충들과 살아갈 준비가 되었는지 자문해야 할 시점이다. 국가의 노력만으로 병해충을 막는 데는 한계가 있다. 낯선 외래 곤충을 보았다면 가까운 국가기관에 신고하자. 다행히 여러 지자체와 시민단체에서 자발적인 지역 생태계 모니터링을 수행하

인천항 컨테이너 터미널에서 발견된 붉은불개미

고 있다. 또한 각종 인터넷 카페 등에는 곤충 사진을 찍어 이름을 물어보는 활동이 활발하다. 어떤 방식이든 우리 환경을 지키는 데에는 작은 관심이 중요하다. (2017. 8. 2.)

이 기사가 나간 지 얼마 되지 않아 우리나라 부산항에서도 남미 원산의 붉은불개미가 발견되어 언론의 높은 관심을 끌었습니다 (2017년 9월). 이어서 평택항(2018년 6월), 인천항(2018년 7월)에서도 붉은불개미가 발견되었는데, 주로 컨테이너 화물을 보관하는 항구 터미널에서 검출되었습니다. 개미 전공은 아니지만, 저도 외래 생물 조사를 담당하고 있는 국립생태원 조사팀과 협력해 인천항 주변의 개미 모니터링을 수행했습니다. 최초 발견지로부터 반경 2킬로미터 이내에 유인트랩을 50개씩 설치하고 매주 수거하고 재설치를 반복하며 유입된 개미 종류를 확인하는 작업이 이어졌습니다.

항만을 벗어난 외각의 경우로는 대구의 신축 아파트 건설 현장에서 처음으로 붉은불개미가 발견되었습니다(2018년 9월). 중국에서 수입한 조경 석재를 설치하다가 시민들의 신고로 발견된 것입니다. 긴급 방제가 이루어졌고 저도 현장 조사에 참여했습니다. 직접 가보니 석재와 함께 석재가 묻혔던 흙이 그대로 딸려왔는데, 이 흙 속에 개미뿐만 아니라 낯선 거미, 전갈, 달팽이, 온갖 식물 뿌리가 함께 얽혀 있는 것을 보고 깜짝 놀랐습니다. 작은 생태계가 그대로 옮겨온 것과 마찬가지였습니다.

하마터면 우리의 자연 생태계에 붉은불개미가 번지는 사고가 생길 뻔했는데, 시민들의 재빠른 신고가 이를 방지하는 큰 역할을 한 것입니다. 사실 붉은불개미는 자신이 원해서 머나먼 이국까지 온 것이 아닙니다. 우연한 기회에 집단이 통째로 이동할 기회를 얻게 되었고 번식에 성공하면서 정착하는 단계로 나아갔던 것이지요. 다행히 아직까지 대구 이외의 지역에서 붉은불개미는 발견되지 않았습니다.

우리나라의 침입 외래종(invasive species)도 시대에 따라 변하는 중입니다. 과거에는 작은 곤충의 국가 간 침입 사건에 대해 잘 알 수가 없었습니다. 이제는 과학의 발전으로 좀 더 정확한 현황을 기록할 수 있게 되었는데 다음은 시대별로 유명한 외래 곤충 목록을 정리한 것입니다. 1876년 개항 이후 외래 곤충은 꾸준히 증가하는 추세입니다. 일제강점기에 곤충의 이동이 많아졌고, 미국과의 교류가 늘면서 군수물자 유입을 비롯한 여러 가지 원인에 의해 외래 곤충이 우리나라에 침입했음을 알 수 있습니다.

1. 흰개미: 일본 원산, 경부선 철도 부설 시 일본에서 들어온 침목과 함께 침입, 정착한 것으로 추정.

2. 솔잎혹파리: 일본 원산, 1929년 서울 비원의 적송에서 처음 발생.

3. 미국흰불나방: 미국 원산, 1958년 서울 이태원 미군 주둔지와 외인주택에서 처음 발생.

4. 벼물바구미: 미국 원산, 1988년 경남 하동에서 발견, 인근 광양항의 일본 선박으로부터 전파.

5. 버즘나무방패벌레: 미국 원산, 1995년 서울 시내 가로수에서 처음 발생.

6. 돼지풀잎벌레: 미국 원산, 2000년 대구 달성 화원유원지에서 처음 확인.

7. 등검은말벌: 동남아시아 원산, 2003년 부산항에서 처음 확인.

8. 주홍날개꽃매미: 중국 원산, 2004년 천안에서 처음 확인.

9. 미국선녀벌레: 미국 원산, 2009년 서울 우면산과 수원에서 처음 확인.

10. 갈색날개매미충: 중국 원산, 2009년 충남 공주 과수원에서 처음 확인.

11. 소나무허리노린재: 미국 원산, 2010년 경남 창원에서 처음 확인.

12. 국화방패벌레: 미국 원산, 2011년 경주에서 처음 확인.

13. 빗살무늬미주메뚜기: 북미 원산, 2020년 울산에서 처음 확인.

우리나라 침입 외래종들은 먼 미국 등에서도 올 수 있지만, 대개 일본, 중국을 먼저 거친 후 마지막에 유입될 가능성이 높습니다. 한반도가 섬나라 일본과 대륙인 중국에 둘러싸여 있기 때문입니다. 따라서 중국과 일본의 상황을 미리 알면 외래종 방어 및 방제에 도움이 됩니다.

우리가 모르는 사이에 침입하는 외래종 외에 인위적인 목적을 가지고 도입한 종이 자연계로 탈출하는 경우도 있습니다. 1976년 감귤 밭에 발생한 이세리아깍지벌레(*Icerya purchasi*) 방제를 위해 호주에서 도입한 베달리아무당벌레(*Rodolia cardinalis*)와 1994년 화분매개곤충으로 유럽에서 도입한 서양뒤영벌(*Bombus terrestris*)이 그 사례 중 하나입니다. 과거 외래종으로서 국내 생태계 문제를 일으키는 주범으로 지목된 황소개구리나 뉴트리아도 당초 식용이나 모피용으로 수입한 동물이 자연 생태계로 탈출해 문제를 일으킨 경우인데, 목적성을 가지고 외래종을 들여올 때는 충분한 위해성 평가를 거쳐 도입해야만 합니다.

이와 반대로 한국을 포함한 아시아 국가에서 북미와 유럽으로 넘어간 외래종도 있습니다. 1996년 유리알락하늘소(*Anoplophora glabripennis*), 1998년 썩덩나무노린재(*Halyomorpha halys*), 2000년 이후 서울호리비단벌레(*Agrilus planipennis*)는 우연한 기회에 전파되었고, 천적 산업을 위해 아시아에서 가져간 무당벌레(*Harmonia axyridis*)가 최근에 북미와 유럽 등지에 퍼지고 있습니다(유리알락하늘소와 서울호리비단벌레는 포장용 나무 궤짝 등에 유충이 포함되어 있다가 폐기될 때, 성충이 우화하여 퍼진 것으로 추정됩니다). 이들은 아시아 지역 곤충이므로 원산지에서 천적을 찾기 위해 미국 농무성 소속의 곤충학자가 한국을 방문하고 있습니다.

제2차 세계대전 이후 미국은 아시아 국가와 무역이 활발해지면서 생기는 해충 문제를 해결하기 위해 아시아 천적연구소를 설립해 교류해왔습니다. 미국이야말로 전 세계 사람들이 많이 모이는 국가인 만큼 여러 나라로부터 곤충 히치하이커들이 몰려들어 골치가 아픈 듯합니다.[19] 미국 동부에서 실크 산업을 위해 도입한 유럽 매미나방이 자연계로 탈출해 문제가 되었다가 최근엔 서부에서 아시아의 매미나방까지 선박 화물에 알 상태로 묻어가 문제를 일으키고 있습니다. 외래종 문제는 이제 우리나라에 국한된 문제가 아니라 전 세계에서 동시다발적으로 일어나고 있습니다. 환경부에서 수행한 외래종 연구 보고서에서 한 가지 눈에 띄는 점은 특히 한국인들이 외래종 문제에 민감한데, 그 이유가 과거부터 외세의 침입을 많이 받은 영향으로 방어 심리가 크기 때문이라고 합니다.

붉은불개미 대처 방안을 논의하고 국가 간 정보 공유를 위해 농림축산검역본부 직원들과 함께 일본 출장을 다녀온 적이 있습니다. 당시 외래 생물 대응 업무를 보고 있는 일본 환경성의 담당자와 국립환경연구소의 곤충 전문가를 만나 얘기를 들었습니다. 사실 일본은 우리나라보다 더 심한 외래종 문제를 겪고 있습니다. 국가 간 무역 등을 통해 곤충들의 컨테이너 무임승차로 퍼져 나간 경우도 있지만, 시민들이 애완용으로 들여온 외래 생물을 무단 방생하여 벌어지는 일들도 많더군요.

붉은불개미의 경우, 일본과 한국 모두 중국 남부의 광둥성 등에서 온 수입물자로부터 비롯된 것이 확실한데, 문제 해결을 위한 중국과의 외교적 협의가 잘 이루어지지 않아 안타깝습니다. 외래종 문제는 어느 한 나라에서 해결할 수 있는 것이 아니고, 국가 간에 상호 방역 시스템을 잘 갖추어야만 합니다. 자연이 오랜 세월 다르게 갈라놓은 것을 사람이 합쳐놓는 사건들이 많이 벌어지고 있는 요즘입니다.

곤충 삼매경의
빛과 그림자

자연을 가장 가까이 들여다보라.
자연은 우리의 시선을 가장 작은 잎사귀로 낮추고
곤충의 시선으로 그 면을 바라보도록 초대한다.

— 헨리 데이비드 소로(《월든》의 저자)

언제부턴가 '바이오블리츠(bioblitz)'라는 용어를 심심치 않게 접하게 되었습니다. 우리말로 풀이한다면 지역에서 벌이는 생물다양성 축제 한마당 정도라고 할까요? 바이오블리츠는 전문가들과 시민들이 함께 어우러져 지역 생물을 탐구하는 행사로 보통 24시간 조사를 함께 하고 그 결과를 발표합니다. 이 행사는 우리 주변에 무엇이 살고 있는지 관심을 가질 수 있는 좋은 기회이자 자연에 관심 있는 많은 사람들을 만날 수 있는 기회입니다. 생물에 관심을 가진 일반인들을 이제 아마추어라고 하지 않고, 시민과학자나 준분류학자라는 말로 부르는 추세입니다.

곤충을 좋아하는 사람들 사이에서도 자신이 좀 더 관심을 기울이고 집중하는 세부 분야들이 있습니다. 저는 특별히 메뚜기에 관심을 기울이게 된 계기가 있습니다. 초등학교 여름방학 때 고향인 부산에 내려가면 할머니 댁 바로 앞에 야산이 있었는데, 아침부터 곤충을 잡으러 산에 올라가면 어머니가 밥 먹으라고 찾을 때까지 내려오지 않았습니다.

그러던 어느 날 산에서 엄청 커다란 메뚜기를 만났습니다. 잡아보고 싶어 가까이 다가갔지만, "팍, 부웅~" 하고 눈앞에서 단번에 박차고 도망가는 모습이 마치 새가 날아가는 것 같았고 그 순간 저는 매료되고 말았습니다. 첫눈에 반했다고 해야 할까요? 그렇게 포충망도 없이 쫓아다니다 기어코 한 마리 붙잡았는데, 이것이 메뚜기의 제왕 풀무치라는 것을 알게 되었습니다. 그때의 인상적인 경험 이후로 지금까지 제 메일 계정이나 아이디들은 'pulmuchi'입니다.

채집 경험은 부족하지만, 곤충에 대한 관심이 커진 분들이 이렇게 묻곤 합니다.

"어떻게 하면 곤충을 잘 찾을 수 있나요?"

숲에 갔을 때 주위를 스치듯 지나가면 아무 곤충도 보이지 않습니다. 저마다 살기 위해 자연물로 위장하거나 숨어 있거나 밤에만 활동하기 때문이지요. 그럴 땐 곤충을 잡아먹고 살아가는 딱따구리의 입장이 되어 보시길 권합니다. '어떤 나무에 곤충이 있을까? 어디를 두드려야 할까?' 하고 말이지요. 먹고살기 위해 곤충을 사냥해야 하는 새들은 끊임없이 집중하고 고민해야 살아남을 수 있을 겁니다. 그와 같이 그동안 곤충의 존재를 방관하고 잘 몰랐다면 한 번 주변을 집중해 관찰해보시길 바랍니다. 사람에게는 누구나 자연을 알고자 하는 본능(biophilia, 다른 형태의 생명에 끌리는 성질)이 있고 바이오필리아의 대상에는 곤충도 포함됩니다.

불교에서는 잡념을 떠나서 오직 하나의 대상에만 정신을 집중하는 경지를 '삼매경(三昧境)'이라고 합니다. 이 경지에 이르러서야 비로소 바른 지혜를 얻고 대상을 올바르게 파악하게 된다고 합니다. 요즘은 곤충 삼매경에 푹 빠진 분들을 종종 만납니다. 전공자는 아니지만, 재야의 고수라고 할까요? 특별한 안목을 가진 분들이 정말 많이 계십니다. 아마 곤충 연구를 전공했다면 더 큰 재능을 꽃피우셨을 것 같은 분들이지요. 이런 분들을 기사에서 다룰 때 흔히 '한국의 파브르'라고 호칭합니다.

사실 곤충학의 아버지는 곤충학 백과를 편찬한 영국의 곤충학자 윌리엄 커비(William Kirby)로 일컬어지지만, 일반 대중들에게 가장 유명한 곤충학자는 파브르입니다. 파브르도 어떤 경지에 올랐기에 시대를 앞선 안목으로 좋은 글을 남겨 많은 이들에게 영향을 주었습니다. 곤충 관찰에 깊이 빠진 파브르도 분명 동양에서 말하는 물아일체의 경지에 닿았을 것인데, 그는 장자(莊子)의 '호접몽'에 비견되는 다음과 같은 말을 남겼습니다.

나는 꿈에 잠길 때마다 단 몇 분만이라도 우리 집 개의 뇌로 생각할 수 있기를 바랐다. 모기의 눈으로 세상을 바라볼 수 있기를 바라기도 했다. 세상의 사물들이 얼마나 다르게 보일 것인가?[20]

인생을 살면서 어떤 이는 처음부터 자기 길을 빨리 찾아가기도 하지만, 보통 천천히 눈을 뜨거나 살면서 우왕좌왕하기도 하고 잘 가던 길에서 갑자기 새로운 방향에 눈을 떠 다른 기회를 찾아 다른 길을 가기도 합니다. 어떤 방식이든 내가 누구인지 끊임없이 질문하며 자아를 찾아가는 과정이겠지요. 사람에겐 네 개의 자아가 있다고 합니다. ① 나도 알고 남도 아는 나, ② 나는 알지만 남은 모르는 나, ③ 남은 알지만 나는 모르는 나, ④ 나도 모르고 남도 모르는 나. 이런 네 개의 창(Johari's windows)을 통해 자신을 계속 들여다보며 살아간다고 합니다.

국민소득 2만 불이 넘어야 비로소 자연환경에 관심을 기울인다는 연구가 있습니다. 우리는 격동의 근대사를 지나 왔습니다. 그러나 변화한 시대에 적응하고 서구 지식을 받아들이며 주변 환경을 돌볼 틈 없이 압축 성장하는 와중에도 곤충 분야에서는 석주명과 조복성 같은 선각들이 있었습니다. 이분들은 단순히 곤충 연구에 대한 객관적 지식만을 후대에 물려준 것이 아니라 자연에 대한 시선과 감수성이 어때야 하는지에 대한 통찰을 건네주었습니다. 저는 곤충 연구와 애호에 있어서도 온고지신이라는 사자성어의 힘을 믿습니다. 미래를 내다보는 것도 좋지만, 과거를 살펴보고 반성할 필요도 있는 것이지요.

물론 기술의 발전을 활용하여 많은 데이터베이스를 쌓는 일도 도외시할 순 없습니다. 디지털 시대가 열리면서 곤충도 채집과 표본 중심의 문화에서 관찰과 사유, 사진을 찍어 기록하는 문화로 변화하고 있습니다. 다다익선이라고 하지요. 생물도 종류가 많으면 좋고 곤충도 관심 갖는 이가 많으면 많을수록 좋습니다. 저변이 넓고 깊을수록 좋은 문화가 만들어지기 때문입니다. 서양의 곤충 문화가 발달해온 과정을 살펴보면 다윈과 월리스, 베이츠 같은 학자와 전문가도 있었지만 헤르만 헤세, 나보코프, 베르나르 베르베르처럼 곤충을 좋아하는 문학가들의 역할도 분명 있었습니다. 꼭 곤충 연구를 전공하지 않더라도 교사, 작가, 화가, 기자, 수의사, 동물치료사, 환경운동가, 숲해설가, 에코디자이너, 다큐멘터리 PD, 에코가이드, 큐레이터 등 어떤 직업에서든 곤충은 삶의 소재가 될 수 있습니다.

삼매경에 푹 빠져 곤충의 세계를 탐색하는 것의 의미를 말씀드리긴 했지만, 사실 지나친 집중은 자칫 독점욕으로 흘러갈 우려가 있기도 합니다. 특히 과거 연구를 참고하지 않고 관찰이나 현장 채집에만 매달리는 경우, 독단에 빠질 수 있습니다. 내가 처음 본 현상, 처음 관찰했다고 생각한 내용도 이미 오래전에 누군가 관찰하고 기록으로 남긴 경우가 있습니다. 제가 연구자로서 큰 기쁨을 경험할 때가 있는데, 첫째는 연구를 통해 다른 사람들이 모르는 사실을 먼저 깨달았을 때이고, 둘째로는 알게 된 것은 남에게 알려줄 때입니다. 그리고 알려준 사실이 널리 퍼져 저변으로 확대되면 더 흐뭇합니다. 제가 발표, 논문, 강의, 저술 등과 같은 행위를 열심히 하는 까닭입니다. 특히 어린이 독자들에게 곤충이나 곤충학자에 대한 궁금증이 담긴 이메일이나 편지를 받으면 그렇게 반가울 수가 없습니다.

정보의 독점과 폐쇄성이 전통의 계승을 가로막은 대표적인 사례가 바로 고려청자입니다. 구습으로 인해 오늘날 고려청자의 비법은 이어지지 못했습니다. 학계에서도 문헌이나 표본 등을 공유하지 않는 일들이 간혹 벌어집니다. 우리나라 미소나방 분야의 선구자 강원대학교 박규택 교수님은 문헌을 기증하며 이런 얘기를 하셨습니다.

"한 장짜리 논문도 구하지 못하면 분류학자는 논문을 쓰지 못하지만, 다른 사람에게는 그저 휴지 조각에 불과합니다."

표본이나 문헌이 전문가들 사이에서는 중요할지 몰라도 일반인의 시선에서는 쓸모없는 것일 수도 있습니다. 구할 때는 어렵게 구했다고 하더라도, 학문 전체의 발전을 생각하여 어렵사리 얻은 자료를 후학이나 동료에게 선뜻 쉽게 나눌 수 있는 더욱더 열린 분위기가 학계에 형성되면 좋겠습니다. 학계에서뿐만 아니라 일반 대중들 사이에서도 바람직한 기증 문화가 정착되었으면 합니다. 실제로 최근 국립생물자원관에 표본이나 문헌을 기증하는 분들이 늘고 있습니다. 자연을 관찰하고 연구하는 데 있어 삼매경의 경지는 무척 중요하지만, 그 지극한 몰두로 얻은 결과들은 삼매경에서 빠져나와 열린 마음으로 공유하는 자세가 필요하다고 생각합니다.

곤충을 위해, 지구를 위해,
우리를 위해

    곤충 한 마리는 미물에 지나지 않습니다. 사람이 때려죽이거나 살충제를 뿌려도 꼼짝 못하는 미약한 생물에 불과합니다. 그러나 생태계에서 곤충 전체를 놓고 보면 이들의 생물량(biomass, 한 종을 서식지의 단위면적 또는 단위부피 내에서 생체량으로 나타낸 것)은 엄청납니다. 개미를 다 합치면 전 인류를 합친 무게보다 더 나간다고 하지요. 생태계 구성원으로서 곤충의 역할은 결코 작다고 할 수 없습니다. 숲에서 개미나 나비, 벌, 파리가 무슨 일을 하고 있는지 한번 생각해보세요. 꽃가루를 옮기고 시체와 배설물을 치우고 새와 개구리의 먹이가 되는 등 저마다의 곤충이 다양한 기능을 말없이 수행합니다. 다만 사람들이 그 중요성을 잘 인식하지 못할 뿐입니다(2006년 미국에서 곤충의 가치를 경제적 단위로 환산했을 때 연간 570억 달러에 이른다고 보도한 뉴스는 참고할 만합니다).

    그러나 안타깝게도 최근 세계적으로 곤충의 생물량 자체가 줄어들고 있다는 걱정스러운 뉴스가 전해지고 있습니다. 호랑이나 곰 같은 알파 포식자의 보전에 대해서는 누구나 동의하지만, 작은 곤충은 설사 멸종 위기에 처해 있다 하더라도 제대로 대접 받지 못하는 것이 현실입니다. 그런 점에서 하버드대학교의 곤충학자이자 사진작가인 피오트르 나스크레츠키(Piotr Naskrecki)가 운영하는 블로그의 이름이자 책 제목인 'The Smaller Majority(작은 다수)'라는 말에 공감이 갔습니다.

그렇다면 곤충은 왜 그렇게 종이 많을까요? 곤충은 생명 진화 역사의 산물입니다. 오랜 세월 '생명의 나무(tree of life)'가 뻗고 갈라져 하나하나 꽃망울을 터뜨리며 태어난 존재가 바로 곤충입니다. 곤충이 보기 싫다고 보는 족족 죽여버리면 가지가 모두 잘려 보기 흉한 가로수와 같이 생태계가 삭막하게 변할 것입니다. 생물의 멸종 현상을 걱정하는 이유는 결국 지구 전체가 살기 힘든 불모지로 전락할지도 모른다는 우려 때문일 텐데, 지금부터라도 우리의 편견과 선입관을 조금 거두고 소외된 생명인 곤충의 존재 가치를 인정해주면 좋겠습니다. 종 다양성이 가장 높은 곤충에 무관심한 것은 지구상 대부분의 생물에 무관심한 것과 마찬가지입니다.

곤충 연구자라면 누구나 원시 상태가 그대로 남아 있는 열대 아프리카나 아마존에 가보고 싶은 열망이 있을 것입니다. 그러나 최근 무분별하게 이루어지고 있는 원시림 개발 뉴스를 들으면 더 이상 이제 그곳에도 옛날 탐험가들이 보았던 신비로운 경관은 남아 있지 않을 것이라는 우울한 추측을 하게 됩니다. 요즘 분류학자들에게는 애환이 있습니다. 어딘가 고립된 지역에 서식하고 있는 미지의 신종을 찾아 논문을 발표하더라도 그 원기재문이 몇 년 뒤 금방 사라질 종을 위한 마지막 비문으로 전락할 수 있다는 걱정 때문입니다.

공존의 지혜가 필요한 이 시점에 저 같은 곤충학자의 역할은 무엇일까요? 우선 모르는 곤충은 무엇인지 밝히고 아는 곤충은 널리 알리는 것이 기본이겠지요. 과거의 곤충학자들은 주로 해충방제학을 연구했습니다. 응용곤충학에서는 농작물과 산림의 해충을 없애는 법, 급증한 곤충 수를 감소시키는 방법을 찾아왔습니다. 최근의 곤충 문제들은 지구적 관점에서 관망할 필요가 있습니다. 곤충학자를 꿈꾸는 학생으로부터 "곤충학의 어떤 분야가 미래에 전망이 있을까요?"라는 질문을 받은 적이 있는데 도시화에 따라 인간과 곤충이 계속 충돌하는 문제가 발생하므로 앞으로는 도시곤충학(urban entomology) 분야가 각광받지 않겠냐고 답한 적이 있습니다.

시민과학의 영역에서 살펴보면 징그럽다는 선입관과 편견을 극복하고 공존의 대상으로 곤충을 바라볼 수 있도록 안내하는 일도 곤충학자의 역할이라고 생각합니다. 인공지능이 일반화될 미래에는 사라질 직업이 점점 많아질 것이라고 합니다. 그렇다면 곤충학자의 미래는 어떨까요? 예측하기 쉽지 않지만, 곤충이 가져올 문제와 해결 방법을 놓고 계속 고민해야 하는 한 곤충학자라는 직업은 필요할 것입니다.

대중들에게 곤충과의 만남은 삶의 에피소드, 무료한 일상에 흥미를 돋우는 양념 같은 경험인 것 같습니다. 곤충을 좋아하는 소년 소녀가 영재로 비춰지고, 축구 스타의 경기 중에 몸에 붙은 메뚜기가 인터넷 뉴스에 화제로 등장하는 것을 보면 곤충에 친근감을 가질 수 있게 만드는 다양한 스토리텔링이 가능하다는 생각도 듭니다. 이 책에서 제가 들려드린 곤충 이야기는 빙산의 일각에 불과합니다. 무수하게 많은 곤충으로부터 얼마든지 많은 스토리가 생겨날 수 있으니까요. 그래서 자연해설가 분들에게 저는 항상 곤충 스토리 발굴은 모두의 몫이라는 숙제를 드립니다. 곤충이 인문학적으로도 중요성을 가지려면 아무래도 오랜 시간이 걸리겠지요. 그래도 곤충을 둘러싼 흥미로운 얘깃거리들이 점점 쌓여간다면 우리 삶이 더 풍부해질 것입니다.

한국인은 대개 살기 편한 도시형 주거 형태를 좋아하지만, 그래도 주말이면 자연을 찾는 등산이나 낚시 등을 취미로 즐기는 편입니다. 이런 활동들을 통해 보다 더 많은 사람들이 오감으로 자연을 느끼고 곤충에도 너그러운 눈길을 주었으면 하는 바람입니다. 그리하여 자연 친화적인 문화와 시민과학이 함께 발전했으면 좋겠습니다.

1부 웰컴 투 곤충 수업

1 Kellert, S. R. 〈Values and perceptions of invertebrates〉, 《Conservation Biology, 7(4)》, pp.845~855, 1993.

2 https://www.facebook.com/poet.ryushiva/posts/2252000728238334

3 조안 엘리자베스 록 지음, 조응주 옮김, 《세상에 나쁜 벌레는 없다》, 민들레, 2004.

4 석주명, 《조선 나비 이름의 유래기》, 백양당, 1947.

5 최학근, 《한국방언사전》, 명문당, 1990.

6 한국곤충학회, 1996. 한국산 곤충 이름 지을 때 유의해야 할 사항. 한국곤충학회지, p.435.

7 하워드 에번스 지음, 윤소영 옮김, 《곤충의 행성》, 사계절, 1999.

8 류동현, 《인디아나 존스와 고고학》, 루비박스, 2008.

9 에드워드 윌슨 지음, 이병훈 옮김, 《자연주의자》, 민음사, 1996.

10 박경화, 《그린잡》, 양철북, 2016.

11 헬렌 스케일스 지음, 이충호 옮김, 《열한 번의 생물학 여행》, 한스미디어, 2018.

2부 곤충학자의 일상다반사

1 김진일, 2010. 〈한국 곤충학의 선구자 관정 조복성 박사의 생애와 업적〉, 《한국곤충 연구지》, 26: 3-14.

2 미승우, 《나비들의 세계》, 경응아동문화사, 1958.

3 석주명, 《한국산 접류의 연구》, 보진재, 1972.

4 커크 월리스 존슨 지음, 박선영 옮김, 《깃털도둑》, 흐름출판, 2018.

5 로빈 한부리-테니슨 엮음, 이병렬 옮김, 《위대한 탐험가들》, 21세기북스, 2010.

6 김창환, 1977. 한국생물학사. 한국현대문화대계 III. 과학기술사. 고대민족문화연구 소, pp.143-182.

7 한국동물분류학회,《동물분류학》, 집현사, 2003.

8 고영자,《서양인들이 남긴 제주도 항해탐사기(1787~1936)》, 제주시우당도서관, 2014.

9 조복성, 1963. 제주도의 곤충. 고려대학교 문리논집, 6: 159-242.

10 바실 홀 지음, 김석중 엮음,《10일간의 조선 항해기》, 삶과꿈, 2003.

11 핸드릭 하멜 지음, 김태진 옮김,《하멜표류기》, 서해문집, 2003.

12 묄렌도르프 지음, 신복룡·김운경 공역,《묄렌도르프 자전(외)》, 집문당, 1999.

13 손일, 2016. 1884년 곳체의 조선 기행과 그 지리적 의미. 대한지리학회지, 51(6): 739-759.

14 박규택, 1976. 한국 나방류의 연구사. 한국곤충학회지, 6(2): 51-62.

15 김은희, 2011. 이치카와 상키의 제주도기행의 제주학적 연구. 동북아문화연구, 26: 241-258.

3부 곤충들로부터 배우는 삶의 지혜

1 박해철, 1997, 〈속신어와 속담을 통한 전래 마을 곤충상의 재현과 복원하여야 할 문화 곤충〉. 자연보존, 98: 43-52.

2 조복성,《곤충기》, 을유문화사, 1948.

3 토머스 아이스너 지음, 김소정 옮김,《전략의 귀재들 곤충》, 삼인, 2006.

4 임현슬, 정철, 김두희, 편세헌, 1996. 아파트에서 집단 발생한 페데러스 피부질환에 관한 조사. 한국농촌의학회지, 21(1): 13-20.

5 가미무라 요시타카 지음, 박유미 옮김, 최재천 감수,《곤충의 교미》, 아르테, 2019.

6 Wu Jichuan,《Atlas of Chinese sound-producing insects》, Beijing Publishing, 2001.

7 염철, 이동운, 2019. 근대 시조문학 작품에 등장하는 곤충. 한국응용곤충학회지, 58(2): 121-127.

8 전영우,《숲 보기, 읽기, 담기》, 현암사, 2003.

4부 충문화 산책

1 나카노 교코 지음, 김성기 옮김,《나는 꽃과 나비를 그린다》, 사이언스북스, 2003.

2 조용진,《동양화 읽는 법》, 집문당, 2011.

3 국립생물자원관,《옛 그림 속 우리 생물》, 2012.

4 라이너 메츠거 지음, 하지은·장주미 옮김,《빈센트 반 고흐》, 마로니에북스, 2018.

5 김진관, 2001. 곤충을 그리는 내 작업세계. 숲과 문화 총서(숲과 미술), 숲과 문화연구
   회, 8: 57-62.

6 Jin, X.B. 1994. Chinese cricket culture: an introduction to cultural entomology
   in China. Cultural Entomology Digest, 3: 9-16.

7 加納康嗣, 2011. 鳴く虫文化誌：虫聴き名所と虫売り. エッチエスケ一.

8 박희천, 1992. 북한의 자연사 연구 I. 북한의 분류학. 한국동물학회지, 35: 115-124.

9 박해철, 장승종, 김성수, 1999. 남북한 나비명의 비교와 그 유래의 문화적 특성. 한국
   나비학회지, 12: 41-54.

10 부경생, 박규택, 남궁규창, 1999. 곤충 목명과 과명 및 해충과 익충명의 남북한간 비
   교. 한국응용곤충학회지, 38(1): 63-80.

11 정영식, 2011. 우리나라 북반부 지역에서 알려진 무척추동물의 분류군별 종합목록.
   김일성종합대학학보, 57(6): 123-127.

12 Seo W, Lee B, Choi I, Min K. 2017. Validation of 走骨爲王; Can insects write
   letters on leaves? Entomological Research, 48(1): 3-6.

13 문태영, 이수영, 1997. 자연과 어울리는 사찰의 객 사찰곤충. GEO(지오), 6(12): 60-
   82.

14 마이클 폴란 지음, 조윤정 옮김,《잡식동물의 딜레마》, 다른세상, 2008.

15 피터 멘젤·페이스 달뤼시오 지음, 김승진 옮김,《벌레 한 마리 드실래요?》, 월북,
   2013.

16 김원곤,《Dr. 미니어처의 아는 만큼 맛있는 술》, 조선북스, 2010.

17 Food Defect Action Levels, 2018. Dept of Health and Human Services, FDA

18 Zeng, Y. 1995. Longest life cycle. University of Florida Book of insect records.
   Chap. 12. 26-28.

19 도로시 제나드 지음, 신상언·현철호 공역,《곤충이 말하는 범죄의 구성》, 글로세움,
   2012.

5부 '곤피아'를 꿈꾸며

1 Schimitscheck, E. 1977. Inseckten in der bildenden Kunst im Wandel der Zeiten in psychogenetischer Sicht. Natur-historisches Museum Wien. 14.

2 https://www.youtube.com/watch?v=c48ZTMi5pQk

3 모리구치 미쓰루 지음, 박소연 옮김,《바퀴벌레는 억울해》, 가람북, 2007.

4 국립생물자원관,《한눈에 보는 멸종위기 야생생물》, 국립생물자원관, 2018.

5 조복성, 1962. 곤충과 미신. 고려대학교 문리대학보, 4: 137-141.

6 신동만, 배연재, 2015. 신두리 해안사구에 서식하는 멸종위기 왕소똥구리의 관찰기록. 한국곤충연구지, 31(3): 155-163.

7 브룩 보렐 지음, 김정혜 옮김,《빈대는 어떻게 침대와 세상을 정복했는가》, 위즈덤하우스, 2016.

8 조복성,《곤충 이야기》, 아협, 1947.

9 박성래,《한국과학사상사》, 유스북, 2005.

10 박해철, 2004. 소나무의 전통적 해충인 송충이로부터 파생된 곤충문화. 숲과 문화 연구회, 291-299.

11 박해철,《이름으로 풀어보는 우리나라 곤충 이야기》, 북피아주니어, 2007.

12 유희 지음, 김형태 옮김,《물명고(상)》, 소명출판, 2019.

13 김홍식 편저,《조선동물기》, 서해문집, 2014.

14 박해철 등, 2010. 조선왕조실록과 해괴제등록 분석을 통한 황충의 실체와 방제 역사. 한국응용곤충학회지, 49(4): 375-384.

15 백운하, 1977. 조선왕조실록에 나타난 황해자료. 규장각, pp.458~469.

16 윤일, 문태영. 2006. 조선왕조실록에 기록된 황충에 대한 문화곤충학적 접근 I. 기록의 의미와 유형 그리고 문제. 고신대학교 논문집, 13: 43-50.

17 Kevan, D.K.McE. 1974. Land of the grasshoppers. Lyman Entomological Museum and Research Laboratory, 326p.

18 피터 밀러 지음, 이한음 옮김, 이인식 해제,《스마트 스웜》, 김영사, 2010.

19 길버트 월드바우어 지음, 김홍옥 옮김,《곤충의 통찰력》, 에코리브르, 2017.

20 마르틴 아우어 지음, 인성기 옮김, 김승태 감수,《파브르 평전》, 청년사, 2003.

이 책에 등장하는 사진 대부분은 필자가 직접 촬영한 사진입니다. 이 밖에 퍼블릭 도메인을 제
외하고 저작권자를 찾지 못하여 게재 허락을 받지 못한 일부 사진에 대해서는 저작권자가 확
인되는 대로 게재 허락을 받고 통상의 기준에 따라 사용료를 지불하도록 하겠습니다.

곤충 수업

초판 1쇄 발행 2021년 7월 26일
초판 2쇄 발행 2022년 7월 4일

지은이 김태우
펴낸이 유정연

이사 김귀분
책임편집 조현주 **기획편집** 신성식 심설아 유리슬아 이가람 서옥수 **디자인** 안수진 기경란
마케팅 이승헌 반지영 박중혁 김예은 **제작** 임정호 **경영지원** 박소영

펴낸곳 흐름출판(주) **출판등록** 제313-2003-199호(2003년 5월 28일)
주소 서울시 마포구 월드컵북로5길 48-9(서교동)
전화 (02)325-4944 **팩스** (02)325-4945 **이메일** book@hbooks.co.kr
홈페이지 http://www.hbooks.co.kr **블로그** blog.naver.com/nextwave7
출력·인쇄·제본 (주)상지사 **용지** 월드페이퍼(주) **후가공** (주)이지앤비(특허 제10-1081185호)

ISBN 978-89-6596-459-9 03490